建筑工程施工管理技术要点集丛书

施工质量验收

杨南方　彭尚银　丛　林　编著

中国建筑工业出版社

图书在版编目(CIP)数据

施工质量验收/杨南方等编著. —北京:中国建筑工业出版社,2002
(建筑工程施工管理技术要点集丛书)
ISBN 7-112-05335-8

Ⅰ. 施... Ⅱ. 杨... Ⅲ. 建筑工程—工程验收
Ⅳ. TU712

中国版本图书馆 CIP 数据核字(2002)第 073768 号

建筑工程施工管理技术要点集丛书
施工质量验收
杨南方 彭尚银 丛 林 编著
中国建筑工业出版社出版、发行(北京西郊百万庄)
新 华 书 店 经 销
北京云浩印刷有限责任公司印刷

*

开本:850×1168 毫米 1/32 印张:12¾ 插页:1 字数:340 千字
2004 年 5 月第一版 2006 年 9 月第三次印刷
印数:5201—6700 册 定价:**20.00** 元
ISBN 7-112-05335-8
TU·4674(10949)

本社网址:http://www.china-abp.com.cn
网上书店:http://www.china-building.com.cn

本书主要针对建筑工程施工质量验收统一标准(GB 50300—2001)体现的精神与条文应用进行探讨与介绍。包括:建筑工程施工质量验收的基本规定、强制性条文实施的检查、施工现场质量管理检查、质量验收划分、验收程序和组织、验收表格的使用、工程质量控制资料、安全和功能检验资料,以及有关检验批、分项工程、分部工程、单位工程的具体验收方法。同时对质量指标的设置、验收合格的确认、观感质量检查内容也作了详细分析介绍。

本书可供质量检查人员、质量验收人员、项目负责人、工程质量监督机构人员,以及高等院校有关建筑施工工程管理专业师生参考使用。

*　*　*

责任编辑:黎　钟　李金龙
责任设计:崔兰萍
责任校对:刘玉英

丛书前言

优异的建筑，不仅要有优秀的设计、优质的建材和设备，还要有先进的施工技术、精湛的施工工艺和全程的过程控制。而规范的施工管理则是优异建筑永恒的主题。

改革开放以来，特别是进入21世纪以来，国家对施工管理的改革进一步深化，颁布实施一系列规定，如竣工验收备案制度、见证取样和送检规定等；对有关结构设计和施工质量验收的标准规范本着“验评分离，强化验收，完善手段和过程控制”的方针进行了修订，并于2003年全部实施等。这些规定、标准、规范的实施强化了施工管理工作，同时对施工管理工作提出了新的、更高的要求。

参加工程建设的各方应努力学习国家有关新规定、新标准和新规范等，对工程建设施工管理进一步加强和深化，以适应新形势对施工管理的要求，确保工程建设质量。为此，解放军工程质量监督总站、沈阳军区基建营房部等单位在中国建筑工业出版社支持下，组织有关单位一些具有较高理论水平和丰富实践经验的人员，依据国家近年来颁布实施的结构设计标准、施工质量验收规范和相关的标准、规范、规章、规定等，结合施工中的实际编写了这套要点集丛书。

本套要点集丛书共10本，分别是：

工程项目管理、施工组织设计编制、建筑工程造价管理、新型建筑材料应用、建筑工程质量检验、建筑结构施工、建筑安装施工、建筑装饰施工、房屋防渗漏和施工质量验收。

本套丛书适用于参加工程建设的建设单位、监理单位、施工单位以及质量监督机构和主管部门的有关人员，也可供有关院校教学参考。

本套丛书在编写过程中得到有关专家、教授和同行的大力支持和帮助，在此表示诚挚的感谢！

由于作者水平有限，文中不当之处敬请读者给予斧正。

编写人员

主　编：杨南方　彭尚银　丛　林

副主编：郭金鹏　吉洪林　张春友

主　审：张建设　吴兆军　赵敏达

编　写：赵盛宝　贺铁男　周茂军　陈　虹
罗忠臣　许仲杰　刘振州　郑书峰
张子智　崔昌林　田庆彦　李庆范
高永峰　王建明　孙长春　强思远
栾焕义　徐　顺　赖承光

前　言

《建筑工程施工质量验收统一标准》(GB 50300—2001)及与其配套的各项验收规范已陆续发布施行。建设部于2002年8月12日印发了《建设部关于贯彻执行建筑工程勘察设计及施工质量验收规范若干问题的通知》,要求建筑工程的设计和施工质量验收规范于2003年1月1日起全面实施。这套系列验收规范是与以前的检验评定标准比较,对施工质量管理和技术要求等都有很大的改变,其中又有强制性条文。为了更好地贯彻执行新的验收标准,更快地掌握有关施工质量验收的规定,确保建筑工程质量,落实竣工验收备案制度,为此我们对《建筑工程施工质量验收统一标准》等相关规范、标准文件进行系统学习研究后,写出了本书,以供同行共同切磋。

本书对施工质量验收的基本规定、强制性条文实施的检查、施工现场质量管理检查、质量验收的划分、质量指标的设置、质量验收及验收合格的确认、验收程序和组织、检验批、分项工程、分部(子分部)工程、单位(子单位)工程的质量验收、验收表格的制订与使用、工程质量控制资料、安全和功能检验资料,以及观感质量检查的内容、要求、方法等进行了综合论述和介绍。

本书适合各参建单位的质量检查人员、质量验收人员、工程技术人员项目负责人和项目技术、质量负责人以及工程质量监督机构人员学习参考使用,也可作为工程建设管理人员和有关院校教学参考。

本书由于涉及相关专业较多,加之有些规范尚没正式颁布实施,错漏之处在所难免,敬请读者提出宝贵意见。

目　录

1. 术　语

(1) 建筑工程　新建、改建或扩建房屋建筑物及其附属构筑物和设施经过规划、勘察、设计和施工、竣工等各项技术工作所完成的工程实体。

(2) 建筑工程质量　反映建筑工程满足相关标准规定或合同约定的要求，包括其在安全、使用功能及在耐久性、环境保护等方面所有明显和隐含的特性总和。

(3) 检查评定　在施工过程中，由完成者依据规定的相关标准对完成的工作结果是否达到合格做出确认。

(4) 验收　建筑工程在施工单位自行质量检查评定的基础上，由参与建设活动的有关单位共同对检验批、分项、分部、单位工程的质量进行抽样复验，根据相关标准以书面形式对工程质量达到合格与否做出确认。

(5) 进场验收　对进入施工现场的材料、构配件、设备等按相关标准规定和要求进行检验，对产品达到合格与否做出确认。

(6) 检验批　按同一的生产条件或按规定的方式汇总起来供检验用的、由一定数量样本组成的检验体。

(7) 检验　对检验项目中的性能进行量测、检查、试验等，并将结果与标准规定要求进行比较，以确定每项性能是否合格所进行的活动。

(8) 见证取样检测　在监理单位或建设单位监督下，由施工单位有关人员现场取样，并送至具备相应资质的检测单位所进行的检测。

(9) 交接检验　由施工的承接方与完成方经双方检查并对可否继续施工做出确认的活动。

(10) 主控项目　建筑工程中对安全、卫生、环境保护和公众利益起决定性作用的检验项目。

(11) 一般项目　除主控项目以外的检验项目。

(12) 抽样检验　按照规定的抽样方案，随机地从进场的材料、构配件、设备或建筑工程检验项目中，按检验批抽取一定数量的样本所进行的检验。

(13) 抽样方案　根据检验项目的特性所确定的抽样数量和方法。

(14) 计数检验　在抽样的样本中，记录每一个体有某种属性或计算每一个体中的缺陷数目的检查方法。必须是整数。

(15) 计量检验　在抽样检验的样本中，对每一个体测量其某个定量特性的检查方法。不一定是整数。

(16) 观感质量　通过观察和必要的量测所反映的工程外在质量。

(17) 返修　对工程不符合标准规定的部位采取整修等措施。

(18) 返工　对不合格的工程部位采取的重新制作、重新施工等措施。

(19) 隐蔽工程　为后续工序、工程或分项工程的需要，覆盖、包裹、或遮挡、或埋藏的前一项工序、工程或分项工程。

(20) 极限质量　在抽样方案中，对应于一个规定接受概率下限值的材料、构配件或工程项目的验收质量水平。

(21) 严重缺陷　对材料、构配件或工程项目会引起失效或显著地降低其预期性能的缺陷。

(22) 轻微缺陷　不会显著降低材料、构配件或工程项目预期性能的缺陷，或虽偏离标准规定，但仅轻微影响材料、构配件或工程项目的有效使用或操作的缺陷。

(23) 检验项目　对材料、构配件或工程项目的质量按规定要求需要进行检验的一些特性项目。

(24) 生产方风险(错判概率 α)　指把合格品判为不合格品。

(25) 使用方风险(漏判概率 β)　指把不合格品判为合格品。

2. 建筑工程施工质量验收

建筑工程竣工验收是对建筑工程施工质量做出最终评价的关键程序，也是建筑工程能否进行备案和投入使用的最终确认。《建筑工程施工质量验收统一标准》(GB 50300—2001)是按照“验评分离、强化验收、完善手段、过程控制”的指导方针编制的。它充分体现了工程质量必须通过对全过程的施工、工艺、施工管理进行科学的控制而得到，而不是光靠检验、评价取得的。

2.1 建筑工程施工质量验收基本规定

2.1.1 施工质量验收依据和标准

(1) 施工质量验收主要依据

施工质量验收，是依据国家有关工程建设的法令、法规、标准、规范及有关文件进行验收。主要依据是：

1)《建筑工程施工质量验收统一标准》及相关质量验收规范，见表 2.1.3。

2) 国家现行的勘察、设计、施工等技术标准、规范。

3) 施工执行的标准，主要是施工的技术标准、工艺标准，可以是行业标准(JGJ)、地方标准(DB)、企业标准(QB)、协会标准(CECS)等。这些标准是施工操作的依据，是施工全程控制基础，也是施工质量验收的基础和依据。

4) 施工图设计文件，包括设计变更、洽商文件等。

5) 建设单位与参建单位签订的“合同”。

6) 其他有关规定和文件。

(2) 建筑工程标准体系

1）标准体系确定的原则

标准体系是指一定范围内标准按其内在联系形成的科学的有机整体。建立标准体系是搞好标准化工作的首要任务，然后通过标准体系找出标准化发展的方向和工作重点，有步骤地建立和完善各项标准，从而使得标准化走向科学，建立良好的秩序，达到最佳效益。

参与建筑工程施工活动的，有建设、勘察、设计、施工、监理、材料设备供应单位以及监督、试验检测机构等各有关方面和各工程建设主管部门，建筑施工标准体系应以国家、行业标准为主导，建立起相关各方具有内在联系的有机整体。建立建筑施工标准体系的目的是协调和统一建筑施工活动。各个标准之间应相互协调、相互补充，而不是互不衔接甚至相互矛盾。

- 个性标准：直接表达一种标准化对象的个性特征（施工中的工艺、监理、监督、检测、评优等）。
- 共性标准：同时表达存在于若干种标准化对象间所共有的共性特征的标准。
- 层次关系：上层次标准对下层次标准具有指导和约束作用；下层次标准服从于上层次标准。
- 配合使用：上、下层次标准应配合使用。

2）验收标准、规范的支撑体系

施工质量验收标准、规范的支撑体系见图 2.1.1。

① 工程质量验收统一标准和验收规范

按照《建设工程质量管理条例》提出的事前控制、过程控制要求，分为施工控制和合格控制。施工质量验收规范属于合格控制的范畴，可以由“验收”促进前期的施工控制，从而达到保证质量之目的。

“施工质量验收规范”是整个施工标准规范的主干，指导各专项工程施工质量验收规范的是《建筑工程施工质量验收统一标准》，验收这一主线贯穿建筑工程施工活动的始终。

② 施工工艺标准

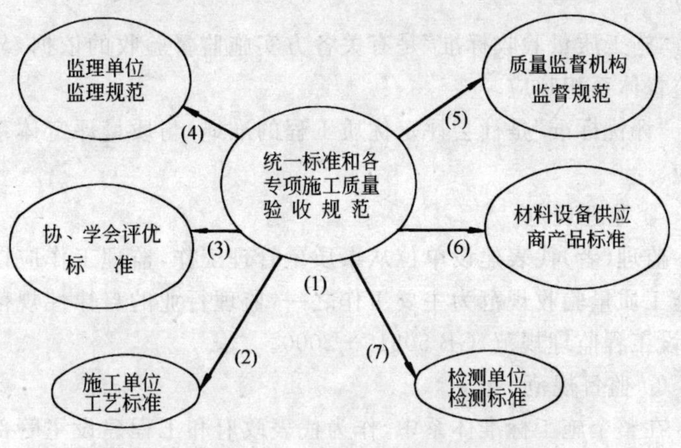

图 2.1.1 施工质量验收规范支撑体系

施工工艺标准是施工单位进行具体操作的方法，是施工单位的内控标准。施工工艺标准的构成复杂，它既可以是一 项专门的技术标准，也可以是施工过程中某专项的标准。这些标准主要体现在行业标准、地方标准的一些技术规程、操作规程。如《混凝土泵送施工技术规程》JGJ/T 10—95、《混凝土强度检验评定标准》GBJ 107—87 等。施工单位长期以来习惯执行国家、行业或地方标准，特别是一些小施工单位还没有建立起自己的企业标准和施工工艺标准，没有标准是不能施工的。可以将一些协会标准、施工指南、手册和地方操作规程等技术规定转化为自己的企业标准。

③ 评优标准

创优是施工单位树立信誉、占领市场途径之一，评优标准是为了鼓励施工单位创造优质工程。工程是参建各方和有关单位共同努力的结果，评优标准不能单纯以一个指标来界定，必须通过验收对设计、土建、装修等进行专项评优或综合评优。

"施工工艺操作"、"施工质量验收"和"评优"三个阶段的划分实际上与质量管理的质量保证、质量监督、质量评价三大体系相呼应。

"施工工艺(标准)"是指具体操作的依据，与质量保证体系相呼应。

“施工质量验收标准”是有关各方实施监督验收的依据，与质量监督体系相呼应。

“评优标准”是社会评定优质工程的准绳，与质量评定体系相呼应。

④ 监理规范

监理(者)代表建设单位从事质量管理工作，监理工作应以执行施工质量验收规范为主要工作之一，监理行业的自律性规范为《建设工程监理规范》GB 50319—2000。

⑤ 监督规范

在整个施工标准体系中，作为代表政府和工程建设主管部门对工程质量进行监督的质量监督机构，并应当建立《建设工程质量监督规范》(现已报批)。

⑥ 对于材料设备供应要有大量产品标准作为支撑。

⑦ 对于试验检测的机构要有大量的试验方法标准、现场检测规范等。

3) 施工标准体系层次的划分

在整个标准体系中，共性标准对个性标准具有指导制约和贯彻关系。这种关系实质上对体系中标准层次的划分起决定性的作用，由此标准层次划分应当考虑下列几个因素：

① 从上层次到下层次标准具有指导和制约关系。

② 根据《中华人民共和国标准化法》的规定，标准按照级别分为国家标准、行业标准、地方和企业标准。下级标准对上级标准可以作为补充，但不得矛盾，即上级标准对下级标准具有指导和制约关系。

③ 根据《中华人民共和国标准化法》的规定，标准按照性质分为强制性标准和推荐性标准，强制性标准对推荐性标准具有指导和制约关系。

④ 层次划分的原则应当统一。实际上，每一个层次内，就有相对的共性标准，又有个性标准，但是层次之间划分的原则应当

一致。

⑤ 对于层次的划分，在施工标准体系中充分考虑了执行标准的对象。同一项标准大家都执行就应当作为体系的上层次标准。按照这个原则，第一层次为“强制性条文”；第二层次属于“建筑工程施工质量验收统一标准”；第三层次由“各个专项施工质量验收系列规范”共同构成；第四层次为“各个专项标准、规范、规程”等等。层次划分如图 2.1.2 所示。

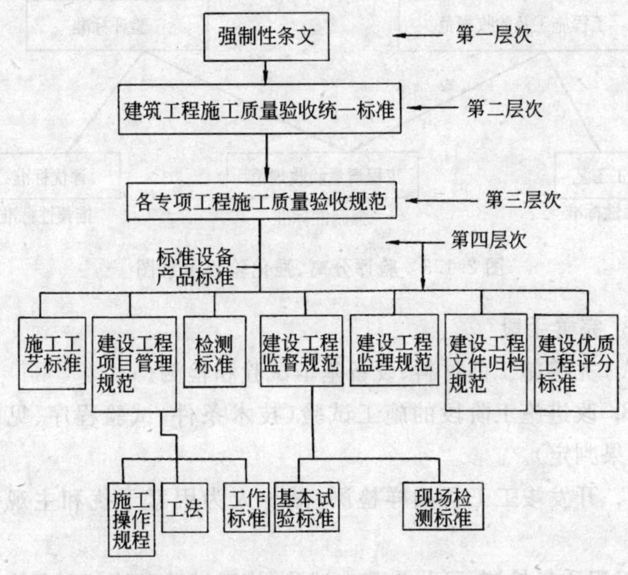

图 2.1.2 施工标准体系层次划分

(3) 施工质量验收标准规范

1) 标准规范编制方针

验评分离、强化验收、完善手段、过程控制

①验评分离：将施工及验收规范中的施工工艺和质量验收的内容分开，将原验评标准中的质量检验与质量评定内容分开，将验评标准中的质量检验与施工规范中的质量验收衔接，形成工程质量验收规范。施工及验收规范中的施工工艺部分作为企业标准，

或行业推荐性标准:验评标准中的评定部分,主要是为施工单位操作工艺水平进行评价,可作为行业推荐性标准。

② 强化验收:将验评分离形成的工程质量验收规范,作为强制性标准,是建设工程必须完成的最低质量标准,其规定的质量指标都必须达到。强化验收体现在:*a*)执行强制性标准;*b*)只设验收合格;*c*)强化质量指标必须达到;*d*)增加检测项目,见图 2.1.3。

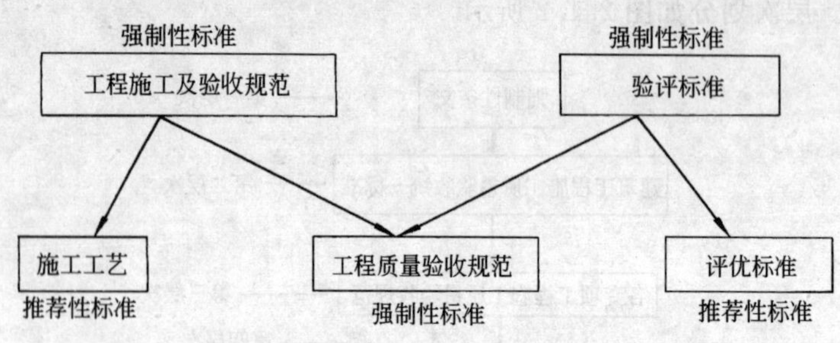

图 2.1.3　验评分离、强化验收示意图

③ 完善手段

A. 完善施工前材料、设备基本试验和检测。

B. 改进施工阶段的施工试验(技术条件、试验程序、见证检测、结果判定)。

C. 开发竣工工程抽样检测,减少人为因素干扰和主观评价影响。

工程质量检测,可分为基本试验、施工试验和竣工工程有关安全、使用功能抽样检测。

a 基本试验具有法定性,其质量指标、检测方法都有相应的国家或行业标准。其方法、程序、设备、仪器,以及人员素质都应符合有关标准的规定。试验一定要符合相应标准、方法的程序及要求。试验数据要有可比性。

b 施工试验是施工单位内部质量控制的试验。判定质量时,要注意技术条件、试验程序和第三方见证,保证其统一性和公证性。

c 竣工抽样试验是确认施工检测的程序、方法、数据的规范性和有效性，为保证工程的结构安全和使用功能提供数据。

④ 过程控制

“过程控制”是根据工程质量的特点进行的质量管理。包括建立过程控制的各项制度；在各项专项施工质量验收规范的基本规定和一般规定中设置的控制要求；从检验批、分项、分部到单位工程验收中，按照上一道工序没有验收就不能进入下一道工序的原则，达到从控制工序到施工过程全程控制之目的。

2）施工质量验收标准和规范

① 标准分类

A 标准按等级分：

国家标准（GB）、行业标准（JGJ）、地方标准（DB）、企业标准（QB）。

B 标准按性质分：

强制性标准（GB、JGJ）、推荐性标准（GB/T、JGJ/T 和协会标准（CECS）；推荐性标准一旦签约，必须执行。强制性标准对推荐性标准有指导和制约关系。

② 新颁布实施的工程建设标准

A 建筑工程制图标准见表 2.1.1。

建筑工程制图标准 **表 2.1.1**

序号	标准编号	标准名称	废止标准编号
1	GB/T 50001—2001	房屋建筑制图统一标准	JBJ 1—86
2	GB/T 50103—2001	总图制图标准	JBJ 103—87
3	GB/T 50104—2001	建筑制图标准	JBJ 104—87
4	GB/T 50105—2001	建筑结构制图标准	JBJ 105—87
5	GB/T 50106—2001	给水排水制图标准	JBJ 106—87
6	GB/T 50107—2001	暖通空调制图标准	JBJ 114—88

B 建筑工程结构设计标准见表 2.1.2。

C 建筑工程施工质量验收标准见表 2.1.3。

建筑工程结构设计标准　　表 2.1.2

序号	标准编号	标准名称	废止标准编号
1	GB 50021—2001	岩土工程勘察规范	GB 50021—94
2	GB 50007—2002	建筑地基基础设计规范	GBJ 7—89
3	GB 50009—2001	建筑结构荷载规范	GBJ 9—87
4	GB 50003—2001	砌体结构设计规范	GBJ 3—88
5	GB 50010—2002	混凝土结构设计规范	GBJ 10—89
6	GB 50011—2001	建筑抗震设计规范	GBJ 11—89
7	GB 50068—2001	建筑结构可靠度设计统一标准	GBJ 68—84
8	GB 50017—2003	钢结构设计规范	GBJ 17—88

建筑工程施工质量验收标准及规范　　表 2.1.3

序号	标准编号	标准名称	废止标准编号
1	GB 50300—2001	建筑工程施工质量验收统一标准	GBJ 300—88 GBJ 301～304、310～88
2	GB 50202—2002	地基与基础工程施工质量验收规范	GBJ 201—83、 GBJ 202—83
3	GB 50203—2002	砌体工程施工质量验收规范	GB 50203—98
4	GB 50204—2002	混凝土结构工程施工质量验收规范	GB 50204—92 GBJ 321—90
5	GB 50205—2001	钢结构工程施工质量验收规范	GB 50205—95 GB 50221—95
6	GB 50206—2002	木结构工程施工质量验收规范	GBJ 206—83
7	GB 50207—2002	屋面工程质量验收规范	GB 50207—94
8	GB 50208—2002	地下防水工程质量验收规范	GBJ 208—83
9	GB 50209—2002	建筑地面工程施工质量验收规范	GB 50209—95
10	GB 50210—2001	建筑装饰装修工程质量验收规范	GBJ 210—83
11	GB 50242—2002	建筑给水排水与采暖工程施工质量验收规范	GBJ 242—82 GBJ 302—88

续表

序号	标准编号	标准名称	废止标准编号
12	GB 50243—2002	通风与空调工程施工质量验收规范	GB 50243—97 GBJ 304—88
13	GB 50303—2002	建筑电气工程施工质量验收规范	GBJ 303—88,GB 50258—90, GB 50295—96
14	GB 50310—2002	电梯工程施工质量验收规范	GBJ 310—88、GB 50182—93
15	GB 50339—2003	智能建筑工程质量验收规范	

2.1.2 施工现场质量管理检查

施工现场质量管理都必须做到“三有”,即“有标准、有体系、有制度”。这是科学管理方法在工程施工中的体现,是按照质量管理理论对质量进行“预控”的有效手段。

“有标准”是指施工现场必须具备相应的标准,这是保证施工质量的最基本条件。

“有体系”是指施工都要树立可靠体系管理质量的观念,并从组织上加以落实。

“有制度”是指建筑工程施工中必须有健全的“检验制度”和“考核制度”等。

(1) 施工现场质量管理检查要点有:

1) 现场质量管理制度

现场质量管理,就是对项目(单位)工程中的各项技术、质量活动过程和质量工作的各种要素进行动态的科学管理。

各项质量活动过程和质量活动过程的各种要素,即构成了质量管理的对象。

2) 质量责任制度

施工单位应建立质量责任制度,确定工程项目的项目经理、技术负责人和施工管理负责人的质量责任,必须分别对建筑工程施工质量负直接责任,并承担不可推卸的质量控制责任。

3）主要专业工种操作上岗证书

岗位责任是按照岗位工作标准进行管理的制度；施工单位必须编制各层（级别）、各专业工程技术人员和操作者，以及各专业工种、班组的岗位工作标准。实行岗位责任制可便于检查、考核和管理，能使责、权、利相结合，充分调动参建人员的积极性，是提高工作质量和工程质量的保证。

① 专业技术管理人员，必须经上级行政主管部门考核、认证后，取得岗位证书方可上岗。

② 专业工种操作者上岗前，必须经专业技术和安全技术的考核、认证，取得上岗证书，方可上岗操作。

4）分包方资质与管理制度

分包方从事建筑活动项目与内容，必须符合经资质核定的资质等级，方可在其资质等级许可范围内从事建筑活动。

① 分包单位应根据分包合同的约定，对总承包单位承担责任。

② 分包单位承担由总承包单位和分包单位共同承担的连带责任。

5）施工图审查

施工前要按国家有关规定，由有资质的施工图审查单位对施工图进行审核，并做好记录。

施工参建者在阅读设计图纸时，要懂得设计的基本原理，才能掌握建筑结构的关键部位和要害所在，并突出重点，以确保工程质量。施工单位、监理单位和建设单位要与设计单位共同研究，领会设计意图；在满足设计要求的同时，为施工创造有利条件。

6）地质勘察资料

地质勘察资料包括工程地质勘察报告和水文地质勘察报告。

地质勘察报告应提出经勘察的孔点及平面图、岩性剖面图，图中并应附有土样各项物理力学指标、土层分布走向、地下水位等。

根据地质勘察资料，制订基础施工方案。

7）施工组织设计、施工方案及审批

① 单位工程施工组织设计应在组织施工前编制，并应依据施工组织设计编制部位、阶段和专项的施工方案。施工组织设计及施工方案的编制内容应齐全，并有审批手续。如发生较大的施工措施和工艺变更时，应有变更审批文件。

② 施工方案

首先，要按设计意图，因地制宜地制订先进、合理的施工方案；优异的施工方案是施工质量、结构安全和主要功能的保证。

③ 技术交底

技术交底是向基层施工操作者进行具体施工操作过程的详细技术交待；技术交底需要讲清道理，因而必然涉及一些技术理论基础知识和质量标准。技术交底是施工管理方面重要组成部分，是使最基层的班组长、专业工长能认真按图施工和认真执行国家现行的技术标准和规范规定的关键，技术交底要向他们讲清所施工部位的设计意图和质量标准要求。

8）施工技术标准

施工技术标准是施工单位施工操作的标准，可以是本单位的企业标准，也可以使用其他施工单位的企业标准，还可以使用当地或其他地区的地方标准，亦可以使用行业标准或者协会标准。

9）工程质量检验制度

① 参加工程质量验收各方人员应具备的资格；

② 工程质量验收应在施工单位检查评定合格的基础上进行；

③ 检验批质量应按主控项目和一般项目进行验收；

④ 隐蔽工程验收；

⑤ 涉及结构安全的见证取样检测；

⑥ 涉及结构安全和主要功能的重要分部工程的抽样检验以及承担见证试验单位资质的要求；

⑦ 观感质量的现场检查等；

⑧ 检验仪器及设备必须符合国家相关技术标准的规定；

⑨ 仪器及设备的完好率，必须满足检验工作的需要；

⑩ 检验仪器及设备使用前，必须经法定计量单位测定合格

后，方可投入使用。

10）搅拌站及计量设置

① 搅拌站及计量设置，必须满足施工的需要，设备的完好率必须保证正常施工作业；

② 计量设置的精度和准确性，必须符合相关技术标准的规定；

③ 按国家计量标准的规定，搅拌站及其计量设置必须定期由法定计量单位校验合格后，方可使用。

11）现场材料、设备存放与管理

① 用于建筑工程的主要材料、成品、半成品、建筑构件、器具和设备应进行进场验收，对重要建筑材料进场应进行复试；

② 进场材料和设备应按种类分类存放与管理；

③ 进场材料应按型号、规格进行堆放整齐，并应做好防雨防潮设施；

④ 易燃材料和剧毒材料，必须严格管理，防护措施要符合安全技术标准的规定。

(2) 检查要求

一般一个单位(子单位)工程、一个项目或一个标段检查一次。不合格不许开工，且应重新落实，再申报检查，合格后方准许开工。

检查时间：开工前检查。

(3) 施工现场质量管理检查记录表的填写

1）表头部分

填写参与工程建设各方责任主体的概况。由施工单位的现场负责人填写。

① 工程名称栏：应与合同或招标文件中的工程名称一致，填写工程全称。

② 施工许可证(开工证)：填写当地建设行政主管部门批准发给的施工许可证(开工证)的编号。

③ 建设单位栏：填写合同文件中的甲方全称，与合同签章相同。项目负责人栏：填写合同书上签字人或其委托的代表——工

程的项目负责人。

④ 设计单位栏:填写设计合同中签章单位的名称,其全称与印章上的名称一致。项目负责人栏:应是设计合同书签字人或其委托的该项目负责人。

⑤ 监理单位栏:填写合同或协议书中的名称。总监理工程师栏:应是合同或协议书中明确的项目监理负责人,也可以是监理单位以文件形式明确的该项目监理负责人,必须有监理工程师任职资格证书,专业要对口。

⑥ 施工单位栏:填写施工合同中签章单位的全称。项目经理栏、项目技术负责人栏:应与合同中的项目经理、项目技术负责人一致。

⑦ 表头部分可统一填写,不需具体人员签名。

2) 检查项目部分

填写各检查项目文件的名称或编号,并将文件(复印件或原件)附在表的后面供检查,检查后再将文件归还。

3) 检查项目填写方法

① 如果资料不多,可直接填写有关资料的名称;如资料较多,可将有关资料进行编号,填写编号和份数。

② 此表在开工之前填写,总监理工程师(建设单位项目负责人)应对施工现场进行检查,这是保证开工后施工顺利和保证工程质量的基础。

③ 内容由施工单位负责人填写,填写之后,将有关文件的原件或复印件附在后边,请总监理工程师(建设单位项目负责人)验收核查,符合要求后,返还施工单位,并签字认可。

④ 如果总监理工程师或建设单位项目负责人检查验收不合格,施工单位必须限期改正,否则不许开工。

填写式样见表2.1.4施工现场质量管理检查记录表。

2.1.3 施工质量验收基本要求

(1) 全过程质量控制

过程控制是依据工程质量的特点而制订的,"各专业工程质量验收规范”将过程控制落实在4个层次上。

施工现场质量管理检查记录表　　表 2.1.4

开工日期:2002年5月18日

<table>
<tr><td>工程名称</td><td colspan="2"></td><td colspan="2">施工许可证(开工证)</td><td></td></tr>
<tr><td>建设单位</td><td colspan="2"></td><td colspan="2">项目负责人</td><td></td></tr>
<tr><td>设计单位</td><td colspan="2"></td><td colspan="2">项目负责人</td><td></td></tr>
<tr><td>监理单位</td><td colspan="2"></td><td colspan="2">总监理工程师</td><td></td></tr>
<tr><td>施工单位</td><td></td><td>项目经理</td><td></td><td>项目技术负责人</td><td></td></tr>
<tr><td>序号</td><td colspan="2">项　　目</td><td colspan="3">内　　容</td></tr>
<tr><td>1</td><td colspan="2">现场质量管理制度</td><td colspan="3">①质量例会制度;②月评比及奖罚制度;③三检及交接检制度;④质量与经济挂钩制度</td></tr>
<tr><td>2</td><td colspan="2">质量责任制</td><td colspan="3">①岗位责任制;②设计交底会制度;③技术交底制;④挂牌制度</td></tr>
<tr><td>3</td><td colspan="2">主要专业工种操作上岗证书</td><td colspan="3">测量工、钢筋工、起重工、电焊工、架子工有证</td></tr>
<tr><td>4</td><td colspan="2">分包方资质与对分包单位的管理制度</td><td colspan="3">/</td></tr>
<tr><td>5</td><td colspan="2">施工图审查情况</td><td colspan="3">审查报告及审查批准书京设02006</td></tr>
<tr><td>6</td><td colspan="2">地质勘察资料</td><td colspan="3">地质报告书</td></tr>
<tr><td>7</td><td colspan="2">施工组织设计、施工方案及审批</td><td colspan="3">施工组织设计、编制、审核、批准齐全</td></tr>
<tr><td>8</td><td colspan="2">施工技术标准</td><td colspan="3">有模板、钢筋、混凝土灌注等20多种</td></tr>
<tr><td>9</td><td colspan="2">工程质量检验制度</td><td colspan="3">①有原材料及施工检验制度;②抽测项目的检测计划</td></tr>
<tr><td>10</td><td colspan="2">搅拌站及计量设置</td><td colspan="3">有管理制度和计量设施精确度及控制措施</td></tr>
<tr><td>11</td><td colspan="2">现场材料、设备存放与管理</td><td colspan="3">钢材、砂、石、水泥及玻璃、地面砖的管理办法</td></tr>
<tr><td colspan="6">检查结论:
现场质量管理制度基本完整。

总监理工程师:(本人签名)
(建设单位项目负责人)　　2002年5月10日</td></tr>
</table>

注:检查结论由本人签认。

1）对施工现场提出了 4 项要求

① 有相应的施工技术标准，即操作依据，可以是企业标准、施工工艺、工法、操作规程等，是保证国家标准贯彻落实的基础，所以这些企业标准技术水平必须高于国家标准、行业标准。

② 有健全的质量管理体系，建立必要的机构、制度、权责，保证质量控制措施的落实。可以是通过 ISO 9000 系列认证的，也可以不是通过认证的。

③ 有施工质量检验制度，包括材料、设备的进场验收检验、施工过程的试验、检验、竣工后的抽查检验，要有有关的规定、检验项目和制度等。

④ 综合施工质量水平评定考核制度，将施工单位资质、人员素质及前 3 项的要求等，形成综合效果和成效。

2）加强工序质量控制是落实过程控制的基础

工程质量的过程控制是有形的，它落实在有可操作的工序中。

① 加强了材料、设备的进场验收。对主要材料、半成品、成品、建筑构配件、器具和设备规定了进行现场验收，规定了 3 个层次把关。

A 验收：上述物品凡进入现场都应进行验收，对照产品出厂合格证和订货合同逐项进行检查，检查应有书面记录和专人签字；未经检验或检验达不到规定要求的，不得使用。

B 复验：凡涉及安全、功能的有关产品，应按有关专业工程质量验收规范的规定进行复验；复验时，其批量的划分、试样的数量抽取方法、质量指标的确定等，都应按相应的产品标准规定进行。

C 签字：不经监理工程师检查认可签字，不得用于工程。

② 完善了工序质量的控制。对工序质量提出了“三点制”的质量控制要求。

A 建立控制点：按工序的工艺流程，在各点依据施工技术标准进行质量控制，称为控制点，即将工艺流程中能检查的点，提出控制措施，使工艺流程中的每个点在操作中都达到质量要求。

B 设置检查点：在工艺流程控制点中，找比较重要的控制点，

进行检查，查看其控制措施的落实情况、有效情况，以及对其质量指标的测量，看其数据是否达到规范规定。这种检查可边施工边检查。这些数据可作为班组自检记录，以说明控制措施的有效性和控制效果。

C 明确停止点：就是在一些重要的控制点和检查点进行全面检查，凡是能反映该工序质量的指标都可以检查和检验，填入检验批自行检查评定表。

3）各专业工种之间，应进行交接检验

绝大多数交接检验是在一个工序施工完成后，形成了检验批的，也有一些不一定形成检验批的。但为了给后道工序提供良好的工作条件，使后道工序的质量得到保证，同时经过后道工序的确认，也为前道工序质量给予认可，促进前道工序的质量控制，即使质量得到控制，也分清了质量责任，促进了后道工序对前道工序质量的保护。所以，交接检验应该形成记录，并经监理工程师签字认可。这样，既能保证交接工作正确执行标准，符合规范规定，又便于发生质量问题时分清责任，防止产生不必要的纠纷。

（2）质量验收基本要求

“统一标准”规定了“建筑工程施工质量验收10款规定”，并作为强制性标准条文。

1）规定了统一标准和施工质量相关专业验收规范的配套使用，整套验收规范应看做是一个整体。

2）规定了要求按图施工，满足设计要求，体现设计意图。设计文件是由建设意图变为图纸，是创造；施工是由图纸变为实物，即由精神变物质，是再创造。

3）参加施工质量验收的人员必须是具备资质的专业技术人员，系“统一标准”第6章有关规定和当地规定参加的人员，应为正确验收提出基本要求。

4）施工质量验收程序规定，施工单位先自行检查评定，符合要求后，再交监理单位验收，分清施工、验收两个质量责任阶段，将质量落实到施工单位，谁施工谁负责。

5）对施工过程的重要控制点，隐蔽工程的验收，应与有关方面人员共同验收，共同确认，并形成验收文件，以便检验批、分项、分部（子分部）验收时备查。

6）见证取样送检，是当前一个时期加强工程质量管理的一项重要举措。

建设部[2002]211号文《房屋建筑工程和市政基础设施工程实行见证取样和送检的规定》要求：

A 见证取样数量：涉及结构安全的试块、试件和材料见证取样的比例不得低于有关技术标准中规定应取样数量的30%。

B 按规定下列试块、试件和材料必须实施见证取样和送检：

a 用于承重结构的混凝土试件。

b 用于承重墙体的砌筑砂浆试块。

c 用于承重结构的钢筋及连接接头试件。

d 用于承重墙的砖和混凝土小型砌块。

e 用于拌制混凝土和砌筑砂浆的水泥。

f 用于承重结构的混凝土中使用的掺加剂。

g 地下、屋面、厕浴间使用的防水材料。

h 国家规定必须实行见证取样和送检的其他试块、试件和材料。

7）检验批的质量按主控项目、一般项目进行验收，进一步明确具体质量要求，避免引起对质量指标范围和要求的不同。

8）对涉及结构安全和使用功能的重要分部工程应进行抽样检测。这种检测是非破损或微破损检测，是验证性检测。当一种检测方法的检测结果对工程质量产生怀疑时，可用其他方法再行检测，但不到确有必要时不宜进行半破损或破损检测。

9）承担见证取样检测及有关结构安全检测的单位应具有相应资质。这是保证见证取样检测和结构安全检测工作的正常进行，及检测数据准确性的必要条件，这对竣工后的抽样检测特别重要。

10）工程的观感质量应由验收人员通过现场检查并共同确

认。这是一种专家评分、共同确认的评价方法。参加人员应符合第3)款的规定。

(3) 检验批验收抽样方案

各专业验收规范已按上述两条规定制订了抽查数量，使用者按各专业“验收规范”规定的抽查数量进行验收就可以了。

2.2 建筑工程施工质量验收强制性条文检查

2000年以后颁布实施的工程建设标准、规范均采用黑体字标出强制性条文。强制性条文对工程建设活动具有重要作用，在标准化历史上具有深远影响。1988年《标准化法》颁布后，各级标准在批准时就明确了属性。十年来，我国已经批准的工程建设国家标准、行业标准、地方标准中强制性标准为2700多项，占整个标准数量的75%，相应标准中条文就有15万多条。如果按照这样的条文去罚款，再好的工程、再好的工程技术人员都有可能受到处罚，罚得大家心不服、口不服。为此，国家决定在强制性标准中设强制性条文，强制性条文就是在这样的背景中出现的。

2.2.1 强制性条文确定原则

(1) 强制性条文重要作用

按照建设部81号令《实施工程强制性标准监督规定》要求，工程建设强制性标准是指直接涉及工程质量、安全、卫生及环境保护等方面的工程建设标准强制性条文。1999年的质量大检查和2001年的整顿和规范建筑市场的检查，均将是否执行强制性标准作为一项重要内容来检查。但从检查的情况来看，工程质量问题令人担忧。受检的275项工程，共查出有结构隐患的14个，占5.1%；可能存在结构隐患的51个，占18.6%。实践证明，通过抓质量、抓安全、整顿建筑市场等活动，把标准、规范的地位提到了一个很高的位置，应把这项工作作为核心工作来抓，树立一丝不苟的精神。违反强制性标准，就会受到自然的惩罚。只有严格贯彻执行标准、规范，才能保证建筑物结构安全和使用功能，才能经得起自然灾害的检验。

(2) 强制性条文确定原则

随着人们对生产实践经验总结和科学技术发展，强制性条文并非一成不变，需要不断完善，标准、规范的修订是必然的趋势，这种发展就要求我们随时掌握标准、规范修订信息。

由于长期以来我国把标准规范的强制性的与推荐性的内容融合在同一项之中，而人们的界定多数停在定性的研究中。强制性条文作为强制性标准的具体内容体现，解决了两者的界限，国际上多数国家按照世界贸易组织（WTO）的技术法规和技术标准构成技术文件，我国标准体制改革正在逐步向国际惯例靠拢。

2002 版强制性条文主要采用下列确定原则：

1) 条文规定的内容可操作性差的，不得作为强制性条文；

2) 条文在制定中争议较大、且未完全取得一致意见的，不得作为强制性条文；

3) 其他标准的内容已经纳入到强制性条文中的，不再重复列入；

4) 强制性条文采用“必须、严禁”和“应、不应、不得”等用词，不采用“宜”、“可”等用词；

5) 引用其他标准(或条文)的，如在其他标准中不属强制性的内容，不得作为强制性条文，以避免扩大强制性条文的范围。

6) 与几本标准强制性条文内容相同，仅具体文字或要求稍有不同的，可同时列入强制性条文，但文字表述上不作重复，仅给予注释。

2.2.2 强制性条文的实施

(1) 实施标准的要素

根据标准化法的规定，标准化工作的三大任务是：制定标准、实施标准和对实施标准的监督。要使制定出的标准得到贯彻执行有三个基本要素，即：标准的权威性、公众的标准化意识和对执行标准的监督。这三个要素相互支撑，缺一不可。

1) 标准的权威性

标准的权威性是指标准在制定过程中按照标准化的原则，符合标准的程序，通过大家公认，得到广泛使用将带来直接的效益。一项好的标准执行以后，具有明显的效果，将会使得大家自觉遵守执行。

2）公众的标准化意识

执行标准应该靠执行者自觉进行，这就需要大家熟悉标准。当今科学技术发展迅猛，一些新的技术在人们还没有完全掌握的情况下，就有可能被新的技术所替代。许多违反标准是因为不知道标准的规定而造成的，因此，让公众知道标准的规定，形成有意识地执行是非常必要的。不理解规范、不按照规范执行的现象是做成错误的主要原因。

对标准的学习实际上也是对新技术的掌握，标准、规范掌握好了就能自觉遵守，按标准执行。

3）对执行标准的监督

对执行标准的监督是3个要素中最难处理的，因为这是执行标准最后的一道闸门，也是较为重要的防线，特别是强制性标准，如果缺乏监督，造成的危害是直接的。

对违反强制性标准的处罚，不能简单地只管处罚的需要，更重要的是执行按标准的监督应当建立事前监督和事后处理的制度。

（2）符合强制性标准的判定

质量是反映实体满足明确或隐含需要能力的特征和特性的总和。明确需要是指在标准、规范、合同和技术文件所作出的规定的需要；而隐含需要一是指使用者对工程或服务的期望，二是指人们公认的、不言而喻的、不必作出规定的要求。作为建筑工程质量验收规范，所规定的内容是大家都应遵守的明确需要，当没有满足质量标准、规范规定的要求则为不合格，但质量标准、规范规定的要求，往往又不完全等同使用者最终的使用要求，特别是隐含的期望。为此，各规范均明确规定：在工程施工中采用的工程技术文件、承包合同文件对施工质量的要求不得低于规范的规定。

2.2.3 强制性条文检查

(1) 在标准规范中以黑体字印刷的条文为强制性条文。

现已颁布实施的15项验收标准规范共165条强制性条文，相关标准规范67条。计234条，共有13张检查表。

(2) 对执行强制性条文的检查判定

按相关的强制性标准条文检查内容和判定要求进行检查和判定。

(3) 举例

以“统一标准”第3.0.3条和“砌体规范”第5.2.1条为例介绍施工强制性条文的释义、措施、检查和判定，以及检查表的填写。

1) “统一标准”第3.0.3条的释义、措施及检查、判定

3.0.3　建筑工程施工质量应按下列要求进行验收：

【释义】

这一条是为整个建筑工程施工质量验收而设立的，面广、宏观；凡建筑工程验收都应该执行，各专业验收也应执行。在一定意义上，该条条文本身就是一个贯彻落实建筑工程施工质量验收规范，保证建筑工程施工质量验收的措施。

1. 建筑工程施工质量应符合本标准和相关专业验收规范的规定。

本款有3个层次的问题。一是一个建筑工程施工质量验收由统一标准和相关专业质量验收规范共同来完成。统一标准规定了各专业标准的统一要求，同时，规定了单位工程的验收内容，就是说单位工程的质量综合验收由统一标准来控制。检验批、分项、子分部、分部工程由各专业质量验收规范分别控制。这个验收规范体系是一个整体。二是建筑工程施工质量验收的质量指标是“一个对象只有一个标准”。三是这个规范体系是质量验收标准，不规定完成任务的施工方法，这些方法要靠施工单位自行制订，尽管质量指标是一个，但完成这个指标的方法是多种多样的。

【措施】

本款的落实措施重点强调这是一个系列标准，一个单位工程

的质量验收，是由统一标准和相关专业验收规范共同来完成的，在统一标准第一章总则中已给予明确，第1.0.2条、1.0.3条都说明了这个原则。在各专业验收规范的第一章总则中，都做出了明确规定。这是保证这个系列规范统一协调的基础。同时，其落实措施最具体的是推出检验批、分项工程、分部(子分部)工程、单位(子单位)工程的整套验收记录表格，以具体落实统一标准和各专业验收规范共同验收施工质量。

【检查】

检查各项目检验批、分项、分部(子分部)、单位(子单位)工程项目验收的表格、内容、程序等是否按规定进行。保证各项目的验收都符合有关标准的要求。

【判定】

基本按制订的表格逐步验收为符合规范要求。

2. 建筑工程施工应符合工程勘察、设计文件的要求。

【释义】

本款包括两个方面的含义，一是施工依据设计文件进行，按图施工。勘察是对设计及施工需要提供地质资料及现场资料，是设计的主要基础资料之一。设计文件是将工程项目的要求，经济合理地设计出符合有关技术法规和技术标准的图纸，经过施工图文件审查。符合施工设计文件的要求是确保建设项目质量的基本要求，是施工必须遵守的。二是工程勘察还应为施工现场场地条件提供地质资料，在进行施工总平面规划时，应充分考虑工程环境及施工现场环境，工程勘察报告对地基基础施工方案的制订以及判定基础施工过程的控制效果等是否合理，将起到重要作用。所以，施工也应符合工程勘察的有关要求。

【措施】

实施措施要做到三点：

(1) 落实质量责任制，按图施工，各参建单位必须先做好自身的工作，尽到自己的责任。

(2) 制订有修改设计文件的制度和程序，施工中不得随意改变设计文件。如必须改变时，应由原设计单位修改，并办理正式手续。

（3）在制订施工组织设计时，必须首先阅读工程勘察报告，根据地质评价和建议，进行施工现场的总平面设计，制订地基有关技术措施，以保证工程施工的顺利进行。

【检查】

一是检查施工过程中，对没有按设计图纸施工的部位及项目是否都有正式的设计变更修改文件。二是检查"施工组织设计"是否符合工程勘察的结论及建议。

【判定】

对受力部位及构件需要修改的都有正式的设计变更文件；施工组织设计的内容及地基基础工程施工方案体现了工程勘察的结论、建议及设计要求，即为符合规范要求。

3. 参加工程施工质量验收的各方人员应具备规定的资格。

【释义】

这是保证工程质量验收的有效措施。因为验收规范的落实必须由掌握验收规范的人员来执行，没有一定的工程技术理论和工程实践经验的人来掌握，验收规范再好也是没有用的。所以，本条规定验收人员应是"统一标准"第六章规定的人员及当地有关规定的指定人员。

由于各地的情况不同，工程的内容、复杂程度不同，对专业质量检查员、项目技术负责人、项目经理等人员，不能规定死，非要求什么技术职称才行。这里只提一个原则要求，具体由各地建设行政主管部门去规定。但有一点一定要引起重视，施工单位的质量检查员是掌握企业标准和国家标准的具体人员，是施工单位的质量把关人员，要给他充分的权力。各施工单位以及各地都应重视质量检查员的培训和选用，一定要持证上岗。

【措施】

当地建设主管部门要有文件做出规定；根据工作的具体情况和本地区的人才情况，在保证工程质量的前提下，规定出相应的施工单位的项目经理、项目技术负责人、质量检查员的资格；对监理人员的资格国家及各地已有规定，应按专业持证上岗；在没有委托监理的项目中，建设单位的验收人员应具有相应的资格。

【检查】

工程质量监督机构按照规定，对有关人员持证情况进行检查。对没有委托监理的应按规定检查其自行管理的能力，要有基本相当于该项目的监理单位的资质。

【判定】

施工单位的质量检查员、项目经理及项目技术负责人、单位（项目）负责人，监理单位的监理工程师、总监理工程师，以及建设单位的相当人员，符合当地建设行政主管部门的规定即为符合规范要求。

4. 工程质量的验收均应在施工单位自行检查评定的基础上进行。

【释义】

本款有三个含义。一是分清责任，施工单位应对检验批、分项、分部（子分部）、单位（子单位）工程按操作依据的标准等进行自行检查评定，符合要求后，再交监理工程师、总监理工程师进行验收。二是监理工程师或总监理工程师应按国家验收规范验收，监理人员要对验收的工程质量负责。三是验收应形成资料。

【措施】

本款的落实措施应包括三个方面：

第一 当地建设行政主管部门应有具体规定，明确规定施工单位应有不低于国家标准的具体的操作规程，并按其进行培训、交底和具体操作，达到施工单位规定的质量目标。

第二 施工单位必须制订不低于国家质量验收规范的操作依据——企业标准，企业标准是经总工程师或施工单位技术负责人批准，有批准人签字，并注明有批准日期、执行日期、标准名称及编号。

第三 建设行政主管部门有健全的监督检查制度。对施工单位不经自行组织检查评定合格，或不经检查评定，不执行企业标准和国家施工质量验收规范，将不合格工程交出验收的，要进行处罚或给予不良行为记录。

对监理单位（或建设单位）不按国家工程质量验收规范验收，将不合格工程通过验收，要对监理单位（或建设单位）进行处罚或将其不良行为记录出示。同时，对达到国家施工工程质量验收规范而不验收的行为也要给予批评。

【检查】

检查中重点注意两个方面：一是施工单位的操作依据及其技术管理制度的执行情况，施工单位质量控制措施的落实情况，以及自行检查的程序是否符合要求。二是检查监理单位是否在施工单位自行检查评定合格的基础上进行验收。

【判定】

各项均按规范要求验收，记录表各方按程序签认，即为符合规范要求。

5. 隐蔽工程在隐蔽前应由施工单位通知有关单位进行验收，并应形成验收文件。

【释义】

这一款也属于程序规定。施工单位应对隐蔽工程先进行检查，符合要求后通知建设单位、监理单位、勘察设计单位和质量监督机构等参加验收。施工单位先填好验收表格，并填上自检的数据、质量情况等，然后再由监理工程师验收并签字认可，形成文件。监理可以旁站检验，也可抽查检验，这些应在监理方案中明确。

【措施】

施工单位要建立隐蔽工程验收制度，在施工组织设计中对隐蔽验收的主要部位及项目应列出计划，与监理工程师进行协商后确定。一是落实隐蔽验收的工作量及资料数量。二是使监理单位等有关方面心中有数。三是督促施工单位在必要的部位按计划进行隐蔽验收。

【检查】

检查应在审查施工组织设计时，检查有没有隐蔽工程验收计划，并应由监理单位来证实；监理单位也应该明确重要部位、重要工序的隐蔽工程的验收，并应与施工单位协商一致，列出计划。

【判定】

有计划，各验收部位监理单位能及时到场验收，并形成隐蔽工程验收文件，且有按规定的各方签认，即为符合规范要求。

6. 涉及结构安全的试块、试件以及有关材料，应按规定进行见证取样检测。

【释义】

本款是为了加强工程结构安全的监督管理，保证建筑工程质量检测工作的科学性、公正性和准确性。建设部以建[2000]211号文"关于印发《房屋建筑工程和市政基础设施工程实施见证取样和送检的规定》的通知"，通知对其检测范围、数量、程序都做了具体规定，在建筑工程质量验收中应按其规定执行。

文件规定的见证取样检测范围、数量如下：

A 范围：下列试块、试件和材料必须实施见证取样和送检：

a 用于承重结构的混凝土试块；

b 用于承重墙体的砌筑砂浆试块；

c 用于承重结构的钢筋及连接接头试件；

d 用于承重墙的砖和混凝土小型砌块；

e 用于拌制混凝土和砌筑砂浆的水泥；

f 用于承重结构的混凝土中使用的掺加剂；

g 地下、屋面、厕浴间使用的防水材料；

h 国家规定必须实行见证取样和送检的其他试块、试件和材料。

B 数量：见证取样和送检的比例不得低于有关技术标准中规定应取样数量的30%。

【措施】

A 按建设部建建[2000]211号文确定的材料种类和所需见证取样的项目及数量。注意项目和数量不应超出211号文的

规定。

B 见证人员应为建设单位或监理单位具备建筑施工试验知识的专业技术人员担任，并通知施工单位、检测单位和监督机构等。

C 见证人应在试件或包装上做好标识、封志，标明工程名称、取样日期、样品名称、数量及见证人签名，见证人员应做见证记录，并归入施工技术档案。

D 检测单位应按委托单，检查试样上的标识和封套，确认无误后，再按有关规定和技术标准检测。检测报告应科学、真实、准确，加盖见证取样检测专用章。

E 定期检查其结果，并与施工单位质量控制试块的评定结果比较，及时发现问题及时纠正。

【检查】

检查有关措施的落实情况，人员确定是否正确；有见证取样送检的制度并能落实执行；试验报告的内容及执行程序是否正确；有定期试验结果对比资料等。

【判定】

以上检查条款基本做到，即为符合规范要求。

7. 检验批的质量应按主控项目和一般项目验收。

【释义】

这里包括两个方面的含义。一是验收规范的内容不全是检验批验收的内容，除了检验批的主控项目、一般项目外，还有总则、术语及符号、基本规定、一般规定等，对其施工工艺、过程控制、验收组织、程序、要求等的辅助规定。二是检验批的验收内容，应按列为主控项目、一般项目的条款来验收。只要这些条款达到规定后，检验批就应通过验收。不能随意扩大内容范围和提高质量标准。如需要扩大内容范围和提高质量标准时，可在合同中约定。

这些要求即对执行验收人员做出的规定，也是对各专业验收规范编写时的要求。

【措施】

本款的落实措施是由规范组制订每个检验批的验收表，推荐使用，使全国做法比较统一。

【检查】

检查检验批验收的内容是否与验收表的内容一致。

【判定】

检查使用验收的表格，验收内容与验收表格的内容一致，即为符合规范要求。

8. 对涉及结构安全和使用功能的重要分部工程应进行抽样检测。

【释义】

本款是这次验收规范修订的重大突破，以往分部工程是不进行检测的，按设计文件要求施工就可以了。但是，当有关工序完成后很可能改变了前道工序原来的质量情况，如钢筋位置，绑扎完钢筋检查，位置都是符合要求的，但将混凝土浇筑完，钢筋的位置是否保持原样，就不好判定了，就需要检测验证。还有混凝土强度的实体检测、防水效果检测、管道强度及畅通的检测等，都需要验证性的检测。这些项目可由施工、监理、建设单位等一起抽样检测，也可由施工单位进行，请有关方面的人员参加。监理、建设单位也可按验收规范列出的项目，进行验证性抽测。

【措施】

抽测的项目已在各专业验收规范分部(子分部)工程验收中列出，因此，尽量在分部(子分部)工程验收中抽测，不要等到单位工程验收时才检测。为保证其规范性，施工单位应在施工开始就制订施工质量检验制度，将检测项目、检测时间、检测方法和标准、检测单位等作出说明，提高检测的计划性。

【检查】

对照抽测项目，检查施工单位制订的施工质量检验制度中抽样检测的内容。

【判定】

按规定的项目检测，结果符合要求，即为符合规范要求。

9. 承担见证取样检测及有关结构安全检测的单位应具有相应资质。

【释义】

检测单位应有相应的资质，操作人员应有上岗证，有必要的管理制度和检测程序及审核制度，有相应的检测方法标准，设备、仪器应通过计量认可，在有效期内，保持良好的精度状态。

【措施】

本款落实措施是在开工前制定施工质量检测制度；应针对检测项目，对检测单位进行资质审查，符合要求后，给予检测委托书。

【检查】

检测单位由当地县级以上建设主管部门颁发资质证书和人员上岗证。施工单位制订的有针对性的施工质量检测项目计划和制度。

【判定】

检查检测单位的资质，并注明资质的文件情况，检测单位符合资质要求的即为符合规范要求。

10. 工程的观感质量应由验收人员通过现场检查，并应共同确认。

【释义】

为了强调完善手段和确保结构质量，这次验收规范对观感质量放到比较次要位置，但不能不要。一是对观感质量还得兼顾；二是完工后的现场综合检查，可以对工程的整体效果作一个核实。观感质量检查是宏观性地对工程整体进行一次全面验收检查，其内容也不仅局限于外观方面，还应对如缺损的局部，提出进一步完善修改。只评出好、一般、差。好、一般都可说通过验收；对差的评价，能修的就修，不能修的就协商解决。评为好、一般、差的标准，由验收人员综合考虑。现场检查，应对建筑物四周尽量走到，室内重要部位及有代表性房间尽量看到，有关设备能运行的尽可能要运行。经过现场检查，在听取各方面的意见后，由总监理工程师为主导和有关人员共同确定观感质量的评价。

【措施】

本款的落实措施是由总监理工程师负责，在监理计划中写明。

【检查】

工程开工前或施工过程中，检查监理计划及执行情况，并在竣工验收的监督中作为一项主要内容，在监督报告中给予评价。

【判定】

到现场检查，按程序进行，并由总监理工程师组织的，即为符合规范要求。

2)《砌体规范》第5.2.1条的释义、措施及检查、判定

5.2.1 砖和砂浆的强度等级必须符合设计要求。

【释义】

在砖砌体工程中，砖和砂浆是组成砌体的两种重要材料。根据《砌体结构设计规范》GB 50003—2001规定，砌体强度设计值主要取决于块材和砂浆的强度等级和施工质量控制等级，因此，为保证砖砌体的受力性能和施工质量，砖和砂浆的强度等级必须符合设计要求。

【措施】

① 各验收批砖（烧结普通砖15万块、多孔砖5万块、灰砂砖及粉煤灰砖10万块各为一验收批）抽一组进行强度检验。

② 砂浆应经试配。

③ 同一类型、强度等级的砌筑砂浆，每砌体检验批且不超过250m^3砌体施工中，对每台搅拌机应至少进行一次砂浆强度抽检。

【检查】

① 砖强度试验报告单。

② 砂浆试配报告单。

③ 砂浆强度试验报告单。

【判定】

① 砖和砂浆的强度等级必须符合设计要求。

② 砂浆试块强度偏低时，应对相应的砌体部位采用现场检验

方法对砂浆和砌体强度进行原位检测或取样检测，再视其检测结果，依照《建筑工程施工质量验收统一标准》GB 50300—2001 进行验收，即当砌体中砂浆强度或砌体强度能够达到设计要求的检验批，应予以验收。当砌体中砂浆或砌体强度达不到设计要求，但经原设计单位核算认可能够满足结构安全的检验批，可予以验收。当砌体中砂浆或砌体强度不满足结构安全的检验批，应返工重做或加固处理，再进行验收。

(4) 检查表见表 2.2.1～表 2.2.13。

2.2.4 各责任主体贯彻强制性标准地位

(1) 建设单位

建设单位是工程建设市场的重要责任主体，是工程建设过程和建设效果的负责方，拥有按照法律、法规规定选择勘察、设计、施工、监理单位和确定建设项目的规模、功能、外观、使用材料设备等权力。在工程建设各个环节负责综合管理工作，居于主导地位。建设单位的行为在整个建设工程活动中是否规范，是否贯彻工程建设强制性标准，是影响建设工程质量的关键因素。

建筑工程施工强制性条文检查记录

基本要求(统一标准) **表 2.2.1**

受检地区： 时间： 年 月 日

工程名称				结构类型	
建设单位				受检部位	
施工单位				负 责 人	
项目经理		技术负责人		开工日期	

《建筑工程施工质量验收统一标准》GB 50300—2001

条 号	项 目	检 查 内 容	不符合标准的起数
3.0.3	施工质量验收		
	技术标准	施工技术标准储备、执行、降低、验收	
	勘察、设计	按图施工、技术交底、设计变更、组织设计	

续表

条号	项目	检查内容	不符合标准的起数
	人员资格	项目经理、技术负责人、质检员、监理工程师	
	验收过程	施工自检、监理(建设单位)验收	
	隐蔽工程验收	验收计划、验收部位、重要工序、验收文件、各方签认	
	见证取样检测	措施、制度、人员、报告、结果分析	
	检验批	主控项目和一般项目的验收、表格应用及落实	
	抽样检测	制度、检测结果	
	检测单位	单位资格、人员、结果的规范	
	观感质量	监理计划	
5.0.4	单位(子单位)工程验收	分部(子分部)、控制资料、安全和功能检测、抽查结果、观感验收	
5.0.7	严禁验收	加固、论证、判定	
6.0.3	验收报告	自检报告、检查程序	
6.0.4	工程验收	监理(建设)单位验收程序、报告内容	
6.0.7	工程备案	备案准备、时间	

地 基 基 础

表 2.2.2

受检地区：　　　　　　　　　　　　　　时间：　　年　月　日

工程名称			结构类型	
建设单位			受检部位	
施工单位			负责人	
项目经理		技术负责人	开工日期	

《建筑地基基础工程施工质量验收规范》GB 50202—2002

条号	项目	检查内容	不符合标准的起数
4.1.5	单一地基	地基强度和承载力,测试方法、数量	
4.1.6	复合地基	地基强度和承载力,测试方法、数量	
5.1.3	打(压)入桩	最终桩位偏差或斜桩的倾斜度,偏差范围,全数检查	

续表

条号	项目	检查内容	不符合标准的起数
5.1.4	灌注桩	最终桩位标高，桩底沉渣厚度及试件强度，偏差	
5.1.5	工程桩承载力	水平承载力或竖向承载力，试验、数量	
7.1.3	土方开挖	开挖的顺序、方法、设计工况，跟踪措施	
7.1.7	基坑（槽）、管沟开挖	基坑变形及周围建筑物的沉降或变形，变形监控措施	
《湿陷性黄土地区建筑规范》GBJ 25—1990			
5.1.1	湿陷性黄土施工	设计要求、施工组织、施工措施、观察记录	
5.4.5	黄土湿陷	施工措施、沉降和裂缝观测	
《膨胀土地区建筑技术规范》GBJ 112—1987			
4.1.3	施工用水	用水措施、排水措施	
《建筑基坑支护技术规程》JGJ 120—1999			
3.7.2	基坑边界周围	排水沟、降排水措施	
3.7.3	基坑周边	严禁超堆荷载	
3.7.5	基坑开挖	防止碰撞支护结构、工程桩或扰动基底原状土措施	
《建筑边坡工程技术规范》GB 50330—2002			
15.1.2	土石方开挖后不稳定或欠稳定的边坡	根据边坡的地质特征和可能发生的破坏等情况，采取自上而下、分段跳槽、及时支护的逆作法或部分逆作法施工。严禁无序大开挖、大爆破作业	
15.1.6	一级边坡工程	应采用信息施工法	
15.4.1	岩石边坡	开挖采用爆破法施工时，应采取有效措施避免爆破对边坡和坡顶建（构）筑物的震害	

续表

条 号	项 目	检 查 内 容	不符合标准的起数
《建筑地基处理技术规范》JGJ 79—2002			
4.4.2	垫层施工	分层、压实控制、填土措施	
5.4.2			
	受压土层	竖向变形和平均固结度控制	
	预压的地基土	原位十字板剪切试验和室内土工试验	
6.3.5	强夯	监测点、隔振沟等防振或隔振措施	
6.4.3	强夯处理地基	承载力检验、原位测试和室内土工试验等	
7.4.4	振冲处理地基	承载力检验应采用复合地基载荷试验	
8.4.4	砂石桩地基	承载力检验应采用复合地基载荷试验	
9.4.2	水泥粉煤灰碎石桩地基	承载力检验应采用复合地基载荷试验	
10.4.2	夯实水泥土桩地基	单(或多)桩复合地基载荷试验	
11.3.15	施工机械	瞬时检测、粉体计量、搅拌深度记录	
11.4.3	竖向承载水泥土搅拌桩地基	承载力检验应采用复合地基载荷试验和单桩载荷试验	
12.4.5	竖向承载旋喷桩地基	承载力检验应采用复合地基载荷试验和单桩载荷试验	
13.4.3	石灰桩地基	承载力检验应采用复合地基载荷试验	
14.4.3	灰土挤密桩和土挤密桩地基	承载力检验应采用复合地基载荷试验	
15.4.3	柱锤冲扩桩地基	承载力检验应采用复合地基载荷试验	
16.4.2	单液硅化法处理地基	承载力及其均匀性应采用动力触探或其他原位测试检测	

混凝土结构工程

表 2.2.3

受检地区：　　　　　　　　　　　　　　　　时间：　　年　月　日

工程名称			结构类型	
建设单位			受检部位	
施工单位			负 责 人	
项目经理		技术负责人	开工日期	

《混凝土结构工程施工质量验收规范》GB 50204—2002

条　号	项　　目	检 查 内 容	不符合标准的起数
4.1.1	模板及其支架设计	模板设计文件	
4.1.3	模板及其支架拆除	施工技术方案、模板拆除顺序及安全措施	
5.1.1	钢筋代换	设计变更文件和验收记录	
5.2.1	钢筋力学性能检验	产品合格证、出厂检验报告和进场复验报告	
5.2.2	抗振钢筋	出厂检验报告和进场复验报告中钢筋强度实测值	
5.5.1	钢筋安装	受力钢筋的品种、级别、规格和数量	
6.2.1	预应力筋力学性能检验	产品合格证、出厂检验报告和进场复验报告	
6.3.1	预应力筋安装	预应力筋的品种、级别、规格和数量	
6.4.4	预应力筋断裂或滑脱限制	张拉记录	
7.2.1	水泥进场	产品合格证、出厂检验报告和进场复验报告	
7.2.2	外加剂	产品合格证，出厂检验报告（必要时检查进场复验报告）	
7.4.1	混凝土强度和试件留置	施工记录、试件强度试验报告	
8.2.1	外观质量	缺陷情况记录、技术处理方案和处理后验收记录	
8.3.1	尺寸偏差	缺陷情况记录、技术处理方案和处理后验收记录	
9.1.1	预制构件性能检验	出厂批量及结构性能检验报告	

《普通混凝土用砂质量标准及检验方法》JGJ 52—1992

3.0.7	砂的碱活性检验	碱活性试验报告	

续表

条 号	项 目	检 查 内 容	不符合标准的起数
3.0.8	海砂中氯离子含量检验	产品合格证、出厂检验报告(必要时检查进场复验报告)	
《普通混凝土用碎石和卵石质量标准及检验方法》JGJ 53—1992			
3.0.8	碎石或卵石的碱活性检验	碱活性试验报告	
《混凝土外加剂应用技术规范》GBJ 50119—2003			
2.1.2	外加剂质量	产品许可证、产品合格证、试配资料、工程应用记录	
6.2.3	含氯盐早强剂及减水剂的应用范围	工程应用记录复核	
6.2.4	含强电介质无机盐减水剂的应用范围	工程应用记录复核	
7.2.2	含亚硝酸盐无机盐防冻剂的应用范围	工程应用记录复核	
《预应力筋用锚具、夹具和连接器应用技术规程》JGJ 85—2002			
3.0.2	锚具性能检验	效率系数及总应变试验报告	
3.0.3	锚具性能计算	效率系数及总应变计算复核	
《普通混凝土配合比设计规程》JGJ 55—2000			
7.1.4	抗渗性能试验	抗渗性能试验报告	
7.2.3	抗冻融性能试验	抗冻融性能试验报告	
《钢筋焊接及验收规程》JGJ 18—2003			
1.0.3	焊工资格	现场焊工的考试合格证	
3.0.5	钢材、焊接材料	质量证明书及产品合格证	
4.1.3	焊接施工前的试验	试焊记录、焊后试验报告	
5.1.7	焊接接头受拉性能	拉伸试验报告	
5.1.8	焊接接头弯曲性能	弯曲试验报告	
《钢筋机械连接通用技术规程》JGJ 107—2003			
3.0.5	接头等级的性能	型式检验报告	
6.0.5	工地现场抽样检验	抗拉强度试验报告	
《轻骨料混凝土技术规程》JGJ 51—2002			
5.1.5	外加剂、掺和料的适用性	配合比设计资料及试配试验报告	

续表

条　号	项　　目	检　查　内　容	不符合标准的起数
5.3.6	配合比调整	配合比调整资料及施工配合比资料	
6.2.3	搅拌机类型	核实是否用强制式搅拌机搅拌	
《建筑工程大模板技术规程》JGJ 74—2003			
3.0.2	系统连接可靠	检验连接件灵活、可靠	
3.0.4	支撑系统要求	检验放置时稳定性、角度有可调性	
3.0.5	吊环质量要求	检验材料和连接质量	
4.2.1	设计质量	复核满足现场起重能力	
6.1.6	吊环要求	操作规程、安全措施及执行情况	
6.1.7	卡环吊钩、大风时停止吊装	操作规程、安全措施及执行情况	
6.5.1	模板拆除要求完全脱离	操作规程、安全措施及执行情况	
6.5.2	模板堆放要求	操作规程、安全措施及执行情况	

钢结构工程

表 2.2.4

受检地区：　　　　　　　　　　　　时间：　　　年　　月　　日

工程名称				结构类型	
建设单位				受检部位	
施工单位				负责人	
项目经理		技术负责人		开工日期	

《钢结构工程施工质量验收规范》GB 50205—2001

条　号	项　　目	检　查　内　容	不符合标准的起数
4.2.1	钢材、钢铸件	品种、规格、性能及质量合格证明文件，中文标志、检验报告（有复验要求）的合法、有效、完整性	
4.3.1	焊接材料	品种、规格、性能及质量合格证明文件，中文标志、检验报告（有复验要求）的合法、有效、完整性	

续表

条 号	项 目	检 查 内 容	不符合标准的起数
4.4.1	紧固连接件	品种、规格、性能及质量合格证明文件，中文标志、检验报告(有复验要求)的合法、有效、完整性。高强度螺栓连接副扭矩系数或紧固轴力(预抗力)检验报告	
5.2.2	焊工合格证	证书及其认可范围，有效期的合法和真伪性	
5.2.4	焊缝内部缺陷	内部缺陷探伤比例及探伤记录的合法，有效和完整性	
6.3.1	摩擦面抗滑移系数	摩擦面抗滑移系数值及试验报告和复验报告的合法、有效性	
8.3.1	吊车梁和吊车桁架挠度	吊车梁和吊车桁架的下挠度和上拱度	
10.3.4	单层钢结构整体变形	主体结构的整体垂直度各整体平面弯曲	
11.3.5	多层及高层钢结构整体变形	主体结构的整体垂直度各整体平面弯曲	
12.3.4	钢网架挠度变形	总拼完成后挠度值(自重状况下)，及屋面工程完成后挠度值(使用状态)	
14.2.2	防腐涂料涂装	防腐涂料、涂装遍数及涂层厚度	
14.3.3	防火涂料涂装	防火涂料及涂层厚度	
《建筑钢结构焊接技术规程》JGJ 81—2002			
3.0.1	钢材及焊接填充材料	设计文件、质量证明书或检验报告，化学成分、力学性能等	
4.4.2	调质钢	严禁采用塞焊和槽焊焊缝	
5.1.1	焊接工艺评定	国内首次应用于钢结构工程的钢材、焊接材料和设计有规定要求应进行工艺评定	
7.1.5	焊缝	检查数量，不合格率的控制	
7.3.3	焊缝内部缺陷	一级焊缝、二级焊缝，检查数量，不合格率的控制	

砌体结构

表 2.2.5

受检地区：　　　　　　　　　　　　　　　时间：　　年　月　日

工程名称				结构类型	
建设单位				受检部位	
施工单位				负责人	
项目经理		技术负责人		开工日期	

《砌体工程施工质量验收规范》GB 50203—2002

条号	项目	检查内容	不符合标准的起数
4.0.1	水泥	进场复验报告、使用情况	
4.0.8	外加剂	进场检验和试配报告，有机塑化剂型式检验报告	
5.2.1	砖、砂浆	强度试验报告	
5.2.3	砖砌体砌筑	转角处、交接外及临时间断处砌筑方式	
6.1.2	小砌块	产品龄期	
6.1.7	小砌块外观质量	缺陷（断裂）情况	
6.1.9	小砌块砌筑	砌筑方向	
6.2.1	小砌块、砂浆	强度试验报告	
6.2.3	小砌块砌体砌筑	转角处、交接处及临时间断处的砌筑方式	
7.1.9	挡土墙	泄水孔设置	
7.2.1	石材、砂浆	强度试验报告	
8.2.1	钢筋	产品合格证、进场复验报告	
8.2.2	混凝土、砂浆	强度试验报告	
10.0.4	冬期施工所用材料	石灰膏、电石膏、砂、砖及其他块材受冻情况	

《砌筑砂浆配合比设计规程》JGJ 98—2000

条号	项目	检查内容	不符合标准的起数
3.0.3	掺加料	严禁使用脱水硬化的石灰膏	
4.0.3	砌筑砂浆	稠度、分层度、试配抗压强度试验，配合比、计量	
4.0.5	砌筑砂浆的分层度	不得大于 30mm	

木结构工程

表 2.2.6

受检地区： 时间： 年 月 日

工程名称				结构类型	
建设单位				受检部位	
施工单位				负责人	
项目经理		技术负责人		开工日期	

《木结构工程施工质量验收规范》GB 50206—2002

条号	项目	检查内容	不符合标准的起数
4.2.1	木屋架	载荷试验，总荷载应达到 2.5 倍设计荷载	
5.2.2	胶缝完整性	脱胶试验、脱胶面积	
6.2.1	规格材	等级检验、树种、应力等级、规格尺寸	
7.2.1	木结构防腐	构造措施	
7.2.2	防腐剂处理	保持量和透入度的测定	
7.2.3	木结构防火	构造措施、设计文件	

防水工程

表 2.2.7

受检地区： 时间： 年 月 日

工程名称				结构类型	
建设单位				受检部位	
施工单位				负责人	
项目经理		技术负责人		开工日期	

《地下防水工程质量验收规范》GB 50208—2002

条号	项目	检查内容	不符合标准的起数
3.0.6	防水材料	产品合格证、质量检验报告、现场抽样复验报告	
4.1.8	防水混凝土	设计要求，抗压强度和搞渗压力检验报告	
4.1.9	细部构造	设计要求，施工措施，观察记录	
4.2.8	水泥砂浆心水层	设计要求，基层处理，施工方法	

续表

条 号	项 目	检 查 内 容	不符合标准的起数
4.5.5	塑料板防水层	搭接缝有效焊接宽度，焊缝检验记录	
5.1.10	喷射混凝土	设计要求，抗压强度、抗渗压力及锚杆抗拔力检验报告	
6.1.8	渗排水、盲沟排水	设计要求，砂、石试验报告	
《屋面工程质量验收规范》GB 50207—2002			
3.0.6	防水、隔热保温材料	产品合格证、质量检验报告\现场报告\现场抽样复试报告	
4.1.8	找平层排水坡度	设计要求，坡度检验记录	
4.2.9	保温层含水率	设计要求，材料含水率试验记录	
4.3.16	卷材防水层	雨后或淋水、蓄水检验记录	
5.3.10	涂膜防水层	雨后或淋水、蓄水检验记录	
6.1.8	细石混凝土防水层	雨后或淋水、蓄水检验记录	
6.2.7	密封材料嵌填	设计要求，基层处理，嵌填方法	
7.1.5	平瓦屋面	施工固定加强措施	
7.3.6	金属板材屋面	雨后或淋水检验记录	
8.1.4	架空屋面	设计要求，架空隔热制品质量	
9.0.11	细部构造	设计要求，施工措施，观察记录	

装饰装修工程 **表 2.2.8**

受检地区： 时间： 年 月 日

工程名称			结构类型	
建设单位			受检部位	
施工单位			负 责 人	
项目经理		技术负责人	开工日期	

《建筑地面工程施工质量验收规范》GB 50209—2002

条 号	项 目	检 查 内 容	不符合标准的起数
3.0.3	建筑地面材料	材质证明文件、规格、型号及性能检测报告	

续表

条　号	项　　目	检　查　内　容	不符合标准的起数
3.0.6	厕浴间材料	材料防滑性能	
3.0.15	厕浴间标高	与相连面层标高差是否符合设计要求	
4.9.3	立管、地漏等节点	与楼板间密封处理和排水坡度	
4.10.8	厕浴间及防水地面隔离层构造	结构应采用现浇混凝土或整块预制混凝土板、混凝土翻边高度大于120mm，其标高和预留洞位置是否正确	
4.10.10	防水隔离层	蓄水检查、泼水检验记录	
5.7.4	不发火（防爆的）面层	材质合格证明及试件检测报告	

《建筑装饰装修工程质量验收规范》GB 50210—2001

条　号	项　　目	检　查　内　容	不符合标准的起数
3.1.1	设计	设计单位是否具备规定的资质等级	
		施工图设计文件是否按有关规定进行了审查	
		施工图设计文件的设计深度是否满足施工要求	
3.1.5	设计的结构安全和主要使用功能	设计单位是不是原设计单位，或具备相应资质的设计单位	
		有无结构安全性的核验、确认文件	
		有无涉及主体和承重结构改动或增加荷载的施工图设计文件	
3.2.3	材料中的有害物质	国家标准做出规定的，应检查有无规定项目的合格检测报告	
		检查有无复验合格报告	
3.2.9	防火处理	如设计有要求，检查防火处理施工记录	

续表

条号	项目	检查内容	不符合标准的起数
	防腐处理	如设计有要求，检查防腐处理施工记录	
	防虫处理	如设计有要求，检查防虫处理施工记录	
3.3.4	施工的结构安全和主要使用功能	如有改动建筑主体、承重结构或主要使用功能的现象，检查有无相关设计内容	
		是否经过有关部门的批准	
3.3.5	施工过程的环保	检查易挥发、易扬尘材料保管情况和废弃物处理情况	
		检查施工噪声和震动是否得到有效控制	
4.1.12	外墙和顶棚抹灰	检查抹灰层有无裂缝、脱落、空鼓现象	
		检查有无水泥的复验合格报告	
		检查隐蔽工程验收记录和施工记录	
5.1.11	门窗安装	进行开启、关闭检查，观察安装是否牢固	
		检查推拉门窗扇是否有防脱落措施	
		查阅隐蔽工程验收记录和施工记录，检查安装在砌体上的门窗是否采用了射钉固定	
6.1.12	重型吊灯	检查隐蔽工程验收记录和施工记录	
8.2.4	饰面板安装	观察饰面板有无脱落	
		检查后置埋件的现场拉拔强度检测报告和隐蔽工程验收记录	
8.3.4	饰面砖粘贴	观察饰面砖有无脱落、空鼓	

续表

条号	项目	检查内容	不符合标准的起数
		检查有无水泥、面砖的复验合格报告	
9.1.8	幕墙结构胶	检查所使用的结构胶是否国家认可产品，进口结构胶是否具有商检合格证	
		查阅施工记录，检查是否在有效期内打胶	
9.1.13	幕墙预埋件	检查预埋件设计文件和验收记录	
9.1.14	幕墙安装	观察幕墙面板有无脱落	
		检查后置埋件现场拉拔强度的检测报告和隐蔽工程验收记录	
12.5.6	护栏	检查护栏高度、栏杆间距和安装位置是否符合设计要求，手推检查是否牢固	
		检查隐蔽工程验收记录	
《金属与石材幕墙工程技术规范》JGJ 133—2001			
6.5.1	构件抽查	是否制定了构件质量标准和抽样检查制度	
		检查构件的抽样检查记录	
7.2.4	金属、石材幕墙预埋件	检查幕墙设计、施工单位的资质证书及相关设计文件	
		检查预埋件复查记录	
7.2.4	金属板与石板安装	在条件允许的情况下，对施工过程进行现场检查	
		检查施工记录和自查记录	
7.3.10	幕墙安装验收项目	检查安装施工阶段的验收记录	

给水排水及采暖工程 表 2.2.9

受检地区： 时间： 年 月 日

工程名称			结构类型	
建设单位			受检部位	
施工单位			负 责 人	
项目经理		技术负责人	开工日期	

《建筑给水排水及采暖工程施工质量验收规范》GB 50242—2002

条 号	项 目	检 查 内 容	不符合标准的起数
3.3.3	管理地下穿墙防水	防水措施、刚性套管、柔性套管	
3.3.16	管道、设备水压、灌水试验	工作压力、试验压力、压力降、渗漏情况	
4.1.2	给水管材、管件、生活管材卫生	管材、管件配套、生活给水材料卫生	
4.2.3	生活给水冲洗、消毒、卫生	冲洗、消毒、卫生检验	
4.3.1	室内消火栓试射	顶屋一处、首层二处、实地试射	
5.2.1	室内排水灌水	隐蔽前，底层卫生器具或底层地面满水，满 15min 再 5min 接口渗漏情况	
8.2.1	室内采暖管道坡度	汽水同向、汽水同向 $3‰ \leqslant i \nless 2$，汽水逆向 $i \nless 5\%$	
8.3.1	散热器水压试验	组对、整组、工作压力、试验压力，2～3min 压力不降不渗漏	
8.5.1	地板辐射盘管接头	埋地部分不应有接头	
8.5.2	地板辐射盘管水压试验	隐蔽前工作压力试验压力稳压 1h 压降 $\ngtr$ 0.05MPa 不渗不漏	
8.6.1	采暖系统水压试验	保温前，工作压力、试验压力、压力降、汽、水顶部 $p+0.1 \nless$ 0.3MPa、高温水、顶部 $p+$ 0.410min 压降 $\ngtr$ 0.02MPa 不渗漏，塑料热水顶部 $p+0.2 \nless$ 0.4MPa、1h 压降 $\ngtr$ 0.05MPa 工作压力 1.15 倍，2h 压降 0.03MPa、不渗漏	
8.6.3	采暖系统试运行、调试	冲洗后、充水、加热、试运行、调试、测室温	

续表

条 号	项 目	检 查 内 容	不符合标准的起数
9.2.7	室外给水管道冲洗、消毒	冲洗、浊度、消毒、卫生检查	
10.2.1	室外排水坡度	坡度、严禁无坡或倒坡	
11.3.3	室外供热管道试运行调试	冲洗后、充水、加热、试运行，调试、测入口温度	
13.2.6	锅炉水压试验	本体、省煤器、工作压力、试验压力、压力降 10min 压力降≯0.02MPa 不渗漏，无残余变形	
13.4.1	锅炉安全阀定压	锅炉、省煤器、定压安全阀 1～2 个并调整	
13.4.4	锅炉联锁装置	高、低水位报警，超温、超压报警、联动齐全、有效	
13.5.3	锅炉 48h 运行检验调整	烘煮炉后，48h 带负荷运行，安全阀热态定压、检验、调整	
13.6.1	热交换器水压试验	工作压力，试验压力，汽 p+0.3MPa 水≮0.4MPa、10min 压力不降	
《家用燃气燃烧器具安装及验收规程》CJJ 12—99			
3.1.4	自然排气的烟道	设计图、燃气排烟管道及洞口	
5.0.4	燃具安装部位	设计图、安装图的位置要求	
5.0.8	室内燃具的安装	设计图、燃具四周物件的位置	
5.0.9	室外燃具的安装	安装位置、燃具防护措施、管道布置	

电 气 工 程

表 2.2.10

受检地区： 时间： 年 月 日

工程名称			结构类型	
建设单位			受检部位	
施工单位			负 责 人	
项目经理		技术负责人		开工日期	

《建筑电气工程施工质量验收规范》GB 50303—2002

条 号	项 目	检 查 内 容	不符合标准的起数
3.1.7	接地支线连接	与干线相连、相互间无串联连接	

续表

条　号	项　　目	检　查　内　容	不符合标准的起数
3.1.8	高压设备和线路及其继电保护系统的试验	试验内容及记录齐全，符合现行国家标准 GB 50150 的规定	
4.1.3	杆上变压器中性点接地和接地装置检测	变压器中性点与接地干线连接状况，接地装置接地电阻值	
7.1.1	电动机、电加热器及电动执行机构的接地	有连接，连接状况可靠	
8.1.3	柴油发电机馈线核相	查核相记录	
9.1.4	不间断电源输出端中性点接地	检查重复接地，是否从接地干线引入	
11.1.1	绝缘子等底座接地	有接地，且非接续导体	
12.1.1	金属电缆桥架接地	与接地干线的连接点，每段桥架间跨接状况	
13.1.1	金属电缆支架等接地	有接地连接，且可靠	
14.1.2	金属导管连接	无对口熔焊现象，镀锌和壁厚小于 2mm 无套管焊接现象	
15.1.1	交流单芯电缆穿管	无单独穿入钢导管内现象	
19.1.2	大型花灯过载试验	有无过载试验，查试验报告	
19.1.6	2.4m 及以下灯具接地	接地连接状况是否可靠	
21.1.3	景观照明灯具安装	绝缘电阻测定，防护围栏及高度，接地连接状况	
22.1.2	插座接线	接线位置正确	
24.1.2	防雷接地装置	接地电阻测试记录	

通风和空调工程 表 2.2.11

受检地区： 时间： 年 月 日

工程名称			结构类型	
建设单位			受检部位	
施工单位			负 责 人	
项目经理		技术负责人	开工日期	

《通风与空调工程施工质量验收规范》GB 50243—2002

条 号	项 目	检 查 内 容	不符合标准的起数
4.2.3	防火风管	材料的耐火等级(极限)	
4.2.4	复合材料风管	材料耐燃和安全使用性能	
5.2.4	防爆风阀	与设计规定材料的相符性	
5.2.7	防排烟系统柔性短管	材料的耐燃性能	
6.2.1	风管预埋管或防护套管	穿防火、防爆墙体或楼板风管预埋管或防护套管的设置与材料厚度	
6.2.2	风管安装的规定	1. 风管内严禁其他管线穿越 2. 输送含有易燃、易爆气体和安装在易燃、易爆场合系统风管的严密性 3. 室外立管的拉索	
6.2.3	高于80℃的风管	外表面的防护措施	
7.2.2	通风机的防护罩(网)	传动部位和直通大气进、出风口处的防护措施	
7.2.7	静电空气过滤器	接地的可靠性	
7.2.8	电加热器的安装	绝热材料与法兰垫料的材质性能、接地的可靠性	
8.2.6	燃油管道系统	管道连接和接地的可靠性	
8.2.7	燃气系统管道	软管材料、系统试验和管道焊接的质量	
11.2.1	通风与空调工程系统的测定和调整	设备单机试运转和联合试运转及调试的实施	
11.2.4	防排烟系统的调试	必须符合设计与消防的规定	

电 梯 工 程 表 2.2.12

受检地区： 时间： 年 月 日

工程名称			结构类型	
建设单位			受检部位	
施工单位			负 责 人	
项目经理		技术负责人	开工日期	

《电梯工程施工质量验收规范》GB 50310—2002

条 号	项 目	检 查 内 容	不符合标准的起数
4.2.3	底坑底面下、层门预留孔、进道安全门	1. 底坑底面强度；实心桩墩位置；实心桩墩及支撑其地面的强度。如采用防护措施使人员不能进入此空间，则检查底坑底面强度和为此设置的隔墙、隔障 2. 逐层检查：安全保护围封结构及强度；黄色或警示性标语 3. 井道安全门的尺寸、强度、开启方向、钥匙开启的锁、设置的位置及电气安全装置	
4.5.2	强迫关门装置	逐层检查：自行关闭；连接部位；重锤或弹簧不应有撞击、卡位现象；重锤应在导向装置(上)；防止断绳后重锤落入井道的装置	
4.5.4	锁紧元件	逐层检查：锁钩回位应灵活；在证实锁紧的电气安全装置动作之前，锁紧元件的最小啮合长度；门刀带动门锁开、关门，锁钩动作应灵活	
4.8.1	限速器动作速度整定封记	每个整定封记(可能多处)	
4.8.2	可调节的安全钳整定封记	每个整定封记(可能多处)；如采用定位销定位，定位销的安装	
4.9.1	绳头组合	绳头组合处钢丝是否有断丝；如采用钢丝绳绳夹，检查绳夹的使用方法、型号、间距、数量及拧紧；防螺母松动装置的安装；防螺母脱落装置的安装	

续表

条 号	项 目	检 查 内 容	不符合标准的起数
4.10.1	电气设备接地	1. 电气设备及导管、线槽的外露可导电部分的接地位置;接地连接应牢固;接地支线的选用是否正确及其是否有断裂或绝缘层破损 2. 接地干线接线柱标示;接地支线应直接接在接地干线接线柱上	
4.11.3	层门与轿门的试验	1. 在每层站开锁区内,断开开门机电源,用三角钥匙开层门、轿门;三角钥匙附带的提示牌 2. 电梯检修运行,逐层用三角钥匙开门,电梯应停止运行和不能再启动;检查驱动元件与门扇及门扇间的机械连接部件的安装;验证门扇闭合状态的电气全装置的安装	
6.2.2	自动扶梯、自动人行道井道周围	逐层检验:安全保护围封结构及强度;黄色或警示性标语	

智 能 建 筑 工 程 **表 2.2.13**

受检地区: 时间: 年 月 日

工程名称				结构类型	
建设单位				受检部位	
施工单位				负 责 人	
项目经理		技术负责人		开工日期	

《智能建筑工程质量验收规范》GB 50339—2003

条 号	项 目	检 查 内 容	不符合标准的起数
5.5.2	防火墙和防病毒软件	检查产品销售许可证及符合相关规定	
5.5.3	智能建筑网络安全系统检查	防火墙和防病毒软件的安全保障功能及可靠性	
7.2.6	检测消防控制室向建筑设备监控系统传输、显示火灾报警信息的一致性和可靠性	1. 检测与建筑设备监控系统的接口 2. 对火灾报警的响应 3. 火灾运行模式	

续表

条 号	项 目	检 查 内 容	不符合标准的起数
7.2.9	新型消防设施的设置及功能检测	1. 早期烟雾火灾报警系统 2. 大空间早期火灾智能检测系统 3. 大空间红外图像矩阵火灾报警及灭火系统 4. 可燃气体泄漏报警及联动控制系统	
7.2.11	安全防范系统对火灾自动报警的响应及火灾模式的功能检测	1. 视频安防监控系统的录像、录音响应 2. 门禁系统的响应 3. 停车场(库)的控制响应 4. 安全防范管理系统的响应	
11.1.7	电源与接地系统	1. 引接验收合格的电源和防雷接地装置 2. 智能化系统的接地装置 3. 防过流与防过压元件的接地装置 4. 防电磁干扰屏蔽的接地装置 5. 防静电接地装置	

(2) 勘察、设计单位

勘察、设计工作是工程建设的首要环节和灵魂，工程建设强制性标准是勘察设计工作的重要基础性的技术依据，只有满足工程建设强制性标准要求，才能保证质量，才能满足工程对安全、卫生、环保等多方面的质量要求。如果勘察、设计工作偏离强制性标准就有可能出现严重的质量问题。因此，勘察、设计单位必须按照工程建设强制性标准进行勘察、设计，并对其勘察、设计的质量负责。

(3) 施工单位

工程建设强制性标准是有关各方必须共同遵守的行为准则。在实行施工图设计审查制度后，设计文件出现纰漏的概率大大降低，确保工程建设质量的重点对象就是施工单位。“工程是干出来的”，施工阶段是工程建设实物质量的形成阶段，勘察、设计工作质量均在这一阶段得以实现。可以说，没有施工单位将图纸变成实物，就不会有工程建设质量符合规定的质量标准的基础。施工单位是工程建设质量责任的主要主体，其行为对工程建设质量起关键性作用。《中华人民共和国建筑法》和《建设工程质量管理条例》规定，遵守工程建设强制性标准是施工单位的法定义务。

（4）监理单位

监理单位是受建设单位委托，代表建设单位对工程施工过程进行监督管理，以确保工程建设质量，提高工程建设水平，充分发挥投资效益的。工程监理单位从事工程监理活动，应当遵循“守法、诚信、公正、科学”的准则。监理过程中不能与建设单位串通，损害被监理的施工单位的利益；也不能与施工单位串通，弄虚作假，降低工程质量，损害建设单位的利益。工程监理单位必须实事求是，遵循客观规律，按工程建设的科学要求进行监理活动，客观、公正地对待各方，认真地进行监督管理，这是对工程监理单位的基本要求。

2.3 建筑工程竣工验收条件和程序

工程完工后，应按国家有关规定进行竣工验收。

2.3.1 竣工验收条件

（1）完成工程设计和合同约定的各项内容。

（2）施工单位在工程完工后对工程质量进行了检查评定，确认工程质量符合有关法律、法规和工程建设强制性标准规定，符合设计文件及合同要求，并提出工程竣工报告。工程竣工报告应经项目经理和施工单位有关负责人审核签字。

（3）对于委托监理的工程项目，监理单位对工程进行了质量评估，具有完整的监理资料，并提出工程质量评估报告。工程质量评估报告应经总监理工程师和监理单位有关负责人审核签字。

（4）勘察、设计单位对勘察、设计文件及施工过程中由设计单位签署的设计变更通知书进行了检查，并提出质量检查报告。质量检查报告应经该项目勘察、设计负责人和勘察、设计单位有关负责人审核签字。

(5) 有完整的技术档案和施工管理资料。

(6) 有工程使用的主要建筑材料、建筑构配件和设备的进场试验报告。

(7) 建设单位已按合同约定支付工程款。

(8) 有施工单位签署的《工程质量保修书》;住宅工程有《住宅使用说明书》和《工程质量保证书》。

(9) 城乡规划行政主管部门对工程是否符合规划设计要求进行检查,并出具认可文件。

(10) 有公安消防、环保等部门出具的认可文件或者准许使用文件。

(11) 工程建设主管部门及其授权的工程质量监督机构等有关部门责令整改的问题全部整改完毕。

2.3.2 竣工验收程序

(1) 工程完工后,施工单位向建设单位提交工程竣工报告,申请工程竣工验收。实行监理的工程,工程竣工报告须经总监理工程师签署意见。

(2) 建设单位收到工程竣工报告后,对符合竣工验收要求的工程,组织勘察、设计、施工、监理等单位和其他有关方面的专家组成验收组,制定验收方案。

(3) 建设单位应当在工程竣工验收7个工作日前将验收的时间、地点及验收组名单书面通知负责监督该工程的质量监督机构,质量监督机构派员参加。

(4) 建设单位组织工程竣工验收

1) 建设、勘察、设计、施工、监理单位分别汇报工程合同履约情况和在工程建设各个环节执行法律、法规和工程建设强制性标准的情况;

2) 审阅建设、勘察、设计、施工、监理单位的工程档案资料;

3) 实地查验工程质量;

4) 对工程勘察、设计、施工、设备安装质量和各管理环节等方面作出全面评价，形成经验收组人员签署的工程竣工验收意见。

参与工程竣工验收的建设、勘察、设计、施工、监理等各方不能形成一致意见时，可请当地工程建设行政主管部门或当地工程建设主管部门和质量监督机构组织协调。

5）工程质量监督机构参加验收，并对竣工验收的组织形式、验收程序、执行标准规范情况、工程实体质量、工程质量验收评价、形成的竣工验收文件和有关档案资料等进行监督。

2.4 建筑工程质量验收的划分

随着经济发展和施工技术进步，自改革开放以来，已涌现出大量建筑规模较大的单体工程和具有综合使用功能的综合性建筑物，几万平方米的建筑物比比皆是，十万平方米以上的建筑物也不少。这些建筑物的施工周期一般较长，受多种因素的影响，诸如因后期建设资金不足，需部分停缓建，在建设期间需要将其中一部分提前建成使用；规模特别大的工程，一次性验收也不方便等等。因此，可将此类工程划分为若干个子单位工程进行验收。同时，建筑物的内部设施也越来越多样化；建设物相同部位的设计也呈多样化；新型材料大量涌现；加之施工工艺和技术的发展，使分项工程越来越多。因此，按建筑物的主要部位和专业来划分分部工程已不能适应要求，故提出在分部工程中，按相近工作内容和系统划分若干子分部工程，这样更有利于正确评价建筑工程质量，有利于进行验收。

2.4.1 建筑工程质量验收的划分

建筑工程质量验收应划分为单位（子单位）工程、分部（子分部）工程、分项工程和检验批，见图 2.4.1。

（1）单位（子单位）工程的划分

1）具备独立施工条件并能形成独立使用功能的建筑物及构筑物为一个单位工程。

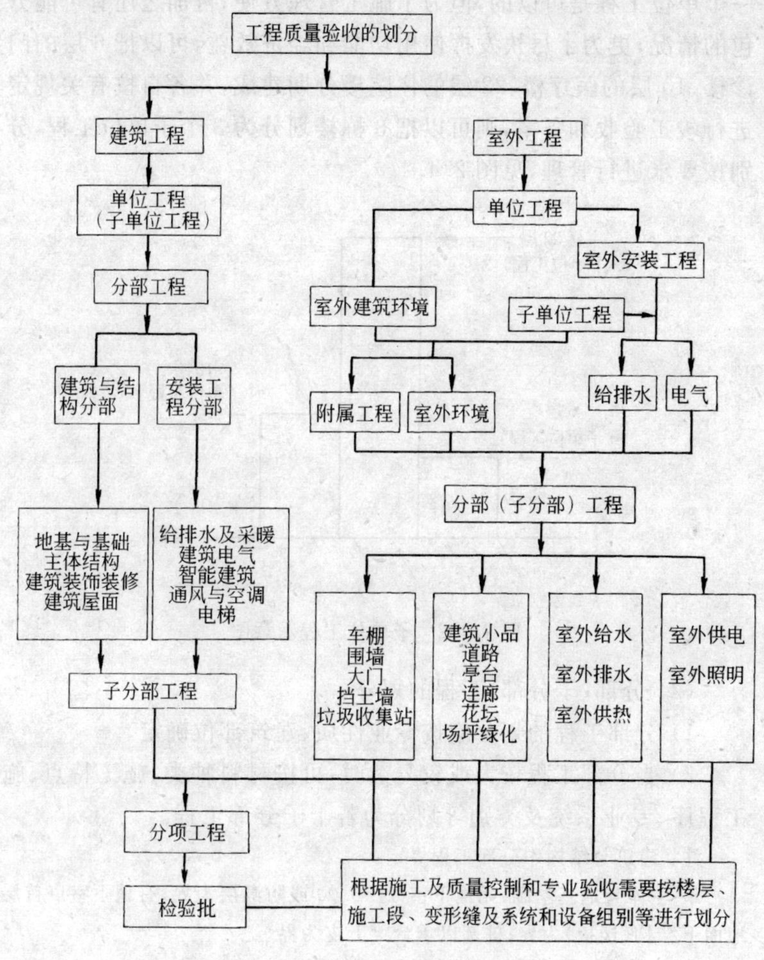

图 2.4.1　工程质量验收的划分

2）建筑规模较大的单位工程，可将其能形成独立使用功能的部分为一个子单位工程。

例如：某医科大学附属医院新建一医疗综合楼，包括 1 个主楼，2 个附楼，中间有变形缝分隔。主楼为住院楼，22 层；2 个附楼，其中一个为医疗楼、10 层，另一个为门诊楼、6 层。把它们作为一个单位工程是可以的，但为了施工管理方便，再加之还有可能分包的情况，更为了尽快发挥使用功能和经济效益，可以把 6 层的门诊楼、10 层的医疗楼、22 层的住院楼分期建成，并各自按有关规定进行竣工验收和备案，则可以把 3 栋楼划分为 3 个子单位工程，分别按要求进行管理，见图 2.4.2。

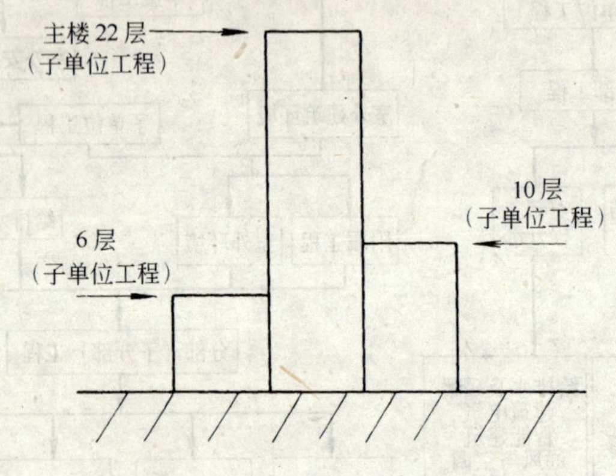

图 2.4.2　子单位工程示意图

（2）分部（子分部）工程的划分

1）分部工程的划分应按专业性质、建筑部位确定。

2）当分部工程较大或较复杂时，可按材料种类、施工特点、施工程序、专业系统及类别等划分为若干子分部工程。

注：建筑与结构中分部工程界定：

1. 主体与地基基础：无地下室以±0.00 或防潮层为界；有地下室以首层地面下结构（楼板）为界；桩基以承台梁上皮为界。

2. 主体与装饰装修：砌筑、焊接连接纳入主体结构分部工程；铁钉、螺丝、胶粘连接的纳入装饰装修分部工程。

3. 地基基础与装饰装修：以室内地面基层下皮为界。

（3）分项工程的划分

分项工程应按主要工种、材料、施工工艺、设备类别等进行划分。

建筑工程的分部（子分部）工程、分项工程名称见表 2.4.1。

建筑工程分部工程、分项工程划分　　　　表 2.4.1

序号	分部工程	子分部工程	分项工程
1	地基与基础	无支护土方	土方开挖、土方回填
		有支护土方	排桩、降水、排水、地下连续墙、锚杆、土钉墙、水泥土桩、沉井与沉箱，钢及混凝土支撑
		地基处理	灰土地基、砂和砂石地基、碎砖三合土地基、土工合成材料地基、粉煤灰地基、重锤夯实地基，强夯地基，振冲地基，砂桩地基，预压地基，高压喷射注浆地基，土和灰土挤密桩地基，注浆地基、水泥粉煤灰碎石桩地基、夯实水泥土桩地基
		桩基	锚杆静压桩及静力压桩，预应力离心管桩，钢筋混凝土预制桩，钢桩，混凝土灌注桩（成孔、钢筋笼、清孔、水下混凝土灌注）
		地下防水	防水混凝土，水泥砂浆防水层，卷材防水层，涂料防水层，金属板防水层，塑料板防水层，细部构造，喷锚支护，复合式衬砌，地下连续墙，盾构法隧道；渗排水、盲沟排水、隧道、坑道排水；预注浆、后注浆，衬砌裂缝注浆
		混凝土基础	模板、钢筋、混凝土，后浇带混凝土，混凝土结构缝处理
		砌体基础	砖砌体，混凝土砌块砌体，配筋砌体，石砌体
		劲钢（管）混凝土	劲钢（管）焊接，劲钢（管）与钢筋的连接，混凝土
		钢结构	焊接钢结构、栓接钢结构，钢结构制作，钢结构安装，钢结构涂装
2	主体结构	混凝土结构	模板，钢筋，混凝土，预应力、现浇结构，装配式结构
		劲钢（管）混凝土结构	劲钢（管）焊接，螺栓连接，劲钢（管）与钢筋的连接，劲钢（管）制作、安装，混凝土
		砌体结构	砖砌体，混凝土小型空心砌块砌体，石砌体，填充墙砌体，配筋砖砌体
		钢结构	钢结构焊接，紧固件连接，钢零部件加工，单层钢结构安装，多层及高层钢结构安装，钢结构涂装，钢构件组装，钢构件预拼装，钢网架结构安装，压型金属板

续表

序号	分部工程	子分部工程	分项工程
2	主体结构	木结构	方木和原木结构，胶合木结构，轻型木结构，木构件防护
		网架和索膜结构	网架制作，网架安装，索膜安装，网架防火，防腐涂料
3	建筑装饰装修	地面	整体面层：基层，水泥混凝土面层，水泥砂浆面层，水磨石面层，防油渗面层，水泥钢（铁）屑面层，不发火（防爆的）面层；板块面层：基层，砖面层（陶瓷锦砖、缸砖、陶瓷地砖和水泥花砖面层），大理石面层和花岗岩面层，预制板块面层（预制水泥混凝土、水磨石板块面层），料石面层（条石、块石面层），塑料板面层，活动地板面层，地毯面层；木竹面层：基层、实木地板面层（条材、块材面层），实木复合地板面层（条材、块材面层），中密度（强化）复合地板面层（条材面层），竹地板面层
		抹灰	一般抹灰，装饰抹灰，清水砌体勾缝
		门窗	木门窗制作与安装，金属门窗安装，塑料门窗安装，特种门安装，门窗玻璃安装
		吊顶	暗龙骨吊顶，明龙骨吊顶
		轻质隔墙	板材隔墙，骨架隔墙，活动隔墙，玻璃隔墙
		饰面板（砖）	饰面板安装，饰面砖粘贴
		幕墙	玻璃幕墙，金属幕墙，石材幕墙
		涂饰	水性涂料涂饰，溶剂型涂料涂饰，美术涂饰
		裱糊与软包	裱糊、软包
		细部	橱柜制作与安装，窗帘盒、窗台板和暖气罩制作与安装，门窗套制作与安装，护栏和扶手制作与安装，花饰制作与安装
4	建筑屋面	卷材防水屋面	保温层，找平层，卷材防水层，细部构造
		涂膜防水屋面	保温层，找平层，涂膜防水层，细部构造
		刚性防水屋面	细石混凝土防水层，密封材料嵌缝，细部构造
		瓦屋面	平瓦屋面，油毡瓦屋面，金属板屋面，细部构造
		隔热屋面	架空屋面，蓄水屋面，种植屋面

续表

序号	分部工程	子分部工程	分项工程
5	建筑给水、排水及采暖	室内给水系统	给水管道及配件安装，室内消火栓系统安装，给水设备安装，管道防腐，绝热
		室内排水系统	排水管道及配件安装，雨水管道及配件安装
		室内热水供应系统	管道及配件安装，辅助设备安装，防腐，绝热
		卫生器具安装	卫生器具安装，卫生器具给水配件安装，卫生器具排水管道安装
		室内采暖系统	管道及配件安装，辅助设备及散热器安装，金属辐射板安装，低温热水地板辐射采暖系统安装，系统水压试验及调试，防腐，绝热
		室外给水管网	给水管道安装，消防水泵接合器及室外消火栓安装，管沟及井室
		室外排水管网	排水管道安装，排水管沟与井池
		室外供热管网	管道及配件安装，系统水压试验及调试、防腐，绝热
		建筑中水系统及游泳池系统	建筑中水系统管道及辅助设备安装，游泳池水系统安装
		供热锅炉及辅助设备安装	锅炉安装，辅助设备及管道安装，安全附件安装，烘炉、煮炉和试运行，换热站安装，防腐、绝热
6	建筑电气	室外电气	加空线路及杆上电气设备安装，变压器、箱式变电所安装，成套配电柜、控制柜(屏、台)和动力、照明配电箱(盘)及控制柜安装，电线、电缆导管和线槽敷设，电缆头制作、导线连接和线路电气试验，建筑物外部装饰灯具、航空障碍标志灯和庭院路灯安装，建筑照明通电试运行，接地装置安装
		变配电室	变压器、箱式变电所安装，成套配电柜、控制柜(屏、台)和动力、照明配电箱(盘)安装，裸母线、封闭母线、插接式母线安装，电缆沟内和电缆竖井内电缆敷设，电缆头制作、导线连接和线路电气试验，接地装置安装，避雷引下线和变配电室接地干线敷设
		供电干线	裸母线、封闭母线、插接式母线安装，桥架安装和桥架内电缆敷设，电缆沟内和电缆竖井内电缆敷设，电线、电缆导管和线槽敷设，电线、电缆穿管和线槽敷线，电缆头制作、导线连接和线路电气试验

续表

序号	分部工程	子分项工程	分项工程
6	建筑电气	电气动力	成套配电柜、控制柜(屏、台)和动力、照明配电箱(盘)及控制柜安装,低压电动机、电加热器及电动执行机构检查、接线,低压电气动力设备检测、试验和空载试运行,桥架安装和桥架内电缆敷设,电线、电缆导管和线槽敷设,电线、电缆穿管和线槽敷线,电缆头制作、导线连接和线路电气试验,插座、开关、风扇安装
		电气照明安装	成套配电柜,控制柜(屏、台)和动力、照明配电箱(盘)安装,电线、电缆导管和线槽敷设,电线、电缆导管和线槽敷线,槽板配线,钢索配线,电缆头制作、导线连接和线路电气试验,普通灯具安装,专用灯具安装,插座、开关、风扇安装,建筑照明通电试运行
		备用和不间断电源安装	成套配电柜,控制柜(屏、台)和动力、照明配电箱(盘)安装,柴油发电机组安装,不间断电源的其他功能单元安装,裸母线、封闭母线、插接式母线安装,电线、电缆导管和线槽敷设,电线、电缆导管和线槽敷线,电缆头制作、导线连接和线路电气试验,接地装置安装
		防雷及接地安装	接地装置安装,避雷引下线和变配电室接地干线敷设,建筑物等电位连接,接闪器安装
7	智能建筑	通信网络系统	通信系统(包括电话交换系统、会议电视系统及接入网系统),卫星数字电视及有线电视系统,公共广播及紧急广播系统
		信息网络系统	计算机网络系统,应用软件,网络安全系统
		建筑设备监控系统	空调与通风系统,变配电系统,公共照明系统,给排水系统,热源和热交换系统,冷冻和冷却水系统,电梯和自动扶梯系统,中央管理工作站与操作分站,与子系统(设备)间的数据通信接口
		火灾自动报警及消防联动系统	火灾和可燃气体探测系统,火灾报警控制系统,消防联动系统
		安全防范系统	视频安防监控系统,入侵报警系统,巡更管理系统,出入口控制(门禁)系统,停车场(库)管理系统
		综合布线系统	缆线敷设和终接,机柜、机架、配线架的安装,信息插座和光缆芯线终端的安装
		智能化系统集成	集成系统网络,实时数据库,信息安全,功能接口

续表

序号	分部工程	子分部工程	分项工程
7	智能建筑	电源与接地	智能化系统电源、防雷及接地
		环境	空间环境，室内空调环境，视觉照明环境，电磁环境
		住宅(小区)智能化	火灾自动报警及消防联动系统，安全防范系统(含电视监控系统、入侵报警系统、巡更系统、门禁系统、楼宇对讲系统，住户对讲呼救系统、停车管理系统)，通信网络系统、信息网络系统、监控与管理系统(多表现场计量及与远程传输系统、建筑设备监控系统、公共广播系统、小区网络及信息服务系统、物业办公自动化系统)，家庭控制器综合布线系统、电源与接地、环境、室外设备及管网
8	通风与空调	送排风系统	风管与配件制作，部件制作，风管系统安装，空气处理设备安装，消声设备制作与安装，风管与设备防腐，风机安装，系统调试
		防排烟系统	风管与配件制作，部件制作，风管系统安装，防排烟风口、常闭正压风口与设备安装，风管与设备防腐，风机安装，系统调试
		除尘系统	风管与配件制作，部件制作，风管系统安装，除尘器与排污设备安装，风管与设备防腐，风机安装，系统调试
		空调风系统	风管与配件制作，部件制作，风管系统安装，空气处理设备安装，消声设备制作与安装，风管与设备防腐，风机安装，风管与设备绝热，系统调试
		净化空调系统	风管与配件制作，部件制作，风管系统安装，空气处理设备安装，消声设备制作与安装，风管与设备防腐，风机安装，风管与设备绝热，高效过滤器安装，系统调试
		制冷设备系统	制冷机组安装，制冷剂管道及配件安装，制冷附属设备安装，管道及设备的防腐与绝热，系统调试
		空调水系统	管道冷热(煤)水系统安装，冷却水系统安装，冷凝水系统安装，阀门及部件安装，冷却塔安装，水泵及附属设备安装，管道与设备的防腐与绝热，系统调试

续表

序号	分部工程	子分部工程	分项工程
9	电梯	电力驱动的曳引式或强制式电梯安装	设备进场验收,土建交接检验,驱动主机,导轨,门系统,轿厢,对重(平衡重),安全部件,悬挂装置,随行电缆,补偿装置,电气装置,整机安装验收
		液压电梯安装	设备进场验收,土建交接检验,液压系统,导轨,门系统,桥厢,对重(平衡重),安全部件,悬挂装置,随行电缆,电气装置,整机安装验收
		自动扶梯、自动人行道安装	设备进场验收,土建交接检验,整机安装验收

(4) 检验批的划分

分项工程可由一个或若干检验批组成,检验批可根据施工及质量控制和专业验收需要按楼层、施工段、变形缝及设计系统和设备组别等进行划分。

1) 多层及高层建筑工程中主体分部的分项可按楼层或施工段来划分检验批;

2) 单层建筑工程中的分项工程可按变形缝等划分检验批;

3) 地基基础分部工程中的分项工程一般划分为一个检验批;有地下层的基础工程可按不同地下层划分检验批;

4) 屋面分部工程中的分项工程可按不同楼层屋面划分检验批;

5) 其他分部工程中的分项工程,一般按楼层划分检验批;

6) 对于工程量较少的分项工程可统一划为一个检验批;

7) 安装工程一般按一个设计系统或设备组别划分一个检验批;

8) 室外工程统一按分项工程划分为一个检验批;

9) 散水、台阶、明沟等含在地面检验批中。

检验批具体如何划分可由施工单位、监理单位和建设单位按各专项质量验收规范中有关要求在开工前商定。

10) 检验批的组成:

① 主控项目→
- 重要材料、构配件、成品半成品、设备性能及附件的材质、技术性能等
- 结构的强度、刚度、稳定性等检验数据，工程性能的检测等

② 一般项目→
- 允许有一定偏差的项目
- 对不能确定偏差又允许出现一定缺陷的项目
- 一些无法定量而采用定性的项目

2.4.2 室外工程的划分

(1) 室外工程可根据专业类别和工程规模划分单位工程和子单位工程。

(2) 室外单位(子单位)工程、分部工程名称，见表 2.4.2。

(3) 室外分项工程名称可按表 2.4.1。

室外工程划分　　表 2.4.2

单位工程	子单位工程	分部(子分部)工程
室外建筑环境	附属建筑	车棚，围墙，大门，挡土墙，垃圾收集站
	室外环境	建筑小品，道路，亭台，连廊，花坛，场坪绿化
室外安装	给排水与采暖	室外给水系统，室外排水系统，室外供热系统
	电　　气	室外供电系统，室外照明系统

2.5 建筑工程质量验收程序和组织

2.5.1 工程质量验收程序

为了方便工程的质量管理，根据工程特点，把工程自大到小划分为单位(子单位)工程、分部(子分部)工程、分项工程和检验批。验收的顺序首先验收检验批或者是分项工程，再验收分部(子分部)工程、最后验收单位(子单位)工程。

对检验批、分项工程、分部(子分部)工程、单位(子单位)工程的质量验收，都是先由施工单位检查评定确认合格后，再由监理或建设单位进行验收。

2.5.2 施工单位检查评定

(1) 自检、互检

1) 施工者自检、互检

工程质量验收首先是班组在施工过程中的自我检查,自我检查就是按照施工操作工艺的要求,边操作边检查,将有关质量要求及误差控制在规定的限值内。自检主要是在本班组(本工种)内部进行,由承担检验批、分项工程的工种工人和班组等参加。在施工操作过程中或工作完成后,进行自我检查和互相检查,及时发现问题,及时整改,使工程质量达到合格标准。

2) 质检员组织检查评定

施工班组组织自检、互检合格后,由单位工程的项目专业质量检查员组织有关人员(工长、班组长、班组质检员)对检验批质量进行检查评定,由项目专业质量检查员评定,作为检验批、分项工程质量向下一道工序交接的依据。

(2) 交接检

交接检是各班组之间,各工种之间,各分包之间,在工序、检验批、分项或分部(子分部)工程完毕之后,下一道工序、检验批、分项或分部(子分部)工程开始之前,共同对前一道工序、检验批、分项或分部(子分部)工程的检查,经后一道工序认可,并为他们创造了合格的工作条件。例如,基础公司把桩基交给土建公司;瓦工班组把某层砖墙交给木工班组支模,木工班组把模板交给钢筋班组绑扎钢筋,钢筋班组把钢筋交给混凝土班组浇筑混凝土;土建施工队把主体工程(标高、预留洞、预埋铁件)交给安装队安装水电等。

交接检通常由工程项目经理(或项目技术负责人)组织,由有关班组长或分包单位参加,进行下道工序对上道工序质量的验收,也是班组之间的检查、督促和互相把关。交接检是保证下一道工序顺利进行的有力措施,也有利于分清质量责任和成品保护,并可防止下道工序对上道工序的损坏。

(3) 项目技术负责人(项目经理)组织检查评定

检验批、分项工程在自检互检合格基础上，由项目专业技术负责人组织检查评定；分部、子分部工程在自检、互检确认合格基础上，由项目经理组织检查评定。

（4）分包单位检查评定

由于工程规模的增大，专业的增多，工程中的合理分包是正常的，也是必要的，这是提高工程质量的重要措施。分包单位对所承担的工程项目质量负责，并应按规定的程序进行自我检查评定，总包单位应派人参加。

注：影响结构安全的项目不允许分包。

2.5.3 工程质量验收组织

（1）检验批及分项工程应由监理工程师（建设单位项目技术负责人）组织施工单位项目专业质量（技术）负责人等进行验收。

（2）分部（子分部）工程应由总监理工程师（建设单位项目负责人）组织施工单位项目负责人和技术、质量负责人等进行验收；地基与基础、主体结构分部工程的勘察、设计单位工程项目负责人和施工单位技术、质量部门负责人也应参加相关分部工程的验收。

（3）单位（子单位）工程完工后，施工单位应自行组织有关人员进行检查评定，并向建设单位提交工程验收报告。

（4）建设单位收到工程验收报告后，应由建设单位（项目）负责人组织施工（含分包单位）、设计、监理等单位（项目）负责人进行单位（子单位）工程验收。质量监督机构派人参加。

（5）单位工程有分包单位施工时，分包单位对所承包的工程项目应按本标准规定的程序检查评定，总包单位应派人参加。分包工程完成后，应将工程有关资料交总包单位。

（6）工程质量验收的协调

当参加验收各方对工程质量验收意见不一致时，可请当地建设行政主管部门或工程质量监督机构协调处理。

2.6 建筑工程施工质量验收

2.6.1 工程质量验收合格规定

(1) 检验批

1) 主控项目和一般项目的质量经抽样检验合格。

注：计量检验项目

主控项目：不允许超差。例如：全高垂直度、轴线位移等。

一般项目中：允许超差的规定各验收规范不一样，具体可见表2.6.1。

① 验收规范中未明确的有屋面、木结构、地下防水、给水、电气、电梯和智能工程；

② 验收规范中在基本规定中明确的有：砌体、混凝土、钢结构、地面、通风空调；

③ 验收规范中在工程验收中明确的有：地基基础、装饰装修。

④ 关于允许超差和超差限值，按各验收规范规定执行。见表2.6.1。

规范的允许超偏范围 **表2.6.1**

规范名称	规范编号	合格范围	超偏范围
建筑地基基础工程施工质量验收规范	GB 50202	80%	
砌体工程施工质量验收规范	GB 50203	80%	
混凝土结构工程施工质量验收规范	GB 50204	80%	
钢结构工程施工质量验收规范	GB 50205	80%	120%
木结构工程施工质量验收规范	GB 50206	100%	100%
屋面工程质量验收规范	GB 50207	100%	100%
地下防水工程质量验收规范	GB 50208	100%	100%
建筑地面工程施工质量验收规范	GB 50209	80%	150%
建筑装饰装修工程质量验收规范	GB 50210	80%	150%
建筑给水排水及采暖工程施工质量验收规范	GB 50242	100%	100%

续表

规 范 名 称	规范编号	合格范围	超偏范围
通风与空调工程施工质量验收规范	GB 50243	80%	
建筑电气工程施工质量验收规范	GB 50303	100%	100%
智能建筑工程施工质量验收规范	GB 50339	100%	100%
电梯工程施工质量验收规范	GB 50310	100%	100%

2）具有完整的施工操作依据、质量检查记录。

(2) 分项工程

1）分项工程所含的检验批均应符合合格质量的规定。

2）分项工程所含的检验批的质量验收记录应完整。

(3) 分部(子分部)工程

1）分部(子分部)工程所含分项工程的质量均应验收合格。

2）质量控制资料应完整。

3）地基与基础、主体结构和设备安装等分部工程有关安全及功能的检验和抽样检测结果应符合有关规定。

4）观感质量验收应符合要求。

(4) 单位(子单位)工程

1）单位(子单位)工程所含分部(子分部)工程的质量均应验收合格。

2）质量控制资料应完整。

3）单位(子单位)工程所含分部工程有关安全和功能的检测资料应完整。

4）主要功能项目的抽查结果应符合相关专业质量验收规范的规定。

5）观感质量验收应符合要求。

注：地基基础中的土石方、基坑支护子分部工程及混凝土工程中的模板工程，虽不构成建筑工程实体，但它们是建筑工程施工不可缺少的重要环节和必要条件，其施工质量如何，不仅关系到能否施工和施工安全，也关系到建筑工程的质量，因此应将其列入施工验收的内容。

2.6.2 施工质量验收用表

依据《建筑工程施工质量验收统一标准》GB 50300—2001 规定，各专业验收规范的通用质量验收和检查表格有 9 种；《混凝土结构工程施工质量验收规范》GB 50204—2002 有 2 种专用验收表；《智能建筑工程质量验收规范》GB 50339—2003 有 9 种专用质量验收和检查用表。在施工过程中尚有 13 种强制性条文检查用表(见本书 2.2 施工强制性条文检查)。

各种表的名称和提示要点见表 2.6.2。

工程质量验收用表及提示要点　　表 2.6.2

序号	项目		表　名	要　点　提　示
一、	施工质量验收和有关检查用表共 9 种	1	施工现场质量管理检查记录表(见表 2.1.4)该表是“统一标准”附录 A 表 A.0.1	(1)开工前检查。 (2)一般一个标段或一个项目、一个单位(子单位)工程检查一次。 (3)共检查 11 项内容
		2	检验批质量验收记录表(见表 2.6.3)该表实际是“统一标准”附录 D 表 D.0.1	(1)注意检验批代号要对应受检的分部工程、子分部工程和分项工程。 (2)施工单位检查评定的标注符号(有定性项目、有定量项目、有即定性又定量项目和龄期要求项目)。 (3)验收填写“合格”或“符合要求”。 (4)评定结果填写合格或满足规范要求，验收结论，填写“同意验收”
		3	分项工程质量验收记录表(见表 2.6.4)，该表实际是“统一标准”附录 E 表 E.0.1	(1)检查检验批是否全覆盖。 (2)有龄期要求项目的判定。 (3)检验批无法检测项目进行检测。 (4)登记整理检验批资料
		4	分部(子分部)工程质量验收记录表(见表 2.6.5)，该表实际是“统一标准”附录 F 表 F.0.1	(1)分项工程验收表中检验批数量要填全。 (2)质量控制资料按表 2.6.9 对应内容检查。 (3)安全和主要功能抽查表 2.6.10 对应内容检查。 (4)观感质量按表 2.6.11 对应内容进行检查

续表

序号	项目		表名	要点提示
一、	施工质量验收和有关检查用表共9种	5 6 7 8	单位(子单位)工程质量验收记录(见表2.6.8、表2.6.9、表2.6.10和表2.6.11),这4张表实际是统一标准附录G的表	(1) 分部工程要逐项验收,并有结论。 (2) 质量控制资料要按分部工程或子分部工程验收时核查方法进行,符合要求按顺序装订。 (3) 安全和使用功能核查及抽查,要核查项目是否与设计内容一致,分部工程检测报告是否符合设计要求。 (4) 观感质量验收要注意分部工程验收后到竣工验收的质量变化,成品保护及分部工程验收时还没有形成部分的观感质量
		9	建筑工程施工强制性条文检查表(13种)见表2.2.6～2.2.13	15项施工验收标准规范共169条强制性条文,相关规范45条,计214条。 (1) 基本要求(统一标准)6条; (2) 地基基础7条,相关规范5项24条; (3) 混凝土结构15条,相关规范5项9条; (4) 钢结构12条,相关规范1项5条; (5) 砌体结构14条,相关规范1项3条; (6) 木结构5条; (7) 防水工程18条,其中地下防水7条,屋面工程11条; (8) 装饰装修工程22条,其中地面7条,装饰装修15条,相关规范1项4条; (9) 给水排水及采暖20条; (10) 电气工程20条; (11) 通风空调工程15条; (12) 电梯工程9条; (13) 智能建筑6条
二、	特殊用表		混凝土专用验收表(2个)见表2.6.6和2.6.7	(1) 混凝土结构子分部工程结构实体混凝土强度验收记录,除按表中项目填写,还应结合相关规范要求检查。 (2) 混凝土结构子分部工程结构实体钢筋保护层厚度验收记录,每一构件可填写6根实测值,并按《混凝土结构工程施工质量验收规范》(GB 50204—2002)5.5.2条、10.1节和附录E检查

续表

序号	项目		表名	要点提示
二、	特殊用表		智能建筑专用验收表(共9种)	(1) 工程实施及质量控制记录表(共5种) ① 设备材料进场检验表; ② 隐蔽工程(随工检查)验收单; ③ 更改审核单; ④ 工程安装质量及观感质量验收记录表; ⑤ 系统试运行记录表。 (2) 系统检测记录表(共2种) ① 子系统(分项工程)检测记录表; ② 系统(子分部工程)检测记录表; (3) 智能建筑分部(子分部)工程竣工验收记录表(共2种) ① 资料审核记录表; ② 竣工验收结论汇总表

注:各类用表样式在有关章节举例介绍。

2.6.3 检验批质量验收

检验批是施工质量最小验收单位,所有检验批合格,整个工程的分项工程、分部(子分部)工程和单位(子单位)工程则合格。

(1) 检验批质量验收记录表的制订

1) 表名及相关规定

检验批质量验收记录表的表名原则上按“分项工程”名称。例如:砖砌体工程检验批质量验收记录表、一般抹灰工程检验批质量验收记录表、室内采暖管道及配件安装检验批质量验收记录表等。

2) 检验批表名下标明该分项工程所属质量验收规范标准号。

3) 检验批质量验收记录表的编号

表右上角8位数,前6位数印在表上,后留2个□是指检验批编号。

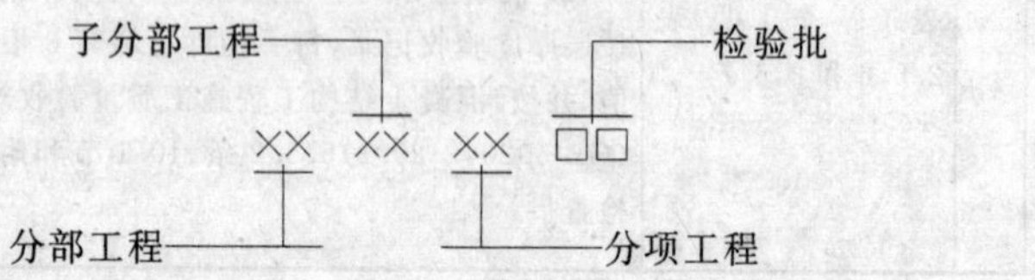

① 前 2 个数字是分部工程代码,01～09。地基与基础为 01,主体结构为 02,建筑装饰装修为 03,建筑屋面为 04,建筑给排水及采暖为 05,建筑电气为 06,智能建筑为 07,通风与空调为 08,电梯为 09。

注:分部工程、子分部工程和分项工程的顺序号均以表 2.4.1 的顺序为准。

第 3、4 位数字是子分部工程代码;第 5、6 位数字是分项工程代码;第 7、8 位数字是各分项工程检验批验收顺序号,即所留的 2 位数字的空格□□。

例如:主体结构分部工程(第 2 个分部工程)的砌体结构子分部工程(主体结构中第 3 个子分部工程),其填充墙砌体分项工程(该子分部工程中第 4 个分项工程)的检验批验收记录表的编号在 020304□□中,第一个检验批为:020304⓪①。

② 有些分项工程在两个分部(子分部)工程中出现,则编 2 个分部工程及相应子分部工程的编号;如钢筋分项工程在地基与基础和主体结构中都有,其检验批表的编号为:010602□□、020102□□。

③ 有些分项工程可能在几个子分部工程中出现,则编几个子分部工程及分项工程的编号。如建筑电气的接地装置安装,在室外电气、变配电室、备用和不间断电源安装及防雷接地安装等子分部工程中都有。其编号则为:060109□□、060206□□、060608□□和 060701□□。

其中第 5、6 位数字分别是:第一个 09,是室外电气子分部工程的第 9 个分项工程;第二个 06,是变配电室子分部工程的第 6 个分项工程;其余类推。

④ 表名下的罗马数字(Ⅰ)、(Ⅱ)、……含义

A 同一分项工程,在验收时也将其划分为几个不同的检验批来验收。如:混凝土结构子分部工程的混凝土分项工程,分为原材料及配合比设计、混凝土施工两个检验批来验收。

B 同一分项工程,材料不同分成若干检验批验收。如:地面基

层分项工程有10种不同材料，按10个检验批验收，用罗马数字区分，表号均为：030101。

C 同一分项工程按工序分成若干检验批，如：模板工程分成模板安装、预制构件模板，模板拆除3个检验批验收。

D 同一分项工程内容过多，一张表容不下，可分成若干张表。如：玻璃幕墙工程分成主控项目和一般项目，各用一张表。

E 不同分项工程中内容相同的部分可见相关检验批。如：地下连续墙由两部分组成，"钢筋笼"的验收按"钢筋混凝土灌注桩（钢筋笼）工程检验批质量验收记录表（010203□□、010405□□）"的标准验收。地下墙的验收按"地下连续墙工程检验批质量验收记录表"（010203□□）进行。

上述5种情况虽然分项工程相同、验收记录表的代号亦相同，但不是用一张表，故用罗马数字区分，届时应对号入座。

4）表头

① 表头内容

表头列有单位（子单位）工程名称、分部（子分部）工程名称、验收部位、施工单位、项目经理、分包单位、分包项目经理和施工执行标准名称及编号。

② 表头分包单位栏

分包单位栏有的表有，有的没有。影响结构安全的项目不许分包，因此，不许分包的项目，其验收表的表头中则无此栏，允许分包的项目则有此栏。钢结构工程属特殊专业，虽属主体结构工程，但允许分包。

5）验收规范规定栏

检验表已印好该分项工程的主控项目和一般项目包含的内容及规定。

① 能填写下的尽量填写，否则写规范条文号或简单要求。

② 计量检验要求印好实际数字。

③ 每个检验批验收表背面均印有本分项工程检验批验收说明（见表2.6.4后说明）。

(2) 检验批质量验收及验收表的填写

1) 表头部分的填写

① 检验批表编号的填写，要对号入座，在对应的分部工程、子分部工程和分项工程那行的2个方框内填写检验批序号。如为第1个检验批则填[0][1]。

② 单位(子单位)工程名称，按合同上的单位工程名称填写，子单位工程标出该部分的位置。分部(子分部)工程名称，按验收规范划定的分部(子分部)名称填写。验收部位是指一个分项工程中的验收的那个检验批的抽样范围，要标注清楚，如二层①-⑩/轴线砖砌体。

施工单位、分包单位与合同上公章名称相一致。项目经理填写合同中指定的项目负责人。有分包单位时，填写分包单位全称，分包单位项目经理应是合同中指定的项目负责人。这些人员不需本人签字。

③ 施工执行标准名称及编号

施工操作依据标准，可以是企业标准(自己没有，可执行其他单位的)、地方标准等。不能填写国家标准×××施工质量验收规范。

2) 施工单位检查评定栏：

① 对定性项目填写实际检查结果，或符合规定打"√"，否则打"×"；

② 对有定性又有定量的项目各项均符合要求打"√"，否则打"×"；

③ 对定量项目直接填写检查数据。

一般项目中允许偏差内容检查结果按各验收规范要求界定是否合格，各验收规范有关合格点率和超过允许偏差值的倍数以及不允许超差的要求见表2.6.1。对超过标准规定的可用符号标注，选用何种符合可由参建各方共同商定。

【举例一】 某工地在检验批质量验收时，对允许偏差值超过国家标准规定而没超过1.5倍(或1.2倍)的用"○"圈住，对超过1.5

倍(或 1.2 倍)的用"△"框住,并注明对"△"框点已进行返修处理。

【举例二】 某工地在检验批质量验收时,对允许偏差值超过施工执行标准(企业标准、地方标准等)而没超过国家标准的用"○"圈住,对超过国家标准而没超过 1.5 倍(或 1.2 倍)的用"△"框住。

④ 暂时不能出结果的项目(如龄期)应注明。

3) 监理单位验收记录栏:符合要求的填写"合格"或"符合要求",不符合要求的暂不填写,但应做标记。

(3) 填写样式举例如表 2.6.3 砖砌体工程检验批质量验收记录表。

砖砌体工程检验批质量验收记录表 **表 2.6.3**

GB 50203—2002 010701□□

020301[0][1]

<table>
<tr><td colspan="3">单位(子单位)工程名称</td><td colspan="11">××4 号住宅楼</td></tr>
<tr><td colspan="3">分部(子分部)工程名称</td><td colspan="4">主体分部</td><td colspan="4">验收部位</td><td colspan="3">一层墙</td></tr>
<tr><td colspan="2">施工单位</td><td colspan="5">××建筑工程公司</td><td colspan="4">项目经理</td><td colspan="3"></td></tr>
<tr><td colspan="3">施工执行标准名称及编号</td><td colspan="11">QJ68.006—2002 砌砖工艺标准</td></tr>
<tr><td colspan="4">质量验收规范的规定</td><td colspan="10">施工单位检查评定记录</td><td>监理(建设)单位验收记录</td></tr>
<tr><td rowspan="7">主控项目</td><td>1</td><td>砖强度等级</td><td>MU10</td><td colspan="10">2 份试验报告 MU10</td><td rowspan="7">符合要求</td></tr>
<tr><td>2</td><td>砂浆强度等级</td><td>M10</td><td colspan="10">试块编号 6 月 10 日 4-06</td></tr>
<tr><td>3</td><td>水平灰缝砂浆饱满度</td><td>≥80%</td><td colspan="10">90、96、97、90、95、96</td></tr>
<tr><td>4</td><td>斜槎留置</td><td>第 5.2.3 条</td><td colspan="10">/</td></tr>
<tr><td>5</td><td>直槎拉结筋及接槎处理</td><td>第 5.2.4 条</td><td colspan="10">√</td></tr>
<tr><td>6</td><td>轴线位移</td><td>≤10mm</td><td colspan="10">20 处平均 4mm,最大 7mm</td></tr>
<tr><td>7</td><td>垂直度(每层)</td><td>≤5mm</td><td colspan="10">3 处平均 3.8mm,最大 5mm</td></tr>
<tr><td rowspan="4">一般项目</td><td>1</td><td>组砌方法</td><td>第 5.3.1 条</td><td colspan="10">√</td><td rowspan="4">符合要求</td></tr>
<tr><td>2</td><td>水平灰缝厚度 10mm</td><td>8~12mm</td><td colspan="10">√</td></tr>
<tr><td>3</td><td>基础顶面、楼面标高</td><td>±15mm</td><td>6</td><td>5</td><td>7</td><td>3</td><td>7</td><td>9</td><td></td><td></td><td></td><td></td></tr>
<tr><td>4</td><td>表面平整度(混水)</td><td>8mm</td><td>4</td><td>6</td><td>3</td><td>3</td><td></td><td></td><td></td><td></td><td></td><td></td></tr>
</table>

续表

质量验收规范的规定				施工单位检查评定记录										监理(建设)单位验收记录
一般项目	5	门窗洞口高宽度	±5mm	2	2	3	⑤	4	2	1	2	⑤	4	符合要求
	6	外墙上下窗口偏移	20mm	11	8	6	10							
	7	水平灰缝平直度	10mm	5	△12	8	7							
施工单位检查评定结果			专业工长(施工员)			×××			施工班组长			××		
			检查评定合格 项目专业质量检查员:×× 2002年6月11日											
监理(建设)单位验收结论			同意验收 专业监理工程师:××× (建设单位项目专业技术负责人): 2002年6月11日											

填表说明:① 检查评定结果栏和验收结论栏均由本人签认。

② 允许偏差项目实测值按2.6.3(2)、2)之③要求填写并标注。

2.6.4 分项工程质量验收

分项工程验收是在检验批验收合格基础上进行的,通常起归纳整理的作用,但也有实质性的验收内容。

(1) 表的填写:表名填所验收分项工程的名称,表头按项目填写,检验批部位、区段按层及轴线(①~⑮)填写。施工单位检查评定结果,由施工单位项目专业质量检查员填写,符合要求的打"√",否则打"×"。分项工程的检查由施工单位的项目专业技术负责人检查后给出评价并签字,交监理单位或建设单位验收。

(2) 验收时注意4点:

1) 是否将已覆盖所有检验批和检验批部位的内容。

2) 应对检验批中没有提出结果的项目进行检查验收,如有龄期的混凝土试件强度等级、砌筑砂浆试块强度等级等。

3) 延到分项工程验收的项目,如全高垂直度、轴线位移、有龄期的项目等。

例如:表 2.6.4 说明栏有 2 点。一是全高垂直度。该工程有 6 层,全高垂直度允许偏差为 20mm。检查 4 点,平均为 9.2mm,最大值 14mm,均在标准规范允许范围内。

二是砂浆强度等级。楼层完工后,因砌筑砂浆试块尚未达到养护天数,到分项工程验收时再进行查验。从表 2.6.3 得知,砌筑砂浆设计强度为 10MPa,从表 2.6.4 中得知试件有 6 组,平均值为 11.1MPa,大于设计强度等级 10MPa;最小一组为 9.6MPa,大于 7.5MPa。砌筑砂浆强度判定依据:《砌体工程施工质量验收规范》GB 50203—2002 第 4 章砌筑砂浆第 4.0.12 条规定:同一验收批砂浆试块抗压强度平均值必须大于或等于设计强度等级所对应的立方体抗压强度;同一验收批砂浆试块抗压强度的最小一组值必须大于或等于设计强度等级所对应的立方体抗压强度的 0.75 倍。

从表 2.6.4 说明栏和验收规范规定,该检验批砌筑砂浆强度符合要求,可以通过验收。

4) 将所含的资料进行登记整理

监理单位的专业监理工程师或建设单位项目技术负责人应逐项审查,同意项填写"合格或符合要求",不同意项暂不填写,待处理后再验收,但应做标记。注明验收和不验收的意见,如同意验收则签字确认,不同意验收指出存在问题,明确处理意见和完成时间。

填写式样举例如表 2.6.4 砖砌体分项工程质量验收记录表。

砖砌体分项工程质量验收记录表　　　表 2.6.4

单位(子单位)工程名称		××4 号住宅楼	结构类型	砖混六层
分部(子分部)工程名称		主 体 分 部	检验批数	6
施工单位	某建筑工程公司		项目经理	
序 号	检验批部位、区段	施工单位检查评定结果	监理(建设)单位验收结论	
1	一层墙①—⑮	√	合 格	
2	二层墙①—⑮	√		

续表

<table>
<tr><td>序　号</td><td>检验批部位、区段</td><td>施工单位检查评定结果</td><td>监理(建设)单位验收结论</td></tr>
<tr><td>3</td><td>三层墙①—⑮</td><td>√</td><td rowspan="5">合　格</td></tr>
<tr><td>4</td><td>四层墙①—⑮</td><td>√</td></tr>
<tr><td>5</td><td>五层墙①—⑮</td><td>√</td></tr>
<tr><td>6</td><td>六层墙①—⑮</td><td>√</td></tr>
<tr><td>7</td><td></td><td></td></tr>
<tr><td>说明</td><td colspan="3">1. 全高垂直度：检查 4 点分别为 7、9、14、7。平均为 9.2mm 最大值为 14mm。
2. 砂浆试块抗压强度依次为 11.8、11.9、12.1、9.6、10.2、10.8(PMa)，
平均 11.1MPa≥10MPa，
最小 9.6MPa≥7.5MPa</td></tr>
<tr><td>检查结论</td><td>合格

项目专业技术负责人：×××
2002 年 7 月 16 日</td><td>验收结论</td><td>同意验收

监理工程师：×××
(建设单位项目专业技术负责人)
2002 年 7 月 16 日</td></tr>
</table>

填表说明：

① 将分项工程名称填写具体和检验批表的名称一致；

② 检验批逐项填写，并注明部位、区段，以便检查是否有没有检查到的部位；

③ 由项目专业技术负责人和该专业的监理工程师本人签认。

说明(砖砌体分项工程)

此说明系表 2.6.3 检验批质量验收项目合格判定的要求。

主控项目：

1. 砖及砂浆强度等级，按设计要求检查和验收

砖应有检验报告，批量及强度满足设计要求为合格

砂浆有试验报告，计量配制，按规定留试块，在试块强度未出

结果前，先填写试块编号，待结果出来后核对，并在分项工程中按规定进行批的评定，符合要求为合格。

2. 水平灰缝砂浆饱满度不小于80%。用百格网检查，每检验批不少于5处，每处3块砖，量出砖底面砂浆痕迹面积，取平均值，不小于80%为合格。

3. 斜槎留置，按规范留置，检查20%的斜槎，水平投影长度不小于高度的2/3为合格。

4. 直槎拉结筋及接槎处理。按规定设置，留槎正确，拉结筋数量、直径正确，竖向间距偏差±100mm，留置长度基本正确为合格。

5. 轴线位置偏移：10mm，经纬仪、尺量及吊线测量，小于10mm为合格。垂直度每层5mm，2m托线板检查，不超过5mm为合格。

一般项目：

1. 组砌方法，上下错缝，内外塔砌，砖柱不用包心砌法。混水墙≤300mm的通缝，每间房不超过3处，且不在同一墙体上为合格。清水墙不得有通缝。

注：上下二皮砖搭接长度小于25mm的为通缝。

2. 水平灰缝厚度：10mm，每20m查一处，量10皮砖砌体高度折算，按皮数杆10皮砖的高度计算。10皮砖在－8至＋12mm范围内为合格。

3. 基础顶面、墙面标高：±15mm。

表面平整度混水墙：8mm。

门窗洞口高宽度（后塞口）：±15mm。

外墙上下窗口偏移：20mm。

水平灰缝平直度：10mm。

各项目80%检测点应满足要求，其余20%点超过允许值，但不得超过150%的，即为合格。否则，返工处理。

2.6.5 分部（子分部）工程质量验收

(1) 验收内容

分部(子分部)工程验收。由于单位工程体量的增大,复杂程度的增加,专业内容的增多,为了分清责任,及时整修等,将以往的一些单位工程验收内容,移到分部(子分部)工程进行验收。具体有:

1) 所含分项工程质量验收;

2) 质量控制资料;

3) 地基基础、主体结构和设备安装有关安全及功能检验和抽样检测;

4) 观感质量。

(2) 验收要点:

1) 表名应分别划掉分部或子分部;

2) 分项工程名称按实际填写;

3) 检验批数填抽查数量;

4) 施工单位检查评定均合格打"√";

5) 质量控制资料按单位(子单位)工程表 2.6.9 对应内容检查;

6) 安全和功能核验及抽查按单位(子单位)工程表 2.6.10 对应内容检验;

7) 观感质量按单位(子单位)工程表 2.6.11 对应内容检查;

8) 验收意见栏填"同意验收",观感质量填评价结果"好"、"一般"或"差",差的项目应进行返修,见表 2.6.5。

(3) 验收程序

分部(子分部)工程应由施工单位将自行检查评定合格的表填写好,由项目经理交监理单位或建设单位验收。由总监理工程师或建设单位项目负责人组织施工单位项目经理及有关勘察(地基与基础部分)、设计(地基与基础及主体结构等)单位项目负责人进行验收,并按表 2.6.5 的要求进行记录。

(4) 验收及表格填写

1) 表名及表头部分

① 表名:分部(子分部)工程的名称填写要具体,写在分部(子分部)工程的前边,并分别划掉分部或子分部字样。

② 表头部分的工程名称栏填写工程全称。

③ 结构类型按设计文件提供的结构类型填写。

④ 层数应分别注明地下和地上的层数。

⑤ 施工单位填写单位全称。

⑥ 技术部门负责人及质量部门负责人多数情况下填写项目的技术及质量负责人，只有地基与基础、主体结构及重要安装分部（子分部）工程应填写施工单位的技术部门及质量部门负责人。

⑦ 分包单位，有分包单位时才填，主体结构不许分包。分包单位名称要写全称，分包单位负责人及技术负责人，填写本项目负责人及项目技术负责人。

2）验收内容及表的填写

① 分项工程，按分项工程第一个检验批施工先后顺序，将分项工程名称填写上，在第二格栏内分别填写各分项工程实际的检验批数量，并将各分项工程验收表按顺序附在表后。

② 施工单位检查评定栏，填写施工单位自行检查评定结果。核查各分项工程是否都合格。自检符合要求的可打"√"，否则打"×"。有"×"的项目不能交给监理单位（建设单位）验收，返修合格后再提交监理单位（建设单位）组织验收，符合要求后，在验收意见栏内签注"同意验收"。

③ 质量控制资料。按表 2.6.9"单位（子单位）工程质量控制资料核查记录表"和相应专项工程质量验收规范的资料项目内容来验收，逐项进行核查。能基本反映工程质量情况，达到保证结构安全和使用功能要求，即可通过，在施工单位检查评定栏内打"√"。否则打"×"。监理单位（建设单位）验收，符合要求，在验收意见栏签注"同意验收"。

有些工程可按子分部工程进行资料核查，由于工程不同，不强求统一。各子分部工程核查后，分部工程可不再核查。

④ 安全和功能检验（检测）资料核查和抽查。核查内容按表 2.6.10"单位（子单位）工程安全和功能检验资料核查及主要功能抽查记录表"和专业工程质量验收规范的项目内容检查。在核查

时要注意，开工前确定的项目是否都进行了检测；逐一检查每个检测报告，核查每个检测项目的检测方法、程序是否符合有关标准规定；检测结果是否达到规范的要求。检测报告的审批程序签字是否完整，通过审查，在施工单位检查评定栏内打“√”，由项目经理送监理单位（或建设单位）验收，监理单位（或建设单位）组织审查，符合要求后，在验收意见栏内签注“同意验收”。

⑤ 观感质量验收。按表 2.6.11“单位（子单位）工程观感质量检查记录表”和专项工程质量验收规范的项目内容检查。检查时能启动或试运转的要启动或试动转，能打开看的要打开看，有代表性的房间、部位都应走到。在听取参加检查人员意见的基础上，以总监理工程师（或建设单位项目专业负责人）为主导共同评价出好、一般、差的质量等级。观感质量评价为差的项目，能修理的尽量修理，如果确难修理时，只要不影响结构安全和使用功能，可采用协商解决的方法进行验收，并在验收表上注明。

⑥ 验收结论。填写“合格”或“同意验收”。

3）验收单位签字认可。按表列参与工程建设责任单位的有关人员应亲自签认。

勘察单位可只签认地基基础分部（子分部）工程，设计单位可只签认地基基础、主体结构及重要安装分部（子分部）工程。

施工单位的总承包单位必须签认，由项目经理亲自签名，有分包单位的分包单位也必须签认其分包的分部（子分部）工程，由分包项目经理亲自签认。

监理单位（建设单位）由总监理工程师（项目专业负责人）亲自签认验收。

4）填写式样见表 2.6.5“分部（子分部）工程质量验收记录表”。

注：混凝土结构子分部工程结构实体质量验收有两种专门用表，需单独填写，见表 2.6.6：《混凝土结构子分部工程结构实体混凝土强度验收记录表》和表 2.6.7：《混凝土结构子分部工程结构实体钢筋保护层厚度验收记录表》。

主体分部工程质量验收记录表　　　表 2.6.5

<table>
<tr><td colspan="4">单位(子单位)工程名称</td><td>××4号住宅楼</td><td>结构类型及层数</td><td>砖混六层</td></tr>
<tr><td colspan="3">施工单位</td><td>某建筑工程公司</td><td>技术部门负责人</td><td>质量部门负责人</td><td></td></tr>
<tr><td colspan="3">分包单位</td><td></td><td>分包单位负责人</td><td>分包技术负责人</td><td></td></tr>
<tr><td colspan="3">序　号</td><td>分项工程名称</td><td>检验批数</td><td>施工单位检查评定</td><td>验收意见</td></tr>
<tr><td rowspan="7">1</td><td rowspan="7">分项工程</td><td>1</td><td>砖砌体分项工程</td><td>6</td><td>√</td><td rowspan="7">同意验收</td></tr>
<tr><td>2</td><td>模板分项工程</td><td>6</td><td>√</td></tr>
<tr><td>3</td><td>钢筋分项工程</td><td>6</td><td>√</td></tr>
<tr><td>4</td><td>混凝土分项工程</td><td>6</td><td>√</td></tr>
<tr><td>5</td><td></td><td></td><td></td></tr>
<tr><td>6</td><td></td><td></td><td></td></tr>
<tr><td>7</td><td></td><td></td><td></td></tr>
<tr><td>2</td><td colspan="4">质量控制资料</td><td>√</td><td>同意验收</td></tr>
<tr><td>3</td><td colspan="4">安全和功能检验(检测)报告</td><td>√</td><td>同意验收</td></tr>
<tr><td>4</td><td colspan="4">观感质量验收</td><td>好</td><td>好</td></tr>
<tr><td>5</td><td colspan="4">验收结论</td><td colspan="2">合　格</td></tr>
<tr><td rowspan="5">验收单位</td><td colspan="3">分包单位</td><td colspan="3">项目经理：</td></tr>
<tr><td colspan="3">施工单位</td><td colspan="3">项目经理：×××　2002年8月5日</td></tr>
<tr><td colspan="3">勘察单位</td><td colspan="3">项目负责人：　2002年8月5日</td></tr>
<tr><td colspan="3">设计单位</td><td colspan="3">项目负责人：×××　2002年8月5日</td></tr>
<tr><td colspan="3">监理(建设)单位</td><td colspan="3">总监理工程师：×××
(建设单位项目专业负责人)　2002年8月5日</td></tr>
</table>

填表说明：

① 分部(子分部)工程的名称填写要具体，并注明是分部还是子分部；

② 分项工程填写要是全部分项工程，并写明检验批的数量；

③ 资料审查要按子分部工程分别检查，要按层次进行，并判断其能否达到完整的要求；判定达到要求施工单位填写“合格”，监理单位填写“同意验收”，并将资料附在后边；

④ 安全和功能抽查，每项检测有单项报告，其结果能达到设计要求；

⑤ 观感质量验收按单位工程的程序和要求进行，并附评价表；

⑥ 各单位的项目经理、项目负责人及总监理工程师签字确认。

混凝土结构子分部工程结构实体混凝土强度验收记录　表 2.6.6

0201-1

<table>
<tr><td>工程名称</td><td colspan="3"></td><td colspan="3">结构类型</td><td colspan="4"></td><td>强度等级数量</td><td>3</td></tr>
<tr><td>施工单位</td><td colspan="3"></td><td colspan="3">项目经理</td><td colspan="4"></td><td>项目技术负责人</td><td></td></tr>
<tr><td>强度等级</td><td colspan="10">试件强度代表(MPa)</td><td>强度评定结果</td><td>监理(建设)单位验收结果</td></tr>
<tr><td rowspan="2">C20</td><td>26.1</td><td>23.0</td><td>24.5</td><td>27.0</td><td>23.0</td><td>29.0</td><td>24.0</td><td>28.2</td><td>23.0</td><td>26.0</td><td rowspan="2">139.6%</td><td rowspan="8">合　格</td></tr>
<tr><td>28.7</td><td>25.3</td><td>27.0</td><td>29.7</td><td>25.3</td><td>31.9</td><td>26.4</td><td>31.0</td><td>25.3</td><td>28.6</td></tr>
<tr><td rowspan="2">C25</td><td></td><td></td><td></td><td></td><td></td><td></td><td></td><td></td><td></td><td></td><td rowspan="2">(略)</td></tr>
<tr><td></td><td></td><td></td><td></td><td></td><td></td><td></td><td></td><td></td><td></td></tr>
<tr><td rowspan="2">C30</td><td></td><td></td><td></td><td></td><td></td><td></td><td></td><td></td><td></td><td></td><td rowspan="2">(略)</td></tr>
<tr><td></td><td></td><td></td><td></td><td></td><td></td><td></td><td></td><td></td><td></td></tr>
<tr><td rowspan="2"></td><td></td><td></td><td></td><td></td><td></td><td></td><td></td><td></td><td></td><td></td><td rowspan="2"></td></tr>
<tr><td></td><td></td><td></td><td></td><td></td><td></td><td></td><td></td><td></td><td></td></tr>
<tr><td>检查结论</td><td colspan="6">① 强度平均值 27.92≥1.15 倍强度标准值。
② 强度最小值 25.3≥0.95 倍强度标准值。
③ 强度评定结果符合要求
项目专业技术负责人:×××
×××年×月×日</td><td>验收结论</td><td colspan="5">同意验收
监理工程师:×××
(建设单位项目专业技术负责人)
×××年×月×日</td></tr>
</table>

注：1. 本表中强度等级数量应根据实际情况确定；

2. 同条件养护试件的取样、留置、养护和强度代表值的确定应符合《混凝土结构工程施工质量验收规范》(GB 50204—2002) 10.1 节和附录 D 的规定；

3. 表中与某一强度等级对应的试件强度代表值，上一行填写根据《混凝土强度检验评定标准》(GBJ 107)确定的数值，下一行填写乘以折算系数后的数值：

4. 表中对每一强度等级可填写 10 组试件的强度代表值，试件的具体组数应根据实际情况确定；

5. 同条件养护试件的留置组数、取样部位、放置位置、等效养护龄期、实际养护龄期和相应的温度测量等记录和资料应作为本表的附件。

混凝土结构子分部工程结构实体钢筋保护层厚度验收记录表

表 2.6.7

0201-2

<table>
<tr><td colspan="2" rowspan="2">工程名称</td><td colspan="3" rowspan="2"></td><td colspan="2" rowspan="2">结构类型</td><td rowspan="2"></td><td colspan="2" rowspan="2">检测构件数量</td><td>梁</td><td>5</td></tr>
<tr><td>板</td><td>5</td></tr>
<tr><td colspan="2">施工单位</td><td colspan="3"></td><td colspan="2">项目经理</td><td></td><td colspan="2">项目技术负责人</td><td colspan="2"></td></tr>
<tr><td colspan="2" rowspan="2">构件类别</td><td colspan="7">钢筋保护层厚度(mm)</td><td rowspan="2">合格点率(%)</td><td rowspan="2">评定结果</td><td colspan="2" rowspan="2">监理(建设)单位验收结果</td></tr>
<tr><td>设计值</td><td colspan="6">实　测　值</td></tr>
<tr><td rowspan="5">梁</td><td>1</td><td>25</td><td>30</td><td>⑯</td><td>26</td><td>34</td><td>23</td><td>19</td><td rowspan="5">93.3</td><td rowspan="5">符合要求</td><td colspan="2" rowspan="5">合　格</td></tr>
<tr><td>2</td><td>25</td><td>25</td><td>29</td><td>31</td><td>19</td><td>20</td><td>32</td></tr>
<tr><td>3</td><td>25</td><td>27</td><td>20</td><td>30</td><td>⑰</td><td>26</td><td>26</td></tr>
<tr><td>4</td><td>25</td><td>33</td><td>25</td><td>27</td><td>31</td><td>30</td><td>32</td></tr>
<tr><td>5</td><td>25</td><td>18</td><td>30</td><td>31</td><td>33</td><td>26</td><td>27</td></tr>
<tr><td rowspan="5">板</td><td>1</td><td>15</td><td>20</td><td>23</td><td>17</td><td>21</td><td>18</td><td>19</td><td rowspan="5">90</td><td rowspan="5">符合要求</td><td colspan="2" rowspan="5">合　格</td></tr>
<tr><td>2</td><td>15</td><td>11</td><td>14</td><td>20</td><td>16</td><td>19</td><td>21</td></tr>
<tr><td>3</td><td>15</td><td>⑨</td><td>20</td><td>18</td><td>21</td><td>22</td><td>17</td></tr>
<tr><td>4</td><td>15</td><td>23</td><td>22</td><td>19</td><td>㉕</td><td>16</td><td>15</td></tr>
<tr><td>5</td><td>15</td><td>20</td><td>13</td><td>17</td><td>18</td><td>21</td><td>㉔</td></tr>
<tr><td>检查结论</td><td colspan="6">合格点率均≥90%,符合要求
项目专业技术负责人:×××
×××年×月×日</td><td>验收结论</td><td colspan="5">同意验收
监理工程师:×××
(建设单位项目专业技术负责人)
×××年×月×日</td></tr>
</table>

注:1. 本表中梁类、板类构件数量应根据实际情况确定;

2. 表中对每一构件可填写 6 根钢筋的保护层厚度实测值,钢筋的具体数量应根据实际情况确定;

3. 钢筋保护层厚度检验的结构部位、构件数量、检验方法和验收符合《混凝土结构工程施工质量验收规范》(GB 50204—2002)10.1 节和附录 E 的规定;

4. 钢筋保护层厚度检验的结构部位、构件数量、检测钢筋数量和位置等记录和资料应作为本表的附件。

2.6.6 单位(子单位)工程质量验收

单位(子单位)工程完工后,首先由施工单位检查评定,合格后写出工程竣工报告,经监理单位组织验收,通过后报请建设单位组织参建单位进行验收。

建设单位应在验收前7个工作日,把竣工验收的时间、地点、参加验收单位、主要人员、验收组织和程序等报工程质量监督站,监督站届时派员参加竣工验收并进行监督。

(1) 单位(子单位)工程质量验收内容

1) 单位(子单位)工程质量验收由五部分内容组成,即:分部工程、质量控制资料、安全和主要使用功能核查及抽查、观感质量和综合验收结论。除综合验收结论外,都有专用表,而单位(子单位)工程质量竣工验收记录表(表2.6.8)是一个综合性的表,是各项目验收合格后填写的。

2) 表名、表头及验收内容填写

① 将单位工程或子单位工程的名称(项目批准的工程名称)填写在表名的前边,并划掉单位或子单位字样。

② 表头部分,参照分部(子分部)工程验收表填写。

③ 单位(子单位)工程竣工验收记录表中"验收记录栏"由施工单位填写;"验收结论栏"由监理单位填写;"综合验收结论栏"由建设单位填写。

(2) 分部工程验收

对所含分部工程逐项检查。首先由施工单位的项目经理组织有关人员逐个分部(子分部)工程进行检查评定。所含分部(子分部)工程检查合格后,由项目经理提交验收。经验收组成员验收后,"验收记录"栏由施工单位填写。注明共验收几个分部,经验收符合"标准及设计要求"的几个分部。审查验收的分部工程全部符合要求后,"验收结论栏"由监理(建设)单位填上"同意验收"。

(3) 质量控制资料核查(见表2.6.9)

先由施工单位检查合格,再提交监理单位验收。其全部内容在分部(子分部)工程中已经审查。通常单位(子单位)工程质量控

单位(子单位)工程质量竣工验收记录表　　表 2.6.8

工程名称	××4 号住宅楼	结构类型	砖　混	层数/建筑面积	六层/$3680m^2$
施工单位	某建筑工程公司	技术负责人		开工日期	2002.5.18
项目经理		项目技术负责人		竣工日期	

序号	项　目	验收记录	验收结论
1	分部工程	共 7 分部，经查符合标准及设计要求 7 分部	同意验收
2	质量控制资料核查	共 30 项，经审查符合要求 30 项，经核定不符合规定要求 0 项	同意验收
3	安全和主要使用功能核查及抽查结果	共核查 19 项，符合要求 19 项，共抽查 8 项，符合要求 8 项，经返工处理符合要求 0 项	同意验收
4	观感质量验收	共抽查 16 项，符合要求 16 项，不符合要求 0 项	好
5	综合验收结论	通　过　验　收	

	勘察单位	设计单位	施工单位	监理单位	建设单位
参加验收单位	(公章) (略) 单位(项目)负责人 年　月　日	(公章) (略) 单位(项目)负责人 年　月　日	(公章) (略) 单位负责人 年　月　日	(公章) (略) 总监理工程师 年　月　日	(公章) (略) 单位(项目)负责人 年　月　日

填表说明：

① 单位(子单位)工程的名称要填写全称，即批准项目的名称，并注明是单位工程或子单位工程。

② 安全和主要使用功能核查及抽查结果栏，包括两个方面，一个是在分部、子分部工程抽查过的项目检查检测报告的结论；另一方面是单位工程抽查的项目要检查其全部的检查方法程序和结论。

③ 综合验收结论，填写通过或同意验收。不同意验收就不一定形成表格，待返修完善后，再形成表格。

④ 验收单位负责人要求本人签名。

⑤ 表 11-23 验收记录由施工单位填写，验收结论由监督(建设)单位填写，综合验收结论由参加验收各方共同商定，建设单位填写，应对工程质量是否符合设计和规范要求及总体质量水平做出评价。

单位(子单位)工程质量控制资料核查记录　　表 2.6.9

工程名称			施工单位		
序号	项目	资料名称	份数	核查意见	核查人
1	建筑与结构	图纸会审、设计变更、洽商记录	10	符合要求	
2		工程定位测量、放线记录	2	符合要求	
3		原材料出厂合格证书及进场检(试)验报告	26	〃	
4		施工试验报告及见证检测报告	40	〃	
5		隐蔽工程验收记录	10	〃	
6		施工记录	45	〃	
7		预制构件、预拌混凝土合格证			
8		地基基础、主体结构检验及抽样检测资料	4	〃	
9		分项、分部工程质量验收记录	35	〃	
10		工程质量事故及事故调查处理资料	/		
11		新材料、新工艺施工记录	/		
12					
1	给排水与采暖	图纸会审、设计变更、洽商记录	3	〃	
2		材料、配件出厂合格证书及进场检(试)验报告	10	〃	
3		管道、设备强度试验、严密性试验记录	8	〃	
4		隐蔽工程验收记录	5	〃	
5		系统清洗、灌水、通水、通球试验记录	8	〃	
6		施工记录	10	〃	
7		分项、分部工程质量验收记录	10	〃	
8					
1	建筑电气	图纸会审、设计变更、洽商记录	5	〃	
2		材料、设备出厂合格证书及进场检(试)验报告	30	〃	

续表

工程名称			施工单位		
序号	项目	资 料 名 称	份 数	核查意见	核查人
3	建筑电气	设备调试记录	2	″″	
4		接地、绝缘电阻测试记录	2	″″	
5		隐蔽工程验收记录	6	″″	
6		施工记录	15	″″	
7		分项、分部工程质量验收记录	20	″″	
8					
1	通风与空调	图纸会审、设计变更、洽商记录			
2		材料、设备出厂合格证书及时场检(试)验报告			
3		制冷、空调、水管道强度试验、严密性试验记录			
4		隐蔽工程验收记录			
5		制冷设备运行调试记录			
6		通风、空调系统调试记录			
7		施工记录			
8		分项、分部工程质量验收记录			
1	电梯	图纸会审、设计变更、洽商记录			
2		设备出厂合格证书及开箱检验记录			
3		隐蔽工程验收记录			
4		施工记录			
5		接地、绝缘电阻测试记录			
6		负荷试验、安全装置检查记录			
7		分项、分部工程质量验收记录			
8					
1	智能建筑	图纸会审、设计变更、洽商记录、竣工图及设计说明	6	符合要求	

续表

工程名称			施工单位		
序号	项目	资料名称	份数	核查意见	核查人
2	智能建筑	材料、设备出厂合格证及技术文件及进场检(试)验报告	20	" "	
3		隐蔽工程验收记录	10	" "	
4		系统功能测定及设备调试记录	6	" "	
5		系统技术、操作和维护手册	5	" "	
6		系统管理、操作人员培训记录	3	" "	
7		系统检测报告	4	" "	
8		分项、分部工程质量验收报告	10	" "	

结论：

符合要求。

施工单位项目经理：××× 总监理工程师：×××

×××年×月×日 （建设单位项目负责人）×××年×月×日

填表说明：① 对质量控制资料核查，应按项目分别进行，这样方便，施工单位应先将资料分项目整理成册，项目顺序按本表顺序。每个项目按层次核查，并判断其能否满足规定要求；

② 核查由总监理工程师组织，有关专业监理工程师参加；

③ 由施工（总包）单位项目经理和总监理工程师签字；

④ 具体资料项目按专业验收规范的项目进行核查。

制资料核查，也是按分部（子分部）工程逐项检查和审查，一个分部工程只有一个子分部工程时子分部工程就是分部工程，多个子分部工程时可一个一个地检查和审查，也可按分部工程检查和审查。每个子分部工程、分部工程审查后，依次装订起来，前边的封面写上分部工程的名称，并将所含子分部工程的名称依次填写好。然后将各子分部工程审查的资料逐项进行统计，填入验收记录栏内。如果出现有核定的项目时，应查明情况，只要是协商验收的内容，填在验收结论栏内，通常严禁验收的项目，不会留在单位工程验收时再处理。这项也是先由施工单位自行检查评定合格后，提交验收，由总监理工程师（或建设单位项目负责人）组织审查符合要求后，在验收记录栏内填写项数。在验收结论栏内，填写“同意验收”。同时要在表 2.6.8 单位（子单位）工程质量竣工验收记录表中序号 2 的验收结论栏内填“同意验收”。

(4) 安全和主要功能核查及抽查结果（见表 2.6.10）

单位（子单位）工程安全和功能检验资料核查及主要功能抽查记录

表 2.6.10

工程名称			施工单位			
序号	项目	安全和功能检查项目	份　数	核查意见	抽查结果	核查（抽查）人
1	建筑与结构	屋面淋水试验记录	1	符合要求	不渗漏	
2		地下室防水效果检查记录	1	” ”		
3		有防水要求的地面蓄水试验记录	12	” ”		
4		建筑物垂直度、标高、全高测量记录	1	” ”		
5		抽气（风）道检查记录	4	” ”	无堵塞	
6		幕墙及外窗气密性、水密性、耐风压检测报告	1	” ”		
7		建筑物沉降观测测量记录	5	” ”		
8		节能、保温测试记录	1	” ”		
9		室内环境检测报告	5	” ”		
10						
1	给排水与采暖	给水管道通水试验记录	1	” ”		
2		暖气管道、散热器压力试验记录	1	” ”		
3		卫生器具满水试验记录	6	” ”	不渗漏	
4		消防管道压力试验记录	1	” ”		
5		排水干管通球试验记录	5	” ”	畅通	
6						

续表

工程名称			施工单位			
序号	项目	安全和功能检查项目	份　数	核查意见	抽查结果	核查（抽查）人
1	电气	照明全负荷试验记录	1	〃	运行正常	
2		大型灯具牢固性试验记录				
3		避雷接地电阻测试记录	1	〃		
4		线路、插座、开关接地检验记录	6	〃	符合要求	
5						
1	通风空调	通风、空调系统试运行记录				
2		风量、温度测试记录				
3		洁净室内洁净度测试记录				
4		制冷机组试运行调试记录				
5						
1	电梯	电梯运行记录				
2		电梯安全装置检测报告				
1	智能建筑	系统试运行记录	6	〃	正　常	
2		系统电源及接地检测报告	6	〃	符合要求	
3						

结论：

同意验收。

施工单位项目经理：×××　　　　总监理工程师：×××

×××年×月×日　（建设单位项目负责人）　×××年×月×日

注：抽查项目由验收组协商确定。

填表说明：

① 按项目分别进行核查和检查，对在分部、子分部已抽查的项目，核查其结论是否符合设计要求；对在单位工程（子单位）抽查的项目，应进行全面检查，并核实其结论是否符合设计要求；

② 总监理工程师组织有关监理工程师核查、检查，有关施工单位项目经理、技术负责人参加；

③ 由施工（总包）单位项目经理和总监理工程师签字。

这个项目包括两个方面内容。一是在分部(子分部)工程进行了安全和功能检测的项目,要核查其检验资料是否符合设计要求。在单位工程进行的安全和功能抽测项目,要核查其项目是否与设计内容一致,检测的程序、方法是否符合有关标准规定,检测报告的结论是否达到设计要求及规范规定。这个项目也是由施工单位检查评定合格,填写好份数后再提交验收,由总监理工程师(或建设单位项目负责人)组织审查。统计核查的项数,填入核查意见栏,通常两个项数是一致的,如果个别项目的检测结果达不到设计要求,则应进行返工处理,直到符合要求。将结果填在核查意见栏。二是验收时对主要功能项目的随机抽查,抽查项目由验收组共同确定,在现场抽查其功能是否满足使用要求,将结果填在抽查结果栏。如核查和抽查均都符合要求,由总监理工程师(或建设单位项目负责人)在表 2.6.8 序号 3 的验收结论栏内填写“同意验收”。

(5) 观感质量验收(见表 2.6.11)

单位(子单位)工程观感质量检查记录　　表 2.6.11

工程名称							施工单位								
序号	项目		抽查质量状况										质量评价		
													好	一般	差
1	建筑与结构	室外墙面	√	√	0	√	0	√	√	√	0	√	√		
2		变形缝	√	0	√	√	×							√	
3		水落管、屋面											√		
4		室内墙面											√		
5		室内顶棚											√		
6		室内地面											√		
7		楼梯、踏步、护栏												√	
8		门窗											√		
1	给排水与采暖	管道接口、坡度、支架											√		
2		卫生器具、支架、阀门											√		
3		检查口、扫除口、地漏												√	
4		散热器、支架											√		

续表

工程名称			施工单位			
序号	项目		抽查质量状况	质量评价		
				好	一般	差
1	建筑电气	配电箱、盘、板、接线盒			√	
2		设备器具、开关、插座		√		
3		防雷、接地		√		
1	通风与空调	风管、支架				
2		风口、风阀				
3		风机、空调设备				
4		阀门、支架				
5		水泵、冷却塔				
6		绝热				
1	电梯	运行、平层、开关门				
2		层门、信号系统				
3		机房				
1	智能建筑	机房设备安装及布局				
2		现场设备安装		√		
3						
观感质量综合评价			好			
检查结论	好 施工单位项目经理：××× 总监理工程师：××× ××××年×月×日 （建设单位项目负责人）××××年×月×日					

注：质量评价为差的项目，应进行返修。

填表说明，重点注意：

① 其他表都是施工单位先验收合格填写好，监理再验收。

② 由总监理工程师组织有关监理工程师，会同参加验收的人员共同进行，通过现场全面检查，在听取有关人员的意见后，由总监理工程师为主与监理工程师共同确定质量评价；评价分为好、一般、差。只要不影响安全和使用功能，都可通过验收，评为差时，能修的尽量修，不能修的按 2.6.8 条第四款处理。

③ 由施工（总包）单位项目经理和总监理工程师签字。

观感质量检查的方法同分部(子分部)工程的观感质量验收。单位工程观感质量检查验收不同的是项目比较多,是一个综合性验收。实际是复查各分部(子分部)工程验收后,到单位工程竣工的质量变化、成品保护以及分部(子分部)工程验收时还没有形成部分的观感质量等。这个项目也是先由施工单位检查评定合格,提交验收。由总监理工程师(或建设单位项目负责人)组织审查,程序和内容与分部工程检查基本是一致的。通过检查,如果没有影响结构安全和使用功能的项目,由总监理工程师(或建设单位项目负责人)为主导提出意见,评价出好、一般、差的质量等级。不论评价为好、一般的项目,都可作为符合要求的项目。评为“差”的项目应进行返修。待符合要求后,由总监理工程师(或建设单位项目负责人)在表 2.6.8 序号 4 的观感质量综合评价栏内填写“好、一般或差”。当然,如果评价为“差”的项目很难返修,且不影响主要使用功能,可以有条件验收。如果有不符合要求的项目,就要按不合格处理程序进行处理。

(6) 综合验收结论

综合验收是指在前 4 项内容均符合要求后进行的验收,即按表 2.6.8 单位(子单位)工程质量竣工验收记录表进行验收。经各项目审查符合要求时,由监理单位(或建设单位)在“验收结论”栏内填写“同意验收”的意见。各栏均同意验收且经各参加验收方共同确认后,由建设单位在表 2.6.8 序号 5 的“综合验收结论”栏内填写“通过验收”。

(7) 参加验收单位签名

勘察单位、设计单位、施工单位、监理单位、建设单位都同意验收时,各单位(项目)负责人要亲自签字,并加盖单位公章,注明签字验收的年月日。

单位(子单位)工程质量验收表格填写式样见表 2.6.8、表 2.6.9、表 2.6.10 和表 2.6.11。

(8) 验收表的程序关系

各验收项目与验收表验收程序关系见表 2.6.12。

2.6.7 施工质量验收资料

(1) 地基基础工程质量验收资料

1) 地基基础工程质量验收资料目录:

① 施工图纸和设计变更记录;

② 原材料半成品质量合格证和进场检验记录;

③ 砂浆、混凝土配合比通知;

④ 砂浆、混凝土强度试验报告;

⑤ 隐蔽工程验收记录;

⑥ 桩的检测记录;

⑦ 各种检测试验钎探记录;

⑧ 见证取样试验记录;

⑨ 施工记录;

⑩ 各检验批质量验收记录;

⑪ 其他必须提供的文件或记录。

2) 地下防水工程质量验收资料目录:

① 施工图及设计变更记录;

② 材料出厂合格证和进场复验报告;

③ 材料代用核定记录;

④ 施工方案(施工方法、技术措施、质量保证措施);

⑤ 中间检查记录;

⑥ 隐蔽工程验收记录;

⑦ 砂浆、混凝土配合比通知;

⑧ 砂浆、混凝土强度试验记录;

⑨ 抗渗试验报告;

⑩ 施工记录;

⑪ 各检验批质量验收记录;

⑫ 其他必要的文件和记录。

(2) 主体结构工程质量验收资料

1) 混凝土工程质量验收资料目录:

① 设计变更文件;

② 原材料出厂合格证和进场复验报告；

③ 钢筋接头的试验报告；

④ 混凝土工程施工记录；

⑤ 混凝土试件的性能试验报告；

⑥ 装配式结构预制构件的合格证和安装验收记录；

⑦ 预应力筋用锚具、连接器的合格证和进场复验报告；

⑧ 预应力筋安装、张拉及灌注记录；

⑨ 隐蔽工程验收记录；

⑩ 各检验批质量验收记录；

⑪ 混凝土结构实体检验记录；

⑫ 工程的重大质量问题的处理方案和验收记录；

⑬ 其他必要的文件和记录。

2）砌体工程质量验收资料目录：

① 施工执行的技术标准、施工组织设计、施工方案；

② 砌块及原材料的合格证书、产品性能检测报告；

③ 混凝土及砂浆配合比通知单；

④ 混凝土及砂浆试件抗压强度试验报告；

⑤ 施工质量控制资料；

⑥ 隐蔽工程验收记录；

⑦ 各检验批质量验收记录表；

⑧ 施工记录；

⑨ 重大技术问题处理修改设计的技术文件；

⑩ 其他必要的文件和记录。

3）钢结构工程质量验收资料目录：

① 原材料、产品质量合格证明文件、中文标志及检验报告（厂家提供）；

② 原材料、产品进场检验规格、尺寸、表面外观质量检查记录：复试报告（根据规范要求）；

③ 焊接材料产品说明书、焊接工艺文件及烘焙记录；

④ 焊工合格证书及施焊范围；

⑤ 焊缝超声波探伤或射线探伤检测报告、记录；

⑥ 连接节点检查记录；

⑦ 钢结构工程施工方案；

⑧ 钢结构工程分项工程技术交底；

⑨ 钢结构工程竣工图纸及相关设计文件；

⑩ 施工现场质量管理检查记录；

⑪ 有关安全及功能的检验和见证检测项目检查记录；

⑫ 有关观感质量检验项目检查记录；

⑬ 隐蔽工程验收记录；

⑭ 各检验批质量验收记录；

⑮ 不合格项的处理及重大质量、技术问题实施方案及验收记录；

⑯ 其他有关文件和记录。

4）木结构工程质量验收资料目录：

① 方木、原木、胶合木合格证明文件及检验报告；

② 方木、原木、胶合木进场材质检验记录；

③ 各项木材含水率测定报告；

④ 胶缝完整性、胶缝脱胶试验报告；

⑤ 胶缝抗剪强度试验报告；

⑥ 层板接长指接弯曲强度试验报告；

⑦ 圆钉弯曲试验报告；

⑧ 胶合材弯曲试验报告；

⑨ 防护剂最低保持量及透入度测试报告；

⑩ 木结构防火措施检查记录；

⑪ 各检验批质量验收记录表；

⑫ 木结构施工方案；

⑬ 分项技术交底；

⑭ 其他有关文件和记录。

（3）建筑装饰装修工程质量验收资料

1）建筑地面工程质量验收资料目录：

① 设计变更文件；

② 原材料出厂检验报告合格证和进场检(试)验报告；

③ 砂浆、混凝土配合比及试件性能试验报告；

④ 各层强度等级试验报告；

⑤ 各层密实度试验报告和测定记录；

⑥ 各类建筑地面施工质量控制文件；

⑦ 楼梯、踏步项目检查记录；

⑧ 各构造层隐蔽验收记录；

⑨ 各检验批质量验收记录；

⑩ 其他必要的文件和记录。

2）装饰装修工程质量验收资料目录：

① 施工图及设计变更记录；

② 材料、半成品、五金配件、构件和组件合格证、性能检测报告、进场复验报告；

③ 隐蔽工程验收记录；

④ 施工记录；

⑤ 特种门及其附件的生产许可文件；

⑥ 后置埋件的现场拉拔检测报告；

⑦ 外墙饰面砖墙板件的粘结强度检测报告；

⑧ 建筑设计单位对幕墙工程设计的确认文件；

⑨ 幕墙工程所用硅酮结构胶的认定证书和抽查合格证明；进口硅酮结构胶的商检证；硅酮结构胶相容性和剥离粘结性试验报告；石材用密封胶耐污染性试验报告；

⑩ 幕墙的抗风压性能、空气渗透性能、雨水渗漏性能及平面变形性能检测报告；

⑪ 打胶、养护环境的温度、湿度记录；双组分硅酮结构胶的混匀性试验记录及拉断试验记录；

⑫ 幕墙防雷装置测试记录；

⑬ 饰面材料的墙板及确认文件；

⑭ 各检验批质量验收记录；

⑮ 其他必要的文件和记录。

(4) 屋面工程质量验收资料目录

1) 施工图纸及设计变更文件;

2) 原材料出厂合格证、质量检验报告和进场复验报告;

3) 施工方案及技术交底记录;

4) 隐蔽工程验收记录;

5) 施工检验记录;

6) 淋水或蓄水检验记录;

7) 各检验批质量验收记录;

8) 其他必要的文件和记录。

(5) 建筑给水、排水与采暖工程质量验收资料目录

1) 施工图及设计变更记录;

2) 主要材料、成品、半成品、配件、器具和设备出厂合格证及进场检(试)验报告;

3) 隐蔽工程检查验收记录;

4) 中间试验记录;

5) 设备试运转记录;

6) 安全、卫生和使用功能检验及检测记录;

7) 各检验批质量验收记录;

8) 其他必要的文件和记录。

(6) 建筑电气工程质量验收资料目录

1) 施工图及设计变更记录;

2) 主要设备、器具、材料合格证及进场复验报告;

3) 隐蔽工程验收记录;

4) 电气设备交接试验记录;

5) 接地电阻、绝缘电阻测试记录;

6) 空载试运行和负荷试运行记录;

7) 调试记录;

8) 建筑照明通电试运行记录;

9) 各检验批质量验收记录;

10）其他必要的文件和记录。

（7）通风与空调工程质量验收资料目录

1）图纸及设计变更记录；

2）主要材料、设备、成品、半成品和仪表的出厂合格证明及进场检（试）验报告；

3）隐蔽工程检查验收记录；

4）工程设备、风管系统、管道系统安装及验收记录；

5）管道试验记录；

6）设备单机试运转记录；

7）系统无生产负荷联合试运转调试记录；

8）各检验批质量验收记录；

9）其他必要的文件和记录。

（8）电梯工程质量验收资料目录：

1）安装工艺及企业标准；

2）设备进场验收记录；

3）与建筑结构交接验收记录；

4）隐蔽工程验收记录；

5）安全保护验收记录；

6）限速器安全联动试验记录；

7）层门及轿门试验记录；

8）各检验批质量验收记录；

9）空载、超载125％试运行记录；

10）其他必要的文件和记录。

（9）智能建筑质量验收资料目录

1）工程合同技术文件；

2）设计更改审核；

3）主要材料、设备，器具出厂合格证明及进场检（试）验报告；

4）隐蔽工程检查验收记录；

5）工程实施及质量控制检验报告及记录；

6）系统检测报告及记录；

7）系统的技术、操作和维护手册；

8）竣工图及竣工文件；

9）各系统检验批质量验收记录；

10）重大施工事故报告及处理；

11）监理文件；

12）其他必要的文件和记录。

2.6.8 工程质量不符合要求，返工处理后的验收

建筑工程质量不符合要求时，应按规定进行处理，共规定 5 种情况，前 3 种是能通过正常验收。第 4 种是特殊情况的处理，虽达不到验收规范和设计要求，但经过加固补强等措施能保证结构安全或使用功能。建设单位与施工单位可以协商，根据协商文件，有条件验收。第 5 种情况是不能验收。当检验批、分项工程质量不符合要求时，通常应该在检验批质量验收过程中发现，通过分析，找出原因，其中包括检验批的主控项目、一般项目有哪些条款不符合标准规定，影响结构安全。造成不符合规定的原因很多，有操作技术方面的，也有管理不善方面的，还有材料等质量方面的。因此，一旦发现工程质量任一项不符合规定时，必须及时组织有关人员，查找分析原因，并按有关技术管理规定，通过有关方面共同商量，制定补救方案，及时进行处理。经处理后的工程，再确定是否可通过验收。

(1) 返工重做或更换器具、设备的检验批应重新进行验收

返工重做包括全部或局部推倒重来及更换设备、器具等的处理，处理或更换后，应重新按程序进行验收。如某住宅楼一层砌砖，验收时，发现砖的强度等级为 MU7，达不到设计要求的 MU10，推倒后重新使用 MU10 砖砌筑，其砖砌体工程的质量，应重新按程序进行验收。

重新验收时，要对该项目工程按规定重新抽样、选点、检查和验收，重新填写检验批质量验收记录表，并注明系返工重做后的验收。

(2) 经法定检测单位检测鉴定能够达到设计要求的检验批，

应予以验收

这种情况多是某项质量指标不符合规定，多数是指留置的试块、试件失去代表性，或因故缺少试块、试件，以及试块、试件试验报告缺少某项主要内容，也包括对试块、试件或试验结果报告有怀疑时，经有资质的检测机构，对工程实体进行检验测试。其测试结果证明该检验批的工程质量能够达到原设计要求的，应按正常情况给予验收。

例如：某现浇混凝土墙，设计混凝土强度为 C25，经制作的试件强度判定没有达到设计要求，只有 C23.5。请法定检测单位对实体进行无损检测，检测结果为 C25.5，满足设计要求，则应予以验收。

(3) 经有资质的检测单位检测鉴定达不到设计要求，但经过原设计单位核算，认可能够满足结构安全和使用功能的检验批，可予以验收

这种情况与第二种情况一样，是某项质量指标达不到规范要求，多数也是指留置的试块、试件失去代表性，或因缺少试块、试件，以及试块、试件试验报告有缺项，不能有效证明其质量情况，或是对该试验报告有怀疑而要求对工程实体质量进行检测。经有资质的检测单位检测鉴定达不到设计要求，但这种数据距设计要求差距不是太大，经过原设计单位进行验算，认为仍可满足结构安全和使用功能的，可不进行加固补强。

如原设计混凝土强度为 C30，按试件试验判定只有 C29，没有达到设计要求。经原设计单位对建筑物荷载等计算，认为可以满足结构安全和使用功能，则可以验收。

又如某五层砖混结构，一、二、三层用 M10 砂浆砌筑，四、五层为 M5 砂浆砌筑。在施工过程中，由于管理不善等，第三层砂浆强度仅达到 8.9MPa，没达到设计要求，按规定应不能验收，但经过原设计单位验算，砌体强度尚可满足结构安全和使用功能，可不返工和加固。由设计单位出具正式的认可证明，有注册结构工程师签字，并加盖单位公章，这种情况可进行验收。

(4) 经过返修或加固处理的分项、分部工程，虽改变外形尺寸，但仍能满足安全使用要求，可按技术处理方案和协商文件进行验收

这种情况多数是某项质量指标达不到验收规范规定和设计要求，如同第二、三种情况，经过有资质的检测单位检测鉴定达不到设计要求，由原设计单位经过验算，也认为达不到设计要求。经过验算分析，找出了事故原因，分清了质量责任，同时，经过建设单位、施工单位、监理单位、设计单位等协商，同意进行加固补强，并协商好加固费用的来源，加固后的验收等事宜，由原设计单位出具加固技术方案，通常由原施工单位进行加固。这时候虽然改变了个别建筑构件的外形尺寸，或留下永久性缺陷，包括改变工程的用途在内，但可按协商文件验收，也即有条件的验收，由责任方承担经济损失或赔偿等。

例如：有一些工程出现达不到设计要求，经过验算满足不了结构安全和使用功能要求，需要进行加固补强，但加固补强后，改变了外形尺寸或造成永久性缺陷。比如经过补强加大了截面，增大了体积，设置了支撑，加设了牛腿等，使原设计的外形尺寸有了变化。

造成永久性缺陷是指通过加固补强后，只是解决了结构性能问题，而其本质并未达到原设计要求，均属造成永久性缺陷。如某工程地下室渗漏水，采用从内部增加防水层堵漏，满足了使用要求，但却使那部分墙体长期处于潮湿甚至水饱和状态；又如某工程的空心楼板的型号用错，以小代大，虽采取在板缝中加筋和在上边加铺钢筋网等措施，使承载力达到设计要求，但总是留下永久性缺陷。

以上两种情况，其工程质量不能正常验收，但由于其尚可满足结构安全和使用功能要求，对这样的工程，可按协商验收。

(5) 通过返修加固处理仍不能满足安全使用要求的分部(子分部)工程、单位(子单位)工程，严禁验收

这种情况非常少，但确实是有的。遇到这种情况，通常是在制

订加固技术方案之前,就知道加固补强措施效果不会太好,或是不值得加固处理,或是加固后仍达不到保证安全、功能的情况,严禁验收。这种情况就应该坚决拆掉,不要再花大的代价来加固补强。这条是强制性条文,必须贯彻执行。

(6) 做好原始记录

经处理的工程必须有详尽的记录资料、处理方案等,原始数据应齐全、准确,能确切说明问题的演变过程和结论,这些资料不仅应纳入工程质量验收资料中,还应纳入质量事故处理资料中。对协商验收的有关资料,要经监理单位的总监理工程师签字,并将资料归纳在竣工资料中,以便在工程使用、管理、维修及改建、扩建时作为参考依据等。

2.7 室内环境质量验收

在建筑物中,由于建筑材料、装饰装修材料中所含有害物质造成的建筑物内的环境污染,尤其对房屋室内的空气污染,严重地影响用户身心健康。许多案例说明,长期在空气污染严重、通风状况不良的室内居住或工作,会导致许多健康问题,轻者出现头痛、嗜睡、疲惫无力等症状,重者会导致支气管炎、癌症等疾病,此类病症被国际医学界统称为"建筑综合症"。劣质建筑及装饰装修材料散发出的有害气体是导致室内空气污染的主要原因,必须对建筑材料有害物质进行控制,对室内环境质量进行验收。

近年来,我国政府逐步加强了对室内环境问题的管理,正逐步将有关内容纳入技术法规。《建筑装饰装修工程质量验收规范》(GB 50210—2001)要求,在分部工程质量验收时,室内环境质量应符合《民用建筑工程室内环境污染控制规范》(GB 50325—2001)的规定,应按该规范要求进行室内环境质量验收。

2.7.1 室内环境验收内容(检测项目)

(1) 氡(Rn-222)。

(2) 甲醛。

(3) 氨。

(4) 苯。

(5) 总挥发性有机化合物(TVOC)。

2.7.2 检测取样有关规定

(1) 取样要求

民用建筑工程验收时,应抽检有代表性的房间室内环境污染物浓度。抽检数量不得少于5%,并不得少于3间;房间总数少于3间时,应全数检测。凡进行了样板间室内环境污染物浓度检测且检测合格的,抽检数量减半,但不得少于3间。

(2) 取样数量

1) 室内环境污染物浓度检测点应按房间的面积设置;

2) 房间使用面积小于50m^2时,设1个检测点;

3) 房间使用面积50~100m^2时,设2个检测点;

4) 房间使用面积大于100m^2时,设3~5个检测点。

(3) 取样方法

1) 环境污染物浓度现场检测点应距内墙面不小于0.5m,距地面高度0.8~1.5m。检测点应均匀分布,并应避开通风道和通风口。

2) 对采用集中空调的建筑工程室内环境中游离甲醛、苯、氨、总挥发性有机化合物(TVOC)浓度和氡浓度检测时,应在空调正常运转的条件下进行;对采用自然通风的建筑工程室内环境中游离甲醛、苯、氨、总挥发性有机化合物(TVOC)浓度检测时,应在房间的门窗关闭1小时后进行;氡浓度检测时,应在房间的对外门窗关闭24小时以后进行。

2.7.3 检测质量评价

(1) 评价指标

室内环境污染物浓度限量按国家规定的民用建筑工程室内环境污染物浓度限量进行检测和评价。室内环境污染物浓度限量见表2.7.1。

(2) 验收评价

室内环境污染物浓度限量　　表 2.7.1

污　染　物	Ⅰ类民用建筑工程	Ⅱ类民用建筑工程
氡(Bq/m^3)	≤200	≤400
游离甲醛(mg/m^3)	≤0.08	≤0.12
苯(mg/m^3)	≤0.09	≤0.09
氨(mg/m^3)	≤0.2	≤0.5
TVOC(mg/m^3)	≤0.5	≤0.6

注：Ⅰ类民用建筑工程：住宅、医院、老年建筑、幼儿园、学校教室等。

Ⅱ类民用建筑工程：办公楼、商店、旅馆、文件娱乐场所、书店、图书馆、展览馆、体育馆、公共交通等候车室、餐厅、理发店等。

1）当室内环境污染浓度的全部检测结果符合表 2.7.1 规定时，可判定该工程室内环境质量合格。

2）当室内环境污染物浓度检测结果不符合规范的规定时，应查找原因，采取措施进行处理，并可进行再次检测。再次检测时，抽检数量应增加 1 倍。室内环境污染物浓度再次检测结果全部符合规范的规定时，可判定为室内环境质量合格。

3）室内环境质量验收不合格的工程，严禁投入使用。

为控制室内环境质量，国家质检总局于 2001 年 12 月 10 月正式批准发布了《室内装饰装修材料有害物质限量》10 项国家标准，并于 2002 年 1 月 1 日实施。要求各有关生产企业生产的产品应严格执行新的国家标准，并规定自 2002 年 7 月 1 日起，市场上停止销售不符合该 10 项国家标准的产品。

控制有害物质限量的 10 种材料为：人造板及其制品、溶剂型木器涂料、内墙涂料、胶粘剂、木家具、壁纸、聚氯乙烯卷材地板、地毯、地毯衬垫及地毯胶粘剂、混凝土外加剂中释放氨、建筑材料放射性元素。

3 智能建筑工程施工质量验收

进入20世纪90年代，特别是跨入21世纪以来，建筑业的高速发展，推动了智能建筑的发展进程。通信技术、网络技术、智能控制技术、监控防范和报警技术，特别是自动化技术等得到了广泛的应用。在公共建筑、住宅建筑及其他专业的建筑中都得到了推广和发展。

建筑智能化可以使建筑艺术、生活情趣、生活理念与信息技术、电子技术等现代高科技的完美结合。智能建筑为用户提供更安全、更舒适、更方便，对外界信息更快捷和更开放的智能化、信息化的空间。

智能建筑主要特征在于"智能化"，即所采用的诸如多元信息处理、传输、监控、管理以及系统集成等一系列高新技术、实现服务、信息和系统资源的高度应用，最终达到科学化管理的目标，从而使各行业的工作质量、环境质量、居住生活质量得到提高。

为确保智能建筑质量，《建筑工程施工质量验收统一标准》(GB 50300—2001)把智能建筑划分为独立的分部工程，继而又划分为10个子分部工程(系统)。子分部工程(系统)和分项工程(子系统)名称见表2.4.1序号7。

3.1 术语和符号

3.1.1 术语

(1) 智能建筑(IB) Intelligent Building

是以建筑为平台，兼备建筑设备、信息网络及通信网络系统，集结构、系统、服务、管理及它们之间的最优化组合，向人们提供一个安全、高效、舒适、便利的建筑环境。

(2) 系统集成(SI) Systems Integration

是将智能建筑内不同功能的智能化子系统在物理上、逻辑上和功能上连接在一起，以实现信息综合、资源共享。

(3) 建筑设备自动化系统(BAS) Building Automation System

将建筑物或建筑群内的空调与通风、变配电、照明、给排水、热源与热交换、冷冻和冷却及电梯和自动扶梯等系统，以集中监视、控制和管理为目的构成的综合系统。建筑设备监控系统与此条通用。

(4) 通信网络系统(CNS) Communication Network System

是建筑物内语音、数据、图像传输的基础设施。通过通信网络系统，可实现与外部通信网络(如公用电话网、综合业务数字网、互联网、数据通信网和卫星通信网等)相联，确保信息畅通和实现信息共享。

(5) 信息网络系统(INS) Information Network System

信息网络系统是应用计算机技术、通信技术、多媒体技术、信息安全技术和行为科学等先进技术和设备构成的信息网络平台。借助于这一平台实现信息共享、资源共享和信息的传递与处理，并在此基础上开展各种应用业务。

(6) 智能化系统集成(ISI) Intelligent System Integrated

智能化系统集成应在建筑设备监控系统、安全防范系统、火灾自动报警及消防联动系统等各子分部工程的基础上，实现建筑物管理系统(BMS)集成。BMS可进一步与信息网络系统(INS)、通信网络系统(CNS)进行系统集成，实现智能建筑管理集成系统(IBMS)，以满足建筑物的监控功能、管理功能和信息共享的需求，便于通过对建筑物和建筑设备的自动检测与优化控制，实现信息资源的优化管理和对使用者提供最佳的信息服务，使智能建筑达到投资合理、适应信息社会需要的目标，并具有安全、舒适、高效和环保的特点。

(7) 火灾报警系统(FAS) Fire Alarm System

由火灾探测系统、火灾自动报警及消防联动系统和自动灭火系统等部分组成,实现建筑物的火灾自动报警及消防联动。

(8) 安全防范系统(SAS) Security protection Alarm System

根据建筑安全防范管理的需要,综合运用电子信息技术、计算机网络技术、视频安防监控技术和各种现代安全防范技术构成的用于维护公共安全、预防刑事犯罪及灾害事故为目的的,具有报警、视频安防监控、出入口控制、安全检查、停车场(库)管理的安全技术防范体系。

(9) 住宅(小区)智能化(CI) Community Intelligent

是以住宅小区为平台,兼备安全防范系统、火灾自动报警及消防联动系统、信息网络系统和物业管理系统等功能系统以及这些系统集成的智能化系统,具有集建筑系统、服务和管理于一体,向用户提供节能、高效、舒适、便利、安全的人居环境等特点的智能化系统。

(10) 家庭控制器(HC) Home Controller

完成家庭内各种数据采集、控制、管理及通信的控制器或网络系统,一般应具备家庭安全防范、家电监控及信息服务等功能。

(11) 控制网络系统(CNS) Control Network System

用控制总线将控制设备、传感器及执行机构等装置联结在一起进行实时的信息交互,并完成管理和设备监控的网络系统。

3.1.2 符号

智能建筑符号见表 3.1.1。

智能建筑符号 **表 3.1.1**

符 号	中 文 名	英 文 名
ATM	异步传输模式	asynchronous transfer mode
DDC	直接数字控制器	direct digital controller
DMZ	非军事化区或停火区	demilitarized zone
E-MAIL	电子邮件	electronic-mail
FTP	文件传输协议	file transfer protocol

续表

符　　号	中　文　名	英　文　名
FTTx	光纤到x(x表示路边、楼、户、桌面)	fiber to-the-x(x：C,B,H,D;C-curb,B-building,H-house,D-desk)
HFC	混合光纤同轴网	hybrid fiber coax
HTTP	超文本传输协议	hypertext transfer protocol
I/O	输入/输出	input/output
ISDN	综合业务数字网	integrated services digital network
B-ISDN	宽带综合业务数字网	broadband ISDN
N-ISDN	窄带综合业务数字网	narrowband ISDN
SDH	同步数字系列	synchronous digital hierarchy
UPS	不间断电源系统	uninterrupted power system
VSAT	甚小口径卫星地面站	very small aperture terminal
XDSL	数字用户环路 (H—高速;A—非对称;S—单环路;V—甚高速)	x digital subscriber line (x：H, A, S, V; H-high data rate; A - asymmetrical; S - single line; V-very high data rate)

3.2　智能建筑质量验收特点

智能建筑工程质量验收与其他分部工程无论是在项目的称谓,还是验收阶段验收方法以及验收用表等都有着不同点。

3.2.1　智能建筑质量验收要求

(1) 验收阶段

智能建筑工程质量检测和验收过程划分为3个阶段。

1) 工程实施及质量控制阶段。

2) 系统检测阶段。

3) 竣工验收阶段。

(2) 验收称谓

智能建筑工程质量验收将“子分部工程”称为“系统”,将“分项工程”称为“子系统”。

(3) 验收顺序

智能建筑工程质量验收按“先产品，后系统；先各系统，后系统集成”的顺序进行。

(4) 系统检测

系统检测需由“检测机构”实施。

1) 系统检测应具备的条件：

① 系统安装调试完成后，已进行了规定时间的试运行；

② 已提供了相应的技术文件和工程实施及质量控制记录。

2) 建设单位应组织有关人员依据合同技术文件和设计文件，以及《智能建筑工程质量验收规范》规定的检测项目、检测数量和检测方法，制定系统检测方案并经检测机构批准实施。

3) 检测机构应按系统检测方案所列检测项目进行检测。

4) 检测结论与处理

① 检测结论分为合格和不合格；

② 主控项目有一项不合格，则系统检测不合格；一般项目两项或两项以上不合格，则系统检测不合格；

③ 系统检测不合格应限期整改，然后重新检测，直至检测合格，重新检测时抽检数量应加倍；系统检测合格，但存在不合格项，应对不合格项进行整改，直到整改合格，并应在竣工验收时提交整改结果报告。

5) 检测机构应填写专门检测用表。具体有“子系统检测记录”表和“系统检测汇总表”。

3.2.2 智能建筑结构体系

在“统一标准”质量验收划分中，智能建筑分部工程划分为10个子分部工程(系统)。具体有通信网络系统、信息网络(办公自动化)系统、建筑设备监控系统、火灾报警及消防联动系统、安全防范系统、综合布线系统、智能化集成系统、电源与接地、环境和住宅(小区)智能化。

(1) 智能建筑工程体系结构见图3.2.1。

(2) 住宅(小区)智能化包含着智能建筑的其他9个系统，同时还增加了“室外设备及管网”，详见图3.2.2。

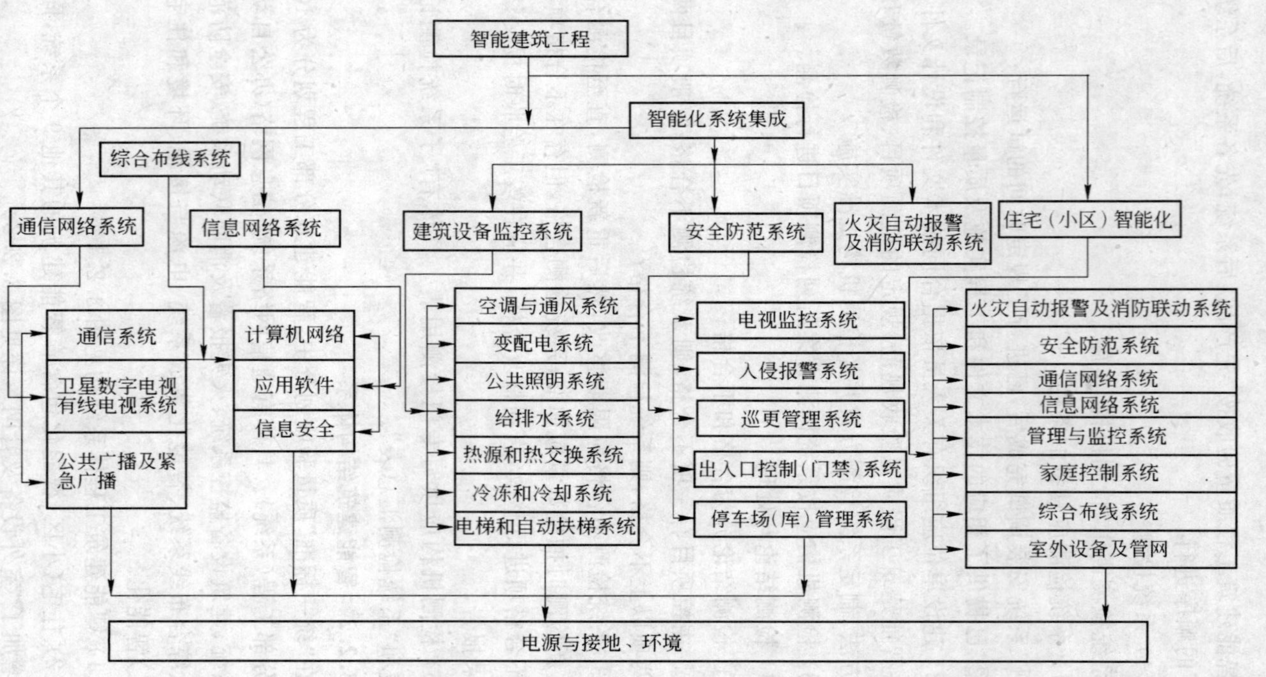

图 3.2.1　智能建筑工程体系结构

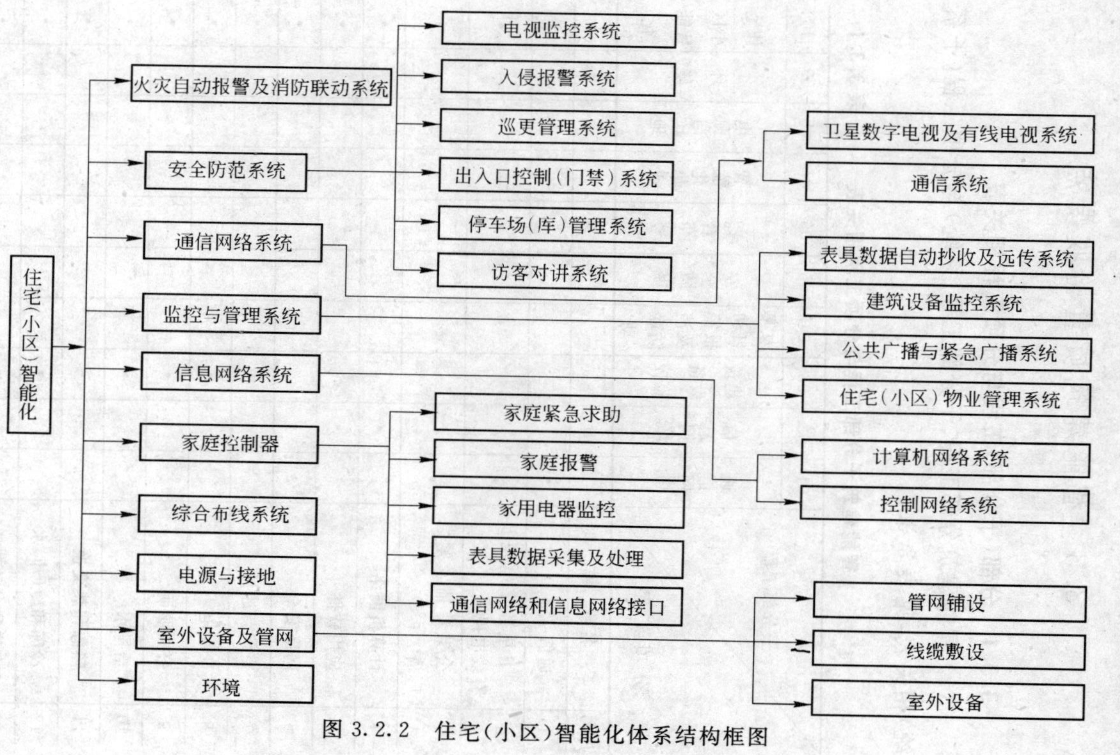

图 3.2.2 住宅(小区)智能化体系结构框图

3.3 智能建筑质量验收要点

3.3.1 分部(子分部)工程与分项工程相关表

(1) 智能建筑分部工程、子分部工程(系统)与分项工程(子系统)相关表,见表3.3.1。

智能建筑子分部工程与分项工程相关表 **表3.3.1**

子分部工程 / 分项工程		01	02	03	04	05	06	07	08	09	10
		通信网络	信息网络	建筑设备监控	火灾自动报警及消防联动	安全防范	综合布线	智能化集成	电源与接地	环境	住宅小区智能化
序号	名称										
1	通信	•									•
2	卫星数字电视及有线电视	•									•
3	公共广播及紧急广播	•									•
4	计算机网络		•								•
5	应用软件		•								•
6	网络安全		•								•
7	空调与通风			•							•
8	变配电			•							•
9	公共照明			•							•
10	给排水			•							•
11	热源和热交换			•							•
12	冷冻和冷(却)水			•							•
13	电梯和自动扶梯			•							•
14	中央管理工作站和操作分站			•							•

续表

子分部工程 / 分项工程		01 通信网络	02 信息网络	03 建筑设备监控	04 火灾自动报警及消防联动	05 安全防范	06 综合布线	07 智能化集成	08 电源与接地	09 环境	10 住宅小区智能化
序号	名称										
15	通信接口			•							•
16	火灾和可燃气体自动报警(控测)				•						•
17	消防联动				•						
18	电视监控					•					•
19	入侵报警					•					•
20	出入口控制(门禁)					•					•
21	巡更管理					•					
22	停车场(库)管理					•					•
23	安全防范综合管理					•					•
24	缆线敷设和终接						•				•
25	机框、架、配线架安装						•				
26	信息插座和光缆芯线终端安装						•				•
27	集成系统网络							•			
28	实时数据库							•			
29	信息安全							•			
30	功能接口							•			
31	智能化系统电源								•		•
32	防雷及接地								•		•
33	空间环境									•	•
34	室内环境									•	•

续表

子分部工程 / 分项工程		01	02	03	04	05	06	07	08	09	10
		通信网络	信息网络	建筑设备监控	火灾自动报警及消防联动	安全防范	综合布线	智能化集成	电源与接地	环境	住宅小区智能化
序号	名称										
35	视觉照明环境									•	•
36	电磁环境									•	•
37	室外设备及管理										•
38	家居可燃气体泄露报警										•
39	访客对讲										•
40	住宅(小区)物业管理										•
41	室外设备及管网										•

注：有•号者为该子分部工程(系统)所含的分项工程(子系统)。

(2) 智能建筑竣工验收资料

智能建筑竣工验收资料主要有竣工图纸和竣工技术文件资料：

1) 竣工图主要包括：

系统结构图；各子系统结构原理图；设备布置与布线图；相关动力配电箱电气原理图；管理控制中心设备布置图；监控设备安装施工图；监控设备电气端子接线图；工程变更文件和设备清单等。

2) 竣工技术资料主要包括：

主要设备、器具、材料合格证及进场复试报告；隐蔽工程验收记录；系统试运行记录；各种设备，器材交接试验记录和系统、子系统测试记录，应用软件检测记录和用户使用报告，各子系统质量验收记录；其他必要的文件和记录等。具体可参阅 2.6.7 之(9)、3.3.2、4.7，以及 5.6 等节的相关内容。

3.3.2 施工质量验收技术要点

智能建筑工程实体质量验收可按 10 个子分部工程(10 个系统)分别进行验收,其中住宅(小区)智能化系统与其他 9 个系统内容有许多共性之处。下面按 9 个系统和住宅(小区)智能化特有的内容分别介绍。

(1) 通信网络系统验收技术要点

通信网络系统主要包括:通信系统卫星数字电视及有线电视系统和公共广播及紧急广播系统。检查验收技术要点见表 3.3.2。

通 信 网 络 系 统 **表 3.3.2**

<table>
<tr><th>序号</th><th>项目</th><th>验收内容</th><th>技术要点</th></tr>
<tr><td rowspan="3">1</td><td rowspan="3">系统检测</td><td>系统检查测试</td><td rowspan="3">初验合格后试运行,不少于 3 个月</td></tr>
<tr><td>初验测试</td></tr>
<tr><td>试运行验收测试</td></tr>
<tr><td rowspan="10">2</td><td rowspan="10">通信系统</td><td rowspan="10">电话交换系统;
会议电视系统;
接入网系统</td><td>固定电话数量</td></tr>
<tr><td>无线寻呼系统的无线开路方式、泄漏电缆方式</td></tr>
<tr><td>可视图文终端的数量</td></tr>
<tr><td>网络交换功能</td></tr>
<tr><td>网络服务器、路由器、集线器、交换器等设备性能、状态</td></tr>
<tr><td>程控交换器功能或虚拟网功能</td></tr>
<tr><td>会议电视功能</td></tr>
<tr><td>因特网功能</td></tr>
<tr><td>运行管理与系统维护</td></tr>
<tr><td></td></tr>
<tr><td rowspan="9">3</td><td rowspan="9">卫星数字电视及有线电视系统</td><td rowspan="9">卫星及有线电视系统; 有线电视系统应能向智能建筑集中提供本地电视节目和闭路电视节目以及卫星电视节目、图文数据信息</td><td>双向电视系统</td></tr>
<tr><td>单向电视系统</td></tr>
<tr><td>视频点播功能</td></tr>
<tr><td>可接收当地开路电视信号</td></tr>
<tr><td>可接收当地有线电视网</td></tr>
<tr><td>留有自办电视节目频道</td></tr>
<tr><td>可接收卫星电视节目</td></tr>
<tr><td>可接收当地调频广播节目</td></tr>
<tr><td>运行管理与系统维护</td></tr>
</table>

续表

序　号	项　目	验　收　内　容	技　术　要　点
4	公共广播及紧急广播系统	(1) 系统输入输出不平衡度、音频线敷设、接地形式及安装质量、设备间阻抗匹配； (2) 放声系统分布； (3) 最高输出电平、输出信噪比、声压级和频宽技术指标； (4) 响度、音色和音质评价，系统音响效果	(1) 公共广播系统能提供信号节目源及公共传呼信息； (2) 系统可强行切换，进行紧急广播； (3) 电源与消防联动共用； (4) 备有紧急电源； (5) 公共广播系统分区与消防分区划分一致

(2) 信息网络系统验收技术要点

信息网络系统主要包括计算机网络系统、应用软件、网络安全系统等。主要验收系统的可靠性、扩展性、安全性、可维护性等，主要针对网络平台、应用平台、业务管理、运行管理和系统维护等进行检查。检查验收技术要点见表 3.3.3。

信息网络系统　　**表 3.3.3**

序　号	项　目	验收内容	技　术　要　点
1	计算机网络系统	连通性	网络站能和任何网络设备通信，通信计算机之间资源共享，信息交换局域网用户与公用网之间通信能力
		路　由	网络路由设置的正确性
		容错功能	错误恢复和故障隔离功能，个别网络故障，全系统正常工作
		网络管理功能	能搜索拓扑结构图和网络设备连接图
2	应用软件	(1) 功能测试	应用软件主要检测基本功能，界面操作标准性、系统可扩性和管理功能
		(2) 性能测试	系统符合功能要求
		(3) 文档测试	软件响应功能
		(4) 可靠性测试	文档可靠性测试

续表

序号	项目	验收内容	技术要点
2	应用软件	(5) 互连测试	2个或以上系统连接
		(6) 回归测试	软件修改会否引出新错,修改后是否满足设计要求
3	网络安全系统	物理层安全	(1) 网络安全产品必须有公安部门颁发的"许可证"; (2) 网络安全系统必须装有防火墙和防病毒系统; (3) 中心机房电源与接地及环境要求; (4) 保密性
		网络层安全	(1) 防攻击检测; (2) 因特网访问控制; (3) 信息网络与控制网络的安全隔离; (4) 防病毒系统有效性; (5) 入侵检测系统的有效性; (6) 内容过滤系统的有效性
4	系统层安全	网络层	(1) 操作系统; (2) 文件系统; (3) 用户账号系统; (4) 服务器
5	应用层	(1) 应用层安全	身份认证及访问控制
		(2)安全性	数据使用、存储等性能; 完整性、保密性和安全审计

说明:检查内容主要包括:

① 验收检查:机房环境、设备器材清点、设备机柜和加固安装;设备模块设置;设备间及电源架接地检查,电源检查,设备至各类配线设备间缆线布放;缆线导通检查;各种标签检查;接地电阻值检查;接地引入线及接地装置检查;机房内防火措施及安全措施。

② 通电测试前硬件检查:设备安装情况;设备接地情况;电源电压及相序。

③ 硬件测试:设备供电;报警指示及通电检查。

④ 计算机网络系统:连通性;路由选择;容错功能和网络管理功能。

⑤ 应用软件:软硬件配置;软件产品质量;软件功能和性能;可靠性、文档、互连、回归测试。

⑥ 网络安全系统:防攻击测试;访问控制测试;信息网络与控制网络安全隔离测试;防病毒系统有效性测试;入侵检测系统有效性测试;内容过滤系统有效性测试;系统层安全,物理层安全,应用层安全,网络层安全和信息安全管理制度检查等。

(3) 建筑设备监控系统验收技术要点

建筑设备主要包括：通风与空调系统、变配电系统、公共照明系统、给排水系统、热源和热交换系统、冷冻和冷却水系统、电梯和自动扶梯系统、数据通信接口功能、中央管理工作站和操作分站、系统实时性、系统可维护性、系统可靠性及现场设备安装等。具体检查验收技术要点见表 3.3.4。

建筑设备监控系统 **表 3.3.4**

<table>
<tr><th>序号</th><th>项目</th><th>验收内容</th><th>技术要点</th></tr>
<tr><td rowspan="3">1</td><td rowspan="3">通风与空调系统</td><td>温湿度与新风量自动控制</td><td rowspan="3">(1) 检测系统控制点;温度、相对湿度、压差、压力;
(2) 被控设备风机、风阀、加湿器、电动阀门等。
上述项目的控制稳定性、响应时间、控制效果，连锁控制、故障报警</td></tr>
<tr><td>预定时间表自动启停</td></tr>
<tr><td>节能优化控制</td></tr>
<tr><td rowspan="2">2</td><td rowspan="2">变配电系统</td><td>系统电气参数</td><td>检测电压、电流、功率、功率因数、用电量等</td></tr>
<tr><td>设备工作状态</td><td>验证报警信号</td></tr>
<tr><td>3</td><td>公共照明系统</td><td>公共区域、过道、园区景观的照明设备</td><td>光照度、时间表、灯组开关的程序控制</td></tr>
<tr><td rowspan="3">4</td><td rowspan="3">给排水系统</td><td>给水系统</td><td>检测液位、压力等参数</td></tr>
<tr><td>排水系统</td><td>验证水泵运行状态、状态监控和报警</td></tr>
<tr><td>中水系统</td><td>监控点状态和设备运行状态</td></tr>
<tr><td rowspan="3">5</td><td rowspan="3">热源和热交换系统</td><td>系统负荷调节</td><td rowspan="3">(1) 设备运行状态、故障等的监视、记录与报警;
(2) 检测设备控制功能</td></tr>
<tr><td>预定时间表自动启动</td></tr>
<tr><td>节能优化控制</td></tr>
<tr><td rowspan="2">6</td><td rowspan="2">冷冻和冷却水系统</td><td>冷水机组</td><td>(1) 上述运行参数，状态故障的监视，记录报警</td></tr>
<tr><td>冷冻冷却水系统</td><td>(2) 检测系统设备控制
(3) 运行参数、状态、故障
(4) 设备运行联动检查</td></tr>
<tr><td rowspan="2">7</td><td rowspan="2">电梯自动扶梯系统</td><td>运行状态</td><td rowspan="2">核实电梯、自动扶梯实际工作情况</td></tr>
<tr><td>故障监视</td></tr>
<tr><td rowspan="2">8</td><td rowspan="2">数据通信接口功能</td><td>子系统运行参数</td><td>(1) 核实工作状态准确性</td></tr>
<tr><td>系统对控制命令响应</td><td>(2) 响应时间符合设计要求</td></tr>
</table>

续表

序号	项目	验收内容	技术要点
9	中央管理工作站和操作分站	监测功能	(1) 分站监控管理权限及数据与中央站一致性； (2)中央站各种数据、运行状态、故障报警实时性和准确性； (3) 中央站命令有效性及参数设定功能； (4) 是否无冲突地执行中央站的控制命令； (5) 存储时间大于3个月； (6) 正确打印各种数据等
		管理功能	
		中央站数据存储和统计、趋势图显示、报警存储	
		各种信息、报表、打印功能	
10	系统实时性	采样速度、系统	采样速度与系统响应时间满足要求
11	系统可维护性功能	应用软件在线编组和修改	验证全部功能
		设备、网络通信故障自检功能	(1) 指示相应设备名称和位置； (2) 中央站显示准确； (3) 输出结果与实际相符
12	系统可靠性	现场设备启动和停止	是否出现数据错误或产生干扰
		供电转换	系统运行是否中断
		中央站冗余主机自动投入	系统运行不中断，切换时系统工作正常
13	现场设备安装	传感器、执行器、各类控制箱（柜）性能检测	按《建筑电气安装工程施工质量验收规范》GB 50303第6章、第7章，以及设计文件、产品技术文件进行检查； (1) 传感器精度测试； (2) 控制设备及执行器性能测试的有效性、正确性和稳定性

(4) 火灾自动报警及消防联动系统验收技术要点：火灾自动报警及消防联动系统主要包括火灾自动报警系统和消防联动系统验收技术要点见表3.3.5。

火灾自动报警与消防联动系统 **表 3.3.5**

序号	项目	验收内容	技术要点
1	共性项目	(1) 与其他系统具备联动关系	按有关合同、技术文件及验收规范要求检测
		(2)火灾自动报警与消防联动系统	检查是否为相对独立的系统且相互联系
		(3) 与电磁兼容性防护功能	按《环境电磁波卫生标准》(GB 9175)和《电磁辐射防护规定》(GB 8702)要求检测,接口与功能是否完好和运行正常,消防控制系统单独设置,其他系统则合理布置
		(4) 与其他子系统接口和通信功能	
		(5) 与其他系统合用控制室	
2	火灾自动报警探测系统	控制器	智能型软件编程、汉化图形显示界面、中文屏幕菜单等测验是否与城市消防站联网
		监控系统	报警信息可靠性,接口及运行的模式
		探测器	数量、位置、性能
		新型消防设施	(1) 早期烟雾探测系统; (2) 火灾智能检测,红外图形矩阵及灭火系统; (3) 可燃气体泄漏报警及联动控制
		公共广播与紧急广播共用	按《火灾自动报警系统设计规范》GB 50116要求检测: (1) 设备阻抗匹配合理; (2) 放声系统分布合理; (3) 输出电平、信噪比、声压级和额宽; (4) 响色、音色和音质; (5) 功能检测
3	安全防范系统设备火灾报警	对火灾报警响应与火灾模式操作功能	在现场模拟发出火灾报警信号

续表

序号	项　目	验收内容	技　术　要　点
4	消防联动系统	联动控制装置	手控盘联控，单独设置与报警器的联动；事件自动记录、打印；直接手动启动重要设备；消防泵控制功能；水的喷淋喷头及喷淋泵联动；气体、干粉、泡沫自动灭火功能；应急广播、火灾警铃；消防专用电话功能；防火门(卷帘)监控；防排烟阀、风机控制；电梯归底控制；防火防盗门联动控制；消防电源强制控制；其他联动

注：1. 系统必须同时具备火灾自动报警和消防联动控制两个系统方可进行评估。两个系统之间必须有机联系，可以实行自动控制和手动控制。
2. 火灾报警装置的配置应合理。
3. 系统中应设置整个监控范围内的人工报警及消防灭火设备监控。
4. 火灾事故广播、消防电梯、电动防火门(窗、卷帘、阀门)、消防泵(喷淋泵)自动灭火系统、防排烟设施、消防和非消防电源强制控制等内容。
5. 对自动报警、灭火、联动控制等各项功能全面检查验收。

(5) 安全防范系统质量验收技术要点

安全防范系统主要包括电视监控系统、入侵报警系统、出入口控制(门禁)系统、巡更管理系统、停车场(库)管理系统和安全防范综合管理系统等。安全防范系统各子系统验收技术要点分别见表3.3.6-1～6。

安全防范系统　　表 3.3.6-1

序号	项　目	验收内容	提　示　要　点
1	安全防范系统	视频监控系统	(1) 安全防范系统是根据建筑物类型、使用功能及风险等级和防护级别的需要，运用计算机、通信手段、监控、报警等技术综合形式的安全防范体系； (2) 安全防范系统包括：电视监控、入侵报警、出入口控制(门禁)、巡更管理，停车场管理等系统，可进行联动、联网，以不同建筑物不同功能要求和管理体制进行验收
		入侵报警系统	
		出入口控制(门禁)系统	
		巡更管理系统	
		停车场(库)管理系统	
		安全防范综合管理系统	

续表

序号	项　目	验收内容	提　示　要　点
2	系统检查验收要点	系统功能(现场画面、任意编程、报警)	云台转动、镜头、光圈、调节、图像切换、防护罩功能等
		图像质量(记录时间、保存时间)	标准照度下:图像清晰度及抗干扰能力
		系统整体功能	监控范围:接入率和完好率矩阵监控主机切换、控制、编程、巡检、记录等
		系统联动功能	与出入口管理系统、入侵报警系统、巡更管理系统、停车场(库)管理系统联动控制功能
		电视监控系统图像	检测内容:地点、时间、记录、检查数量、联动功能检测、质量控制
3	摄像机功能	系统功能联动功能	数字视频显示、数字录像、图像传输、视频移动目标报警等

入侵报警系统　　　　表 3.3.6-2

序号	项　目	验收内容	技　术　要　点
1	系统检测	探测器盲区防动物功能	系统是否正常
2		防破坏功能	防拆、信号线开路、短路、电源线被剪等报警功能
3		探测器	灵敏度
4		控制功能	撤防、布线、关机报警,后备电源自动切换
5		通信功能	报警信息传输、报警响应功能
6		现场设备	接入率及完好率
7		联动功能	系统自动触发、摄像机自动启动、画面自动调入、出入口自动启闭、设备自动启动等
8		管理软件(含电子地图)	功能检测
9		信号联网上传功能	
10		保存时间	1个月以上报警存储记录

注:1. 系统应能根据各类建筑中的公共安全技术防范管理和不同防护级别的要求,以及防范区域、部位的具体现状条件,安装红外或微波等各种类型的入侵探测器,报警信号采用有线、无线传输方式,实现对设防区域非法入侵及时可靠和正确无误的报警。

2. 可设置报警中心,可进行工作状态自检,并满足与计算机综合管理系统及其他公共安全技术防范系统的子系统联网要求。

出入口控制(门禁)系统　　表 3.3.6-3

序号	项　目	验收内容	技　术　要　点
1	系统功能	离线控制器离线独立工作能力	准确性、实时性和储存信息
		在线时控制器工作能力	准确性、实时性和储存信息
		启用备用电源	准确性、实时性和储存信息
		主机及各端控制器	实时监控出入控制点
		非法强行入侵报警	及时报警
		与消防联动	系统报警的联动功能
		现场设备	接入率与完好率
		数据保存时间	至少1个月
2	系统软件	所有功能演示	与任务书或合同书一致
		性能要求	时间、适应性、稳定性、图形化界面友好程度
		安全性	操作人员分级授权和信息存储
		综合评审(三性一度)一致性、完整性、准确性和标准化程度	设计与需求的一致性,程序与软件设计的一致性,文档描述与程序的一致性

注:1. 系统应能根据各类建筑中的公共安全技术防范管理和不同防护等级要求的需要,对防护区域的通行门、房门、出入口通道及电梯等的通行位置、通行对象、通行事件进行有效的控制和管理。

2. 系统应能与计算机综合管理系统及其他安全防范子系统联网。

巡更管理系统　　表 3.3.6-4

序号	项　目	验收内容	技术要点
1	各系统检测	巡更终端和读长机	按实路线图查其响应功能
2		现场设备	接入率和完好率
3		巡更管理系统	编程、修改、撤防和布防功能
4		系统运行	运行状态、信息传输、故障报警、位置

续表

序号	项目	验收内容	技术要点
5	各系统检测	对巡更人员监督	监督记录、安全保障措施、意外情况及时报警处理手段
6		在线联网式、巡更管理系统	电子地图显示信息、故障时报警信号、电视监控系统联动功能

注：1. 系统应能在各类建筑预先设定的巡查图中，应用通行卡读出器，对安保人员的巡查运动状态（是否准时、遵守顺序）进行监督、记录，并对发生的意外情况能及时报警。

2. 系统应能与计算机综合管理系统联网，计算机系统能对安保人员巡查系统进行集中管理和控制。

停车场（库）管理系统　　表 3.3.6-5

序号	项目	验收内容	技术要点
1	综合要求	主要检查：入口管理系统、出口管理系统和管理中心的功能	系统应能根据各类建筑的管理要求，实现对停车场的车辆通行道口出入控制、监视、行车信号指示及停车计费等综合管理
2	各系统检测	车辆探测器	探测灵敏度、抗干扰性能
3		自动栏杆	栏杆升降功能、防砸车功能
4		读卡器	无效卡识读、IC 卡读卡器灵敏度
5		发卡（票）器功能	吐卡功能、入场时间记录
6		满位显示器	功能是否正常
7		管理中心功能	计费、显示、收费、统计、信息储存
8		出入口管理监控站及与管理中心站	通信是否正常
9		管理系统其他功能	如防折返功能、等空车位、收费等
10		图像对比功能	车牌、车辆像记录清晰度、调用图像信息
11		与消防联动系统	报警时联动功能
12		电视监控系统	对进出库车辆监视
13		保存时间	1 个月以上

安全防范综合管理系统 **表 3.3.6-6**

序号	项 目	验收内容	技术要点
1	各子系统数据通信接口	通信联接方式及对子系统控制	(1) 观测子系统工作状态和报警信息及与实际状态核实情况； (2) 有控制功能子系统：综合管理站发送命令时，子系统响应情况
2	综合管理系统监控站	综合管理系统监控站软、硬件功能	(1) 系统状态和报警信息一致性； (2) 对各类报警信息显示、记录、统计； (3) 数据报表打印、报警打印； (4) 操作方便性； (5) 人机界面、友好、汉化、图形化

(6) 综合布线系统验收技术要点

综合布线系统包括内容很多，执行的相关标准也较多，这里主要介绍系统安装及系统性能检测，见表 3.3.7。

综合布线系统 **表 3.3.7**

序号	项 目	验收内容	技 术 要 点
1	系统安装	缆线敷设和终接	(1) 缆线弯曲半径和管线填充率； (2) 电源线与缆线分隔布放； (3) 电、光缆暗管与其他管线最小净距； (4) 对绞电缆芯线终接； (5) 光纤连接损耗值
2		建筑群子系统	架空、管道、直埋电(光)缆按当地网通信线路工程相关规定
3		机柜、机架配线架	(1) 单根线缆色标与线缆色标相一致； (2) 大对线电缆按标准色谱组合规定排序； (3) 端接：与信息插座模块线序使用同一标准
4	系统安装	信息插座安于地板或地面	接线盒严密防水、防尘

续表

序号	项目	验收内容	技术要点
5	系统安装	缆线终接、各类跳线终接，以及机柜、机架配线架的安装	按《建筑与建筑群综合布线系统工程验收规范》(GB/T 50312)有关规定验收，同时： (1) 机柜直接与地面固定； (2) 机架面板前留 800mm 空间，背面距墙≥600mm；背板跳线架安装在墙壁上； (3) 壁挂式机柜底面距地面≥300mm； (4)桥架(线槽)直接进入机架；接线端子标志应齐全
6		信息插座	按 GB/T 50312 有关规定验收
7		光缆芯线终端	连接盒面板应有标志
8	系统性能	计算机管理和维护，软件性能	(1) 使用许可证及使用范围； (2) 容量、可靠性、安全性、要恢复性、容性，自诊断、可维护； (3) 完整的文档； (4) 中文平台； (5) 显示所有硬件设备； (6) 干线子系统，配线子系统元件位置； (7) 显示登录硬件工作状态
9	单项检测	对绞电缆布线	信息端口及水平布线电缆
		垂直布线电缆	连通性、长度、衰减、串扰
		光缆布线	见本表序号 5
10	综合检测	光缆布线	系统中光纤路
		对绞电缆布线	检测占不合格比例不允许大于 1%

说明：① 综合布线系统的验收原则：布线系统的开放性、灵活性、可靠性、可扩性和经济性。

② 综合布线系统的验收应考虑该系统的抗电磁干扰能力、电气防护和接地要求等。

(7) 智能化系统集成验收技术要点

智能化系统集成主要包括：系统的集成功能、各子系统协调控制能力、信息共享、综合管理能力、运行与系统维护、使用安全性和方便性等，系统集成验收应包括：接口、软件、系统功能及性能和安全等，智能化系统集成验收技术要点见表3.3.8。

智能化系统集成 表3.3.8

序号	项目	验收内容	技术要点
1	子系统间连接	硬性连接	检查是否符合： (1) 设计要求； (2) 产品标准和产品技术文件要求； (3) 接口规范要求
		串行通信连接	
		专用网关（路由器）连接	
2	网卡、路由器、交换机连接	连通性	(1) 网络工作站能和任何网络设备通信； (2) 通信计算机之间资源共享，信息交换； (3) 局域网用户与公用网之间通信能力
3	数据集成功能	服务器和客户系统数据集成功能	(1) 数据在服务器统一界面下显示； (2) 界面应汉化和图形化； (3) 数据准确、响应时间符合设计要求
4	整体指挥协调能力	报警信息及处理设备连锁控制功能应急状态联动逻辑	主要评价整个系统的协调指挥功能，集成功能，在服务器和有权限的客户端检测；各系统联动逻辑是否符合设计要求；联动安全、正确、及时、无冲突
5	综合管理功能	综合管理功能、信息管理和服务功能	按表3.3.3序号2内容进行
6	运行与系统维护	可靠性重点维护	检查系统故障处理能力和可靠性维护性能
		预防性维护计划	
		故障查找与排除	
7	安全性、方便性	安全隔离身份认证	按本条表3.3.3序号3内容进行
		访问控制	
		信息加密和解密	
		抗病毒攻击能力	
8	其他功能	视频图像	显示清晰、图像切换正常、视频传输稳定、无拥塞
		冗余和容错功能、故障自诊断、安全保障措施	符合设计要求
		与火灾自动报警和消防联动	不得影响火灾自动报警及消防联动系统独立运行

(8) 电源与接地验收技术要点：

电源与接地主要包括：智能建筑工程中智能化系统电源、防雷及接地。具体验收技术要点见表 3.3.9。

电源与接地　　表 3.3.9

序号	项目	验收内容	技术要点
1	供电装置和设备	正常工件状态下供电设备	各智能化系统交、直流供电，供电传输、操作、保护和改善电能质量设备
		应急工作状态下供电设备	应急发电机组、各子系统备用蓄电池组、充电设备和不间断供电设备
2	电源	公用电源	按《建筑电气安装工程施工质量验收规范》GB 50303—2002 的有关规定进行验收
		不间断电源	
		应急发电机组	
		蓄电池及充电设备	
		集中供电专用电源	
3	防雷及接地	防雷接地系统	(1) 与建筑物共用接地装置； (2) 符合设计要求，连接可靠； (3) 按本表序号 2 要求实施
		单独接地装置	
		防过流过压元件	
		防电磁干扰	
		防静电接地	
		等电位联接	

(9) 环境验收技术要点

环境验收主要分为空间环境、空调环境和视觉照明环境。验收技术要点见表 3.3.10。

(10) 住宅(小区)智能化质量验收技术要点

住宅(小区)智能化质量验收包括前述各系统内容，同时还增加有监控与管理系统、家庭控制器和室外设备及管网。与前述系

环境系统验收 **表 3.3.10**

序号	项 目	验收内容	技 术 要 点
1	空间环境	主要办公区域天花板距地板净高	≥2.7m
		地板铺设	满足预埋线槽条件；架空地板、网络地板满足设计要求
		装饰色彩、防静电、降噪声、隔声	组合协调，材料符合 GB 50305 规定；防静电、防尘地毯以及静电泄漏的电阻符合要求；降噪声、隔声措施恰当
		网络布线	留有足够的配线间
2	空调环境	温、湿度自动控制	满足设计要求
		室内温度要求	冬季 18℃～22℃，夏季 24℃～28℃
		室内相对湿度	冬季 40%～60%，夏季 40%～65%
		空调室内风速	小于 0.25～0.3m/s
3	视觉照明环境	工作面水平照度	≥500Lx
		灯具控制	满足眩光控制要求消除频内

统相同者按前述系统验收技术要点进行验收，下面仅介绍增加内容。

1）监控与管理系统

监控与管理系统主要包括：各种表的具数据抄送、设备管理与监控、公共广播、应急广播和物业管理；验收技术要点见表 3.3.11。

监控与管理系统　　表 3.3.11

序号	项　目	验收内容	技　术　要　点
1	表具数据抄收及送传	水、电、气、热等表	1）现场计量、数据送传； 2）数据可查、统计、打印、计算等； 3）断电不误读、不丢失且保存4个月以上； 4）时钟、报警功能
2	设备监控系统	除参照表3.3.4外，尚应检查饮用水蓄水池过滤、消毒设备故障报警功能	
3	公共广播与紧急广播	参照表3.3.2序号4	
4	物业管理系统	（1）人员管理、房产维修、物业费管理； （2）信息服务管理：家政服务、电子商务、远程教育、远程医疗、电子银行等； （3）物业管理公司内部管理等； （4）室外照明控制、绿化水泵控制、房产出租、二次装修、住户投拆等管理	

2）控制器

家庭控制器主要包括：家庭报警、紧急求助、家用电器、家庭控制器和无线报警等具体验收技术要点见表3.3.12。

家庭控制器　　表 3.3.12

序号	项　目	验收内容	技　术　要　点
1	家庭报警功能	感烟、感温、燃气、入侵报警探测器	撤防、布防转换及控制功能
2	紧急求助报警装置	可靠性	准确、及时
		可操作性	各年龄段人均方便使用
		安全性	防破坏和故障报警
3	家用电器	监控功能	符合设计要求

续表

序号	项　目	验收内容	技　术　要　点
4	家庭控制器	误操作及故障报警能力	具有相应处理能力
5	无线报警	发射频率及功率	符合设计及相关要求

3）室外设备及管网

安装在室外的设备箱，应检查防水、防潮、防锈等措施；设备浪涌过电压防护器设置、接地连接等，按有关标准及设计要求验收。

室外电缆导管及线路敷设按《建筑电气工程施工质量验收规范》GB 50303 有关规定验收。

4 建筑工程施工质量控制资料

工程质量控制资料既是反映工程施工过程中各个环节工程质量状况的基本数据和原始记录，也是反映完工项目的测试结果和记录。它是工程质量的客观见证，是评价工程质量的主要依据，是工程的“合格证”和“技术证明书”。在当前全面贯彻执行 ISO 9000 质量管理体系系列标准中，资料是一项重要内容，是证明管理有效性的重要依据，资料也是质量管理体系的重要组成部分，是评价管理水平的重要见证材料。由于工程结构及其施工制造工艺的复杂性，在施工过程中必须加强管理和实施监督，这就要求建立相应的质量体系，提供能充分证明质量符合要求的客观证据。在施工管理中对于这些控制资料可归纳为 4 个层次：

第一，质量手册 它主要是阐述质量方针、质量体系和质量活动的文件。有质量方针、组织机构及责任主体质量职责；各项质量活动程序；还有对质量手册本身的管理办法等。

第二，程序文件 这里的程序是符合规律的方法、办法、顺序和规律；程序文件就是落实质量管理体系要素所开展的有关活动的管理性的和技术性的文件。管理性的程序文件，包括有关规章制度、管理标准、工作标准、质量活动的实施办法等；技术性的程序文件，包括技术规程、工艺规程、检验规程、作业指导书和验收要求等。

第三，质量计划 包括质量目标和实现目标的控制手段。在编制质量计划时，采用特定的程序、方法，编制出能体现从施工工序、检验批、分项工程、子分部工程、分部工程和单位工程的施工控制点、控制程序和手段，要制订出符合实际又便于运行的有关试验、检验、验证和审核大纲，同时要随项目的进展而修改和完善质量计划，以及为达到质量目标必须采取的其他措施。

第四，质量记录　是证明各阶段工程质量是否达到要求和质量体系运行有效的证据。包括设计、检验、试验、审核、复审的质量记录和图表等。这些质量记录都是质量管理体系活动执行情况的见证，是质量体系文件最基础的部分。

在实际工作中，验收一个分部、子分部工程质量时，为了系统核查工程的结构安全和使用功能，虽然在分项工程验收时，已核查了规定提供的技术资料，但仍有必要再进行复核，只是不再像验收检验批、分项工程质量那样进行微观检查，而是从总体上通过核查质量控制资料来评价分部、子分部工程的结构安全与使用功能。目前由于材料供应渠道中的技术资料不能完全得到保证，加上有些施工单位管理不健全等情况，往往使一些工程中的资料不能达到完整，当一个分部、子分部工程的质量控制资料虽有欠缺，但能反映其结构安全和使用功能是满足设计要求的，则可以认定该工程的质量控制资料为完整。如砌筑砂浆的试块应按规范要求的频率取样，而在施工过程中个别部位由于某种原因没有按规定频率取样，但根据现场的质量管理状况及已有的试块强度检验数据反映，这些部位的试块具有代表性时，也可认为是完整的。

工程建设项目种类颇多，每个工程的具体情况不同，怎么样才算完整，要视工程特点和已有资料的情况而定。要掌握的一点，是验收或核验分部、子分部工程质量时，要看核查的质量控制资料是否可以反映工程的结构安全和使用功能，以及结构是否达到设计要求，如果能反映且达到上述要求，即使有些欠缺也可认为是完整的。

工程质量资料，是从众多的工程技术资料中筛选出来直接关系和证明工程质量状况的技术资料，这些资料多数是提供实施结果的见证记录和报告等。筛选的技术资料，由于工程不同或环境不同，要求也就不尽相同。在实施中应根据实际情况增减。在工程建设管理全过程中应该注意管理措施的有效性，研究每一项资料的作用，有效的保留，作用小的改进，无效的去掉，对非要不可的见证资料，一定要做到准、实、及时。

对一个单位工程全面进行技术资料核查,还可以防止局部错漏,从而进一步加强工程质量的控制。对结构工程及设备安装系统进行系统核查,便于同设计要求对照检查,达到设计效果。

工程质量控制资料完整性的判定。

质量控制资料主要用来判定结构安全和主要使用功能是否达到设计要求的,对于单位工程质量控制资料的完整性,通常可按3个层次进行判定:

其一,该有的资料项目应该有　例如建筑与结构项目中,共有11项资料,如果该工程没有使用新材料、新工艺,则可以没有该项的资料;而且在施工过程也没有出现质量事故,也就没有工程事故项的资料。这样该工程该有的项目为9项。

其二,项目中该有的内容应该有　如预制构件和预拌混凝土合格证,如该工程是全现浇的,则不应有预制构件的内容。对于那些对工程结构、使用功能及有关质量不会出现影响其质量性能的资料,即使有缺点的也可以认可。例如,钢材的合格证和试验报告,假如有个别非重要部位用的钢材,由于多方原因没有合格证,但经过有资质的检测单位检测,这批钢材力学及化学性能符合设计和标准要求,也可以认为该批钢材的资料内容是完整的。

其三,内容中该有的数据应该有　在各项资料内容中,用于证明材料和工程性能合格的数据必须具备,如果其重要数据没有或不完备,这项资料就无效。因为即使有这样的资料,仍然证明不了该材料和工程的性能,也不能算资料完整。例如水泥复试报告,通常应对安定性、强度、初凝、终凝时间有确切的数据及结论。又例如钢筋复试报告,通常应有抗拉强度及冷弯力学性能的数据及结论,证明它符合设计及钢筋标准的规定。

4.1　各分部工程共性质量控制资料

"统一标准"规定对工程质量控制资料按"建筑与结构"及安装的各分部工程分别进行核查,其中有些项目属于共性要求,有些属于专业特殊要求。本节主要介绍图纸会审、设计变更、洽商记录和材料、器具、设备要求,其余则按各分部工程分别介绍。

4.1.1 图纸会审、设计变更、洽商记录

(1) 共性内容

1) 工程名称、日期、地点。

2) 专业名称:注明专业名称,如建筑、结构、给水排水与采暖、建筑电气、通风空调等。

3) 签字认可:建设单位、监理单位、勘察单位、设计单位、施工单位及有关人员均应签字盖章。

4) 设计变更须经过有关人员签名、单位盖章,以及监理、建设单位有关人员签名并盖公章。

5) 洽商记录应有建设单位、监理单位、设计单位及施工单位负责人共同签字并盖章后方有效。

6) 凡设计变更、洽商记录,应先办理手续后施工,不得后补及随意涂改。

(2) 图纸会审

1) 监理、施工单位应将各自提出的图纸问题及意见,按专业整理、汇总后报建设单位,由建设单位提交设计单位做交底准备。

2) 图纸会审应由建设单位组织设计、监理和施工单位技术负责人及有关人员参加。设计单位对各专业问题进行交底,施工单位负责将设计交底内容按专业汇总、整理,形成图纸会审记录。

3) 图纸会审记录应由建设、设计、监理和施工单位的项目相关负责人签认,形成正式图纸会审记录。对会审记录不得擅自涂改或变更内容。

4) 图纸会审的主要内容

① 设计是否符合国家有关的技术政策、标准、规范的规定,是否经济合理。

② 设计是否符合施工技术装备条件,如采用特殊技术,能否保证安全施工和工程质量。

③ 采用的新材料、新技术、新工艺、新设备、新结构是否经过

技术鉴定,是否有完整的技术文件并经国家有关部门认可,其品种、规格、数量是否满足需要。

④ 建筑结构与设备安装之间有无不协调或重大矛盾。

⑤ 图纸及说明是否齐全、清楚、明确,图纸尺寸、坐标、标高及管线等是否相符。

5) 图纸会审应有图号、图纸名称、图纸问题以及图纸问题交底。

(3) 设计变更

1) 设计单位应及时下达设计变更通知单,通知单应内容详实,必要时应附图,并逐条注明应修改图纸的图号。设计变更通知单应由设计专业负责人以及建设(监理)和施工单位的相关负责人签认。

2) 设计变更应有设计单位名称、补充图号、变更单编号及日期、图纸名称,以及变更内容,涉及图纸修改的,必须注明应修改图纸的图号。

(4) 工程洽商

1) 工程洽商应分专业办理,注明提出单位、内容摘要、工程洽商应由设计专业负责人以及建设、监理和施工单位的相关负责人签认。设计单位如委托建设(监理)单位办理签认,应办理委托手续。

2) 洽谈内容应注明图号、图纸名称,必要时应附图,并逐条注明应修改的内容及洽谈内容与结论。

4.1.2 原材料、配件、设备共性资料

施工建筑材料、配件、设备等资料是反映工程所用材料质量和性能指标等的各种证明文件和相关配套文件(如使用说明书、安装维修文件等)。

(1) 施工材料主要包括建筑材料、成品、半成品、构配件、设备等,建筑工程所使用的施工材料均应有出厂质量证明文件(包括产品合格证、质量合格证、检验报告、试验报告、产品生产许可证和质量保证书等)。质量证明文件应反映施工材料的品种、规格、数量、性能指标等，并应与实际进场施工材料相符。

(2) 质量证明文件的复印件应与原件内容一致，加盖原件存放单位公章，注明原件存放处，并有经办人签字和时间。

(3) 建筑工程采用的主要材料、半成品、成品、构配件、器具、设备应进行现场验收，有进场检验记录；涉及安全、功能的有关材料应按工程施工质量验收规范及相关规定进行复试（试验单位应向委托单位提供电子版试验数据）或有见证取样送检，有相应试（检）验报告。

(4) 涉及结构安全和使用功能的材料需要代换且改变了设计要求时，应有设计单位签署的认可文件。

(5) 涉及安全、卫生、环保的材料，如压力容器、消防设备、生活供水设备、卫生洁具等，应有有相应资质等级检测单位的检测报告。

(6) 凡使用的新材料、新产品，应由具备鉴定资格的单位或部门出具鉴定证书，同时具有产品质量标准和试验要求，使用前应按其质量标准和试验要求进行试验或检验。新材料、新产品还应提供安装、维修、使用和工艺标准等相关技术文件。

(7) 进口材料和设备等应有商检证明（国家认证委员会公布的强制性认证[CCC]产品除外）、中文版的质量证明文件、性能检测报告以及中文版的安装、维修、使用、试验要求等技术文件。

(8) 建筑电气产品中被列入《第一批实施强制性产品认证的产品目录》（2001 年第 33 号公告）的，必须经过“中国国家认证认可监督管理委员会”认证，认证标志为“中国强制认证（CCC）”，并在认证有效期内，符合认证要求方可使用。

(9) 工程材料进场报验表

1）工程物资进场后，施工单位应进行检查（外观、数量及质量证明文件等），自检合格后填写《工程材料进场报验表》。

2）施工单位和监理单位应约定涉及结构安全、使用功能、建筑外观、环保要求的主要材料的进场报验范围和要求。

3）材料进场报验须附资料应根据具体情况（合同、规范、施工方案等要求)由施工单位和材料供应单位预先协商确定。

4）工程材料进场报验应有时限要求,施工单位和监理单位均须按照施工合同的约定完成各自的报送和审批工作。

(10) 材料、构配件进场检验记录

1）材料、构配件进场后,应由建设、监理单位汇同施工单位对进场材料进行检查验收,填写《材料、构配件进场检验记录》。主要检验内容包括:

① 材料出厂质量证明文件及检测报告是否齐全;

② 实际进场材料数量、规格和型号等是否满足设计和施工计划要求;

③ 材料外观质量是否满足设计要求或规范规定;

④ 按规定须抽检的材料、构配件是否及时抽检等。

2）按规定应进场复试的工程材料,必须在进场检查验收合格后取样复试。

(11) 材料试验报告

凡按规范要求须做进场复试的材料,应填写《材料试验报告(通用)》。其主要包括:

1）编号:委托编号、试验编号和试样(件)编号;

2）工程名称及部位;

3）委托单位和委托试验人;

4）材料名称、规格、生产厂家、产地;

5）代表数量;

6）来样日期、试验日期;

7）要求试验项目及说明;

8）试验结果等。

4.2 建造与结构工程质量控制资料

4.2.1 工程定位测量、放线记录

施工测量记录是在施工过程中形成的,是确保建筑工程定位、

尺寸、标高、位置和沉降量等满足设计要求和规范规定的资料。

(1) 基本要求

1) 应把被定位的单位工程与周围原有建筑物和构筑物概括性地画出平面示意图,标注其各方向的距离尺寸,注明属原有建筑物和构筑物、拟建建筑物的字样,在平面图右上角空白处画方位图表示拟建建筑物的朝向,并应注明引入水准点的位置及编号、基准点的位置。

2) 引入水准点的绝对标高、相对标高及建筑物(±0.000)相当的绝对标高均应填写清楚。

3) 定位依据,应根据规划部门出具的规划定点文件或按建设单位提供的水准点进行放线定位。

4) 施工单位对单位工程放线定位时一定要有建设单位或监理单位代表在场,双方应认真研究规划部门的规划定点文件,对文件内有关该工程的要求,必须严格执行。最后施工、建设(或监理)必须对测量记录签章认可。

(2) 工程定位测量记录

1) 测绘部门根据建设工程规划许可证(附件)批准的建设工程位置及标高依据,测定出建筑的红线桩。

2) 施工测量单位应依据测绘部门提供的放线成果、红线桩及场地控制网(或建筑物控制网),测定建筑物位置、主控轴线及尺寸、建筑物±0.000 相当的绝对高程,并填写《工程位置测量记录》。

3) 工程定位测量完成后,应由建设单位报请具有相应资质的测绘部门验线。

(3) 基槽验线记录

施工测量单位应根据主控轴线和基底平面图,检验建筑物基底外轮廓线、集水坑、电梯井坑、垫层标高(高程)、基槽断面尺寸和坡度等,填写《基槽验线记录》。

(4) 楼层平面放线记录

楼层平面放线内容包括轴线竖向投测控制线、各层墙柱轴线、墙柱边线、门窗洞口位置线、垂直度偏差等,施工单位应在完成楼层平面放线后，填写《楼层平面放线记录》。

（5）楼层标高抄测记录

楼层标高抄测内容包括楼层＋0.5m（或＋1.0m）水平控制线、皮数杆等，施工单位应在完成楼层标高抄测后，填写《楼层标高抄测记录》。

4.2.2 原材料出厂合格证书及进场检（试）验报告

（1）水泥

1）水泥必须有质量证明文件。水泥生产单位应在水泥出厂7d内提供28d强度以外的各项试验结果，28d强度结果应在水泥发出日起32d内补报。

2）用于承重结构的水泥，使用部位有强度等级要求的水泥，水泥出厂超过3个月（快硬硅酸盐水泥为1个月）和进口水泥在使用前必须进行复试，并有试验报告。用于承重的混凝土和砌筑砂浆用水泥应实行见证取样检测。

3）用于钢筋混凝土结构、预应力混凝土结构中的水泥，检测报告内容中应有有害物含量内容。

4）产品合格证要求

① 产品合格证内容必须填写齐全，不得漏项或随意涂改，若为复印件还应注明原件存放处，加盖原件存放处公章及经办人签名，并注明日期。

② 使用单位必须注明其代表数量。

③ 产品合格证应以28d抗压、抗折强度为准。

④ 产品合格证的强度等级、编号及出厂日期应与检验单内填写内容相符。

⑤ 必须填写合格证细则表，并将产品合格证贴在细则表下方。

5）对于进场水泥应实行见证取样并送至有资质和计量认证的检测单位进行检测，见证取样数量不少于应送检数量的30%。

6）水泥试验项目和取样。

① 硅酸盐水泥、普通硅酸盐水泥、矿渣硅酸盐水泥、粉煤灰硅酸盐水泥、火山灰质硅酸盐水泥和复合硅酸盐水泥。

A. 必试项目:安定性、凝结时间和强度。

B. 其他项目:细度、烧失量、三氧化硫、碱含量、氯化物、放射性、氯化物。

C. 组批和取样见②之 C。

②砌筑水泥

A. 必试项目:凝结时间、强度和泌水性。

B. 其他试验项目:细度和流动性。

C. ①和②的组批和取样(同样适用于硅酸盐水泥)。

(A) 散装水泥

a. 对同一水泥厂生产同期出厂的同品种、同强度等级、同一出厂编号的水泥为一验收批,但一验收批的总量不得超过 500t。

b. 随机从不少于 3 个车罐中各取等量水泥,经混拌均匀后,再从中称取不少于 12kg 的水泥作为试样。

(B) 袋装水泥

a. 对同一水泥厂生产同期出厂的同品种、同强度等级、同一出厂编号的水泥为一验收批,但一验收批的总量不得超过 200t。

b. 随机从不少于 20 袋中各取等量水泥,经混拌均匀后,再从中称取不少于 12kg 的水泥作为试样。

③ 快硬硅酸盐水泥

A. 必试项目:安定性、凝结时间和强度。

B. 其他试验项目:细度、氧化镁和三氧化硫。

C. 组批和取样。

a. 同一水泥厂、同一类型、同一编号的水泥,400t 为一取样单位,不足 400t 也按一取样单位计。

b. 取样应有代表性,可从 20 袋中各取等量样品,总量至少 14kg。

④ 高铝水泥

A. 必试项目: 强度、凝结时间和细度。

B. 其他试验项目:化学成分。

C. 组批和取样。

a. 同一水泥厂、同一类型、同一编号的水泥，每 120t 为一取样单位，不足 120t 也按一取样单位计。

b. 取样应有代表性，可从 20 袋中各取等量样品，总量至少 15kg。

注：水泥取样后，超过 45d 使用时须重新取样试验。

7）水泥物理性能检验报告

① 水泥的安定性、凝结时间，及抗压、抗折 28d 强度等各项性能指标均达到规范的要求。

② 检验报告各项内容填写准确、结论明确，不得随意涂改，签名、盖章齐全，且检验单以 28d 抗压、抗折强度为准。

③ 产品使用的工程名称、使用部位及代表数量均填写齐全，不同单位工程不得使用同一份检验报告。

④ 水泥必须按规定的批量送检，做到先检验后使用，严禁先施工后检验。

⑤ 核对单位工程的水泥复试批量和实际用量要一致。

⑥ 水泥的厂别、品种、强度等级、送检时间、使用部位、检验单编号及其性能指标应与施工记录、砂浆配合比、混凝土配合比，应与通知单及混凝土搅拌记录中的内容相符。

⑦ 水泥质量证明文件汇总表、水泥进场签认记录及文件汇总表的产品名称、规格型号、合格证编号、使用部位、使用数量及生产厂家等应齐全并互相符合。

（2）砂

1）使用前应按规定对砂取样试验复试，有试验报告。

2）按规定应预防有碱-骨料反应的工程或结构部位所使用的砂，供应单位应提供砂的碱活性检验报告。

3）试验项目和验收批划分及取样数量。

① 必试项目：筛分析、含泥量和泥块含量。

② 其他试验项目：密度、有害物质含量、坚固性、碱活性检验和含水率。

③ 验收批划分：同一产地、同一规格、同一进场时间的砂，用

大型运输工具的，以 400m^3 或 600t 为一验收批；用小型工具运输的，以 200m^3 或 300t 为一验收批。不足上述数量也按一批计。

④ 取样数量：每一验收批取样一组(20kg)；当质量比较稳定、进料量较大时，可定期检验；取样部位应均匀分布，在料堆上从 8 个不同部位抽取等量试样（每份 11kg）。然后用四分法缩至 20kg，取样前先将取样部位表面铲除。

4）砂的物理性能检验报告内容

① 砂的颗粒级配、含泥量、泥块含量、细度模数、表观密度、堆积密度及紧密密度等各项性能指标均达到规范的要求。

② 检验报告各项内容填写准确、结论明确且不得随意涂改，签名、盖章齐全。

③ 检验报告内产品使用的工程名称、部位及代表数量均填写齐全。

④ 砂若抽检不合格，则应在受检产品中加倍取样复检，全部达到标准规定为合格，否则，判为不合格。

⑤ 砂必须按规定的批量送检，做到先检验后使用，严禁先施工后检验。

⑥ 砂的规格、送检时间、检验报告编号及其性能指标，应与施工记录、砂浆配合比和混凝土配合比的设计报告和通知单，以及混凝土搅拌质量记录中所填内容相符。

⑦ 砂的质量证明文件汇总表、单位砂进场签认记录及文件汇总表的产品名称、规格型号、合格证编号、使用部位、使用数量及生产厂家等应齐全并互相符合。

（3）卵石、碎石

1）卵石、碎石使用前应按规定取样试验、复试，并有试验报告。

2）按规定应预防碱-骨料反应的工程或结构部位所使用的卵石、碎石，供应单位应提供卵石、碎石的碱活性检验报告。

3）试验项目和验收批划分及取样数量。

① 必试项目：筛分析、含泥量和泥块含量。

② 其他试验项目：密度、有害物质含量、坚固性、碱活性检验和含水率。

③ 验收批划分：同一产地、同一规格、同一进场时间的卵石、碎石；大型工具运输的，以 400m³ 或 600t 为一验收批；以小型工具运输的，以 200m³ 或 300t 为一验收批，不足一批按一批计。

④ 取样数量：

A. 每一验收批取样一组；

B. 当质量比较稳定，进料量较大时，可定期检验；

C. 一组试样 40kg（最大料径 10、16、20mm）或 80kg（最大料径 31.5、40mm），取样部位应均匀分布，在料堆上从五个不同的部位抽取大致相等的试样 15 份（料堆的顶部、中部、底部）。每份 5～40kg，然后缩分到 40kg 或 80kg 送试。

4）物理性能检验报告内容

① 颗粒级配、含泥量、泥块含量、针（片）状颗粒含量、压碎指标、表观密度、堆积密度及紧密密度等各项性能指标均达到规范的要求。

② 检验报告各项内容填写准确，结论明确且不得随意涂改，签名、盖章齐全。

③ 检验报告内产品使用的工程名称、部位及代表数量均填写齐全。

④ 卵石、碎石若抽检不合格，则应在受检产品中加倍取样复检；全部达到标准规定为合格，否则，判为不合格。

⑤ 必须按规定的批量送检，做到先检验后使用，严禁先施工后检验。

⑥ 卵石、碎石规格、送检时间、检验报告编号及其性能指标应与施工记录、砂浆配合比设计报告、混凝土配合比设计报告和通知单，以及混凝土搅拌质量记录中的内容相符。

⑦ 卵石、碎石质量证明文件汇总表，卵石、碎石进场签认记录、文件汇总表的产品名称、规格型号、合格证编号、使用部位、使用数量及生产厂家等内容齐全，互相符合。

(4) 混凝土拌合用水

1) 混凝土拌合用水应按规定取样试验。

2) 试验项目和取样。

① 必试项目:pH 值、氯离子含量。

② 其他试验项目:不溶物、硫化物含量。

③ 取样。

A. 取样数量为 23L。

B. 取样方法:井水、钻孔水和自来水应放水冲洗管道后采集;江湖水应在中心位置或水面下 500mm 处采集。

(5) 钢筋(材)

1) 钢筋(材)及相关材料(如钢筋连接用机械连接套筒)必须有质量证明文件。

2) 钢筋及重要钢材应按现行规范规定取样做力学性能的复试。承重结构钢筋及重要钢材应实行有见证取样和送检,见证取样数量不少于应送检数量 30%。

3) 有抗震要求的框架结构,其纵向受力钢筋的进场复试应有强屈比数据。

4) 产品合格证

① 产品合格证内容必须填写齐全,不得漏项或随意涂改;若为复印件还应注明原件存放处,加盖原件存放处公章及有经办人签名,并注明日期。

② 钢材出厂合格证应由钢厂质检部门提供或供销部门转抄,内容有:制作厂名称、炉罐号(或批号)、钢种、钢号、强度级别、规格、重量及件数、生产日期、出厂批号、力学性能检验数据及结论、化学成分检验数据及结论,并有钢厂质检部门印章及标准编号。

5) 试验项目、验收批划分和取样数量

① 低碳钢热轧盘圆条

A. 必试项目:拉伸试验(屈服点、抗拉强度、伸长率)、弯曲试验。

B. 其他试验项目:化学成分。

C. 验收批划分:同一厂别、同一炉罐号、同一规格、同一交货状态,每 60t 为一验收批,不足 60t 也按一批计。

D. 取样数量:每一验收批取一组试件,其中拉伸 1 个、弯曲 2 个(取自不同盘)。

② 热轧带肋钢筋

A. 必试项目:拉伸试验(屈服点、抗拉强度、伸长率)、弯曲试验;

B. 其他试验项目:反向弯曲、化学成分;

C. 验收批划分:同一厂别、同一炉罐号、同一规格、同一交货状态,每 60t 为一验收批,不足 60t 也按一批计。

D. 取样数量:

a. 每一验收批取一组试件(拉伸 2 个、弯曲 2 个)。

b. 在任选的两根钢筋切取。

③ 碳素结构钢

A. 必试项目:拉伸试验(屈服点、抗拉强度、伸长率)、弯曲试验。

B. 其他试验项目:断面收缩率、硬度、冲击韧性、化学成分。

C. 验收批划分:同一厂别、同一炉罐号、同一规格、同一交货状态,每 60t 为一验收批,不足 60t 也按一批计。

D. 取样数量:每一验收批取一组试件(拉伸、弯曲各 1 个)。

④ 冷轧带肋钢筋

A. 必试项目:拉伸试验(屈服点、抗拉强度、伸长率)、弯曲试验。

B. 其他试验项目:松弛率、化学成分。

C. 验收批划分:同一牌号、同一规格、同一生产工艺、同一交货状态,每 60t 为一验收批,不足 60t 也按一批计。

D. 取样数量:

a. 每一检验批取拉伸试件 1 个(逐盘),弯曲试件 2 个(每批),松弛试件 1 个(定期)。

b. 在每(任)一盘中的任意一端截去 500mm 后切取。

⑤ 冷扎扭钢筋

A. 必试项目：拉伸试验（屈服点、抗拉强度、伸长率）、弯曲试验、重量、节距、厚度。

B. 其他试验项目：无。

C. 验收批划分：同一牌号、同一规格尺寸、同一台轧机、同一台班每 10t 为一验收批，不足 10t 也按一批计。

D. 取样数量：每批取弯曲试件 1 个，拉伸试件 2 个，重量、节距、厚度各 3 个。

⑥ 预应力混凝土用钢丝

A. 必试项目：抗拉强度、伸长率、弯曲试验。

B. 其他试验项目：屈服强度、松弛率（每季度抽验）。

C. 验收批划分和取样数量：

a. 同一牌号、同一规格、同一生产工艺制度的钢丝组成，每批重量不大于 60t。

b. 钢丝的检验应按《钢丝验收、包装、标志及质量证明表的一般规定》（GB/T 2103）的规定执行。在每盘钢丝的两端进行抗拉强度、弯曲和伸长率的试验。屈服强度和松弛率试验每季度抽验一次，每次至少 3 根。

⑦ 中强度预应力混凝土钢丝

A. 必试项目：抗拉强度、伸长率、反复弯曲。

B. 其他试验项目：规定非比例伸长应力、松弛率。

C. 验收批划分：钢丝应成批验收，每批由同一牌号、同一规格、同一强度等级、同一生产工艺的钢丝组成。每批重量不大于 60t。

D. 取样数量：

a. 在每盘钢丝的两端取样进行抗拉强度、伸长率、反复弯曲的检验。

b. 规定非比例伸长应力和松弛率试验，每季度抽检一次，每次不少于 3 根。

⑧ 预应力混凝土用钢绞线

A. 必试项目：整根钢绞线的最大负荷、屈服负荷、伸长率、松弛率、尺寸测量。

B. 其他试验项目:弹性模量。

C. 验收批划分:预应力用钢绞线应成批验收,每批由同一牌号、同一规格、同一生产工艺制度的钢绞线组成,每批重量不大于60t。

D. 取样数量:从每批钢绞线中任取3盘,从每盘所选的钢绞线端部正常部位截取一根进行表面质量、直径偏差、捻距和力学性能试验。如每批少于3盘,则应逐盘进行上述检验。屈服和松弛试验每季度抽检一次,每次不少于一根。

⑨ 预应力混凝土用低合金钢丝

A. 必试项目:

a. 拔丝用盘条:抗拉强度、伸长率、冷弯。

b. 钢丝:抗拉强度、伸长率、反复弯曲、应力松弛。

B. 其他试验项目:——。

C. 验收批划分及取样数量:

a. 拔丝用盘条:见本节5)之①(低碳钢热扎圆盘条)。

b. 钢丝

ⅰ. 每批钢丝应由同一牌号、同一形状、同一尺寸、同一交货状态的钢丝组成。

ⅱ. 从每批中抽查5%,但不少于5盘进行形状、尺寸和表面检查。

ⅲ. 从上述检查合格的钢丝中抽取5%,优质钢抽取10%,不少于3盘,拉伸试验每盘一个(任意端);不少于5盘,反复弯曲试验每盘一个(在任意端去掉500mm后取样)。

⑩ 一般用途低碳钢丝

A. 必试项目:抗拉强度、180度弯曲试验次数、伸长率(标距100mm)。

B. 其他试验项目:——,(也包括业主及设计提出的项目要求)。

C. 验收批划分:每批钢丝应由同一尺寸、同一锌层级别、同一交货状态的钢丝组成。

D. 取样数量

a. 从每批中抽查 5%，但不少于 5 盘进行形状、尺寸和表面检查。

b. 从上述检查合格的钢丝中抽取 5%，优质钢抽取 10%，不少于 3 盘，拉伸试验、反复弯曲试验每盘各一个（任意端）。

6）钢筋力学性能、工艺性能检验报告

① 钢筋的拉伸试验（屈服点或屈服强度、拉伸强度、伸长率）、冷弯试验等各项性能指标均达到规范的要求。

② 检验报告各项内容填写准确、结论明确且不得随意涂改，签名、盖章齐全。

③ 检验报告内产品使用的工程名称、使用部位、代表数量及钢材炉批号、厂家名称均应填写齐全，且不同单位工程不得使用同一份检验单。

④ 钢筋若抽检不合格，则应在受检产品中加倍取样复检，全部达到标准规定为合格，否则，判为不合格。

⑤ 钢筋必须按规定的批量送检，做到先检验后使用，严禁先施工后检验。

⑥ 钢筋的级别、种类和直径应按设计要求采用，当需要代换时，应采用等强代换，并应征得设计单位同意，且须办理手续。

⑦ 钢筋质量证明文件汇总表、钢筋进场签认记录、文件汇总表的产品名称、规格型号、合格证编号、使用部位、使用数量及生产厂家等应相互符合。

7）有下列情况之一者，均需进行钢筋化学成分检验：

① 进口钢筋焊接前，应进行化学成分分析及可焊性试验。

② 钢筋在加工过程中，如发现脆断、焊接性能不良或力学性能显著不正常现象。

（6）外加剂

1）外加剂主要包括减水剂、早强剂、缓凝剂、引气剂、泵送剂、防冻剂、膨胀剂、速凝剂和防水剂等。

2）外加剂必须有质量证明书或合格证、有相应资质等级检测部门出具的检测报告、产品性能和使用说明书等。

其内容必须具有：产品名称及型号，出厂日期，主要特征及成分，适用范围及适宜掺量，性能检验合格证，贮存条件及有效期，使用方法及注意事项。此外，泵送剂还应提供 pH 值、凝结时间差；含硫酸钠的泵送剂应说明对钢筋有无锈蚀；防冻剂还应提供碱含量（$N_2O+0.685K_2O$）、适用规定温度及适宜掺量；喷射混凝土用速凝剂还应提供产品质量等级、推荐掺量；砂浆、混凝土防水剂还应提供最佳掺量。

检验报告及合格证的内容包括匀质性指标及混凝土性能指标。

3）试验项目、验收批划分和取样数量

① 普通减水剂和高效减水剂

必试项目：钢筋锈蚀，28d 抗压强度比，减水率。

② 缓凝减水剂和缓凝高效减水剂

必试项目：钢筋锈蚀，凝结时间差，28d 抗压强度比，减水率。

③ 早强减水剂

必试项目：钢筋锈蚀，1d 和 28d 抗压强度比，减水率。

④ 引气减水剂

必试项目：钢筋锈蚀，28d 抗压强度比，减水率，含水量。

⑤ 缓凝剂

必试项目：钢筋锈蚀，凝结时间差，28d 抗压强度比。

⑥ 引气剂

必试项目：钢筋锈蚀，28d 抗压强度比，含气量。

⑦ 早强剂

必试项目：钢筋锈蚀，1d 和 28d 抗压强度比。

上述①～⑦项验收批的划分和取样数量均按下述规定：

A. 验收批划分：掺量大于 1%（含 1%）的同一品种、同一编号的外加剂，每 100t 为一验收批，不足 100t 也按一批计。掺量小于 1%的同一品种、同一编号的外加剂，每 50t 为一验收批，不足 50t 也按一批计。

B. 从不少于3个点取等量样品混匀。

C. 取样数量:不少于0.5t水泥所需量。

⑧ 泵送剂

A. 必试项目:钢筋锈蚀,28d抗压强度比,坍落度保留值,压力泌水率比。

B. 验收批划分:以同一生产厂,同一品种、同一编号的泵送剂每50t为一验收批,不足50t也按一批计。

C. 从10个容器中取等量试样混匀。

D. 取样数量:不少于0.5t水泥所需量。

⑨ 防冻剂

A. 试验项目:钢筋锈蚀,−7d和−7d+28d抗压强度比。

B. 验收批划分:以同一生产厂,同一品种、同一编号的防冻剂,每50t为一验收批,不足50t也按一批计。

C. 取样数量:不少于0.15t水泥所需量。

⑩ 防水剂

A. 试验项目:钢筋锈蚀,28d抗压强度比,渗透比。

B. 验收批划分:年产500t以上的防水剂每50t为一验收批,500t以下的防水剂每30t为一验收批,不足50t或30t也按一批计。

C. 取样数量:不少于0.2t水泥所需量。

⑪ 喷射用速凝剂

A. 试验项目:钢筋锈蚀,凝结时间,28d抗压强度比。

B. 验收批划分:同一生产厂,同一品种、同一编号,每60t为一验收批,不足60t也按一批计。

C. 取样数量:从16个不同点取等量试样混匀,取样数量不少于4kg。

⑫ 膨胀剂

A. 试验项目:钢筋锈蚀,28d抗压抗折强度,限制膨胀率。

B. 验收批划分:以同一生产厂,同一品种、同一编号的膨胀剂每20t为一验收批,不足20t也按一批计。

C. 取样数量:从 20 个容器中取等量试样混匀。取样数量不少于 0.5t 水泥所需量。

4) 应按规定取样复试,具有复试报告。承重结构混凝土使用的外加剂应实行有见证取样和送检,见证取样数量不少于应送检数量的 30%。

5) 钢筋混凝土结构所使用的外加剂应有有害物含量检测报告。当含有氯化物时,应做混凝土氯化物总含量检测,其总含量应符合现行国家标准要求。

(7) 掺合料

1) 掺合料主要包括粉煤灰、粒化高炉矿渣粉、沸石粉、硅灰和复合掺合料等。

2) 掺合料必须有出厂质量证明文件;证明文件中应有厂名、批号、合格证编号、日期、数量、质量检验结果等内容。

3) 用于结构工程的掺合料应按规定取样复试,有复试报告,并应实行见证取样,见证数量不少于应取送检数量的 30%。

4) 试验项目、验收批划分和取样数量

① 粉煤灰

A. 必试项目:细度、烧失量和需水量比。

B. 其他试验项目:含水量和三氧化硫。

C. 验收批划分:以连续供应相同等级的不超过 200t 为一验收批,每批取试样一组(不少于 1kg)。

D. 取样数量

a. 散装灰取样,从不同部位取 15 份试样,每份 1～3kg,混合拌匀按四分法缩取 1kg 送试(平均样)。

b. 袋装灰取样,从每批任抽 10 袋,每袋不少于 1kg,按上述方法取平均样 1kg 送试。

② 天然沸石粉

A. 必试项目:细度、需水量比和吸铵量。

B. 其他试验项目:水泥胶砂 28d 抗压强度比。

C. 验收批划分:以相同等级的沸石粉每 120t 为一验收批,不

足 120t 也按一批计。每一验收批取样一组(不少于 1kg)。

D. 取样数量

a. 袋装粉取样时,应从每批中任抽 10 袋,每袋中各取样不得少于 1kg,按四分法缩取平均试样。

b. 散装沸石粉取样时,应从不同部位取 10 份试样,每份不少于 1kg,然后缩取平均试样。

(8) 轻骨料

轻骨料主要有人造轻骨料(粘土陶粒、页岩陶粒等),天然轻骨料(浮石、火山渣等)和工业废粒轻骨料(粉煤灰陶粒、膨胀矿渣珠等)。

1) 轻骨料分类

轻骨料可分为轻粗骨料和轻细骨料。

2) 质量证明文件

生产厂应保证产品质量符合标准要求。产品出厂时,生产厂应提供质量合格证书,内容包括:产品品种名称和生产厂名;合格证编号及发放日期;检验结果及执行标准编号;批量编号及供货数量;检验部门及检验人员签章。

试验报告内容:材料名称、品种和产地;试验项目;数据的记录;试验结果的计算及取值;结果评定及执行标准编号;试验日期和试验人员。

3) 检验项目

轻粗骨料出厂检验包括颗粒级配、堆积密度、粒型系数、筒压强度(高强轻粗骨料尚应检测强度等级)和吸水率。轻细骨料出厂检验包括细度模数、堆积密度。

轻骨料型式检验包括颗粒级配、堆积密度、筒压强度和强度等级、吸水率、软化系数、粒型系数、有害物质含量。

4) 试验项目、验收批划分和取样数量

① 轻粗骨料

A. 必试项目:筛分析、堆积密度、吸水率、筒压强度、粒型系数。

B. 其他试验项目：软化系数、有害物质含量、烧失量。

② 轻细骨料

A. 必试项目：筛分析和堆积密度。

B. 其他试验项目：同轻粗骨料。

③ 验收批划分和取样数量

轻粗骨料和轻细骨料相同。

A. 以同一品种、同一密度等级每 200m³ 为一验收批，不足 200m³ 也按一批计。

B. 试样可以从料堆自上到下不同部位、不同方向任选 10 点（袋装料应从 10 袋中抽取），避免取离析的及面层的材料。

C. 初次抽取的试样量应不少于 10 份，其总料应多于试验用料量的 1 倍。拌合均匀后，按四分法缩分到试验所需的用料量；轻粗骨料为 50L（以必试项目计），轻细骨料为 10L（以必试项目计）。

④ 复试报告

复试报告应包括上述检验项目的复试结果，等级分为优等品（A），一等品（B）和合格品（C）。

（9）砖和砌块

1）常用的砖和砌块的种类有：烧结普通砖、烧结多孔砖、蒸压灰砂砖、粉煤灰砖、烧结空心砖和空心砖块、普通混凝土小型空心砌块、轻骨料混凝土小型空心砌块、蒸压加气混凝土砌块和石材等。

2）用于承重结构的砖和砌块要有见证取样检验，见证取样数量为不少于应取样数量的 30％。

3）产品合格证要求

① 产品合格证内容必须填写齐全，不得漏项或随意涂改；若为复印件还应注明原件存放处，加盖原件存放处公章及由经办人签名，并注明日期。

② 使用单位必须注明其代表数量。

③ 产品合格证的强度等级、出厂日期应与检验单内填写内容相符。

4）试验项目、验收批划分和取样数量

① 烧结普通砖

A. 必试项目：抗压强度。

B. 其他试验项目：抗风化、泛霜、石灰爆裂和抗冻。

C. 验收批划分：每 15 万块为一验收批，不足 15 万块也按一批计。

D. 取样数量：每一验收批随机抽取试样一组(10 块)。

② 非烧结普通砖

A. 必试项目：抗压强度、抗折强度。

B. 其他试验项目：抗冻性、吸水率和耐水性。

C. 验收批划分：每 5 万块为一验收批，不足 5 万块也按一批计。

D. 取样数量：每批从尺寸偏差和外观质量检验合格的砖中随机抽取强度试验试样一组(10 块)。

③ 烧结多孔砖

A. 必试项目：抗压强度。

B. 其他试验项目：冻融、泛霜、石灰爆裂、吸水率。

C. 验收批划分：每 5 万块为一验收批，不足 5 万块也按一批计。

D. 取样数量：每一验收批随机抽取试样一组(10 块)。

④ 烧结空心砖

A. 必试项目：抗压强度(大面和条面)。

B. 其他试验项目：密度、冻融、泛霜、石灰爆裂、吸水率。

C. 验收批划分：每 3 万块为一验收批，不足 3 万块也按一批计。

D. 取样数量：每批从尺寸偏差和外观质量检验合格的砖中随机抽取抗压强度试验试样一组(5 块)。

⑤ 粉煤灰砖

A. 必试项目：抗压强度、抗折强度。

B. 其他试验项目：干燥收缩和抗冻性。

C. 验收批划分：每 10 万块为一验收批，不足 10 万块也按一

批计。

D. 取样数量：每一验收批随机抽取试样一组(20 块)。

⑥ 粉煤灰砌块

A. 必试项目：抗压强度。

B. 其他试验项目：密度、碳化、抗冻性和收缩。

C. 验收批划分：每 $200m^3$ 为一验收批，不足 $200m^3$ 也按一批计。

D. 取样数量：每批从尺寸偏差和外观质量检验合格的砌块中，随机抽取试样一组(3 块)，将其切割成边长 200mm 的立方体试件进行抗压强度试验。

⑦ 蒸压灰砂砖

A. 必试项目：抗压强度、抗折强度。

B. 其他试验项目：密度和抗冻性。

C. 验收批划分：每 10 万块为一验收批，不足 10 万块也按一批计。

D. 取样数量：每一验收批随机抽取试样一组(10 块)。

⑧ 蒸压灰砂空心砖

A. 必试项目：抗压强度。

B. 其他试验项目：抗冻性。

C. 验收批划分：每 10 万块砖为一验收批，不足 10 万块也按一批计。

D. 取样数量：从外观合格的砖样中用随机抽取法抽取 2 组 10 块(NF 砖为 2 组 20 块)进行抗压强度试验和抗冻性试验。

注：NF 为规格代号，尺寸为 240mm×115mm×53mm。

⑨ 蒸压加气混凝土砌块

A. 必试项目：立方体抗压强度和干体积密度。

B. 其他试验项目：干燥收缩、抗冻性和导热性。

C. 验收批划分：同品种、同规格、同等级的砌块，以 1000 块为一验收批，不足 1000 块也按一批计。

D. 取样数量：从尺寸偏差与外观检验合格的砌块中随机抽

取砌块，制作3组试件进行立方体抗压强度试验，制作3组试件做干体积密度检验。

⑩ 普通混凝土空心砌块

A. 必试项目：抗压强度。

B. 其他试验项目：密度和空心率、含水率、吸水率和抗冻抗压。

C. 验收批划分：每1万块为一验收批，不足1万块也按一批计。

D. 取样数量：每批从尺寸偏差和外观质量检验合格的砌块中随机抽取抗压强度试验试样一组（5块）。

⑪ 轻骨料混凝土小型空心砌块

A. 必试项目：抗压强度。

B. 其他试验项目：密度等级、干缩率和相对含水率、抗冻性。

C和D同⑩。

5）力学性能检验报告

① 砌体材料的抗压、抗折强度、密度等级等各项性能指标均达到规范的要求。

② 检验报告各项内容填写准确、结论明确且不得随意涂改，签名、盖章齐全；若为复印件还应注明原件存放处，加盖原件存放处公章及经办人签名。

③ 检验报告内产品使用的工程名称、使用部位及代表数量均应填写齐全，且不同单位工程不得使用同一份检验单。

④ 材料必须按规定的批量送检，并且做到先检验后使用，严禁先施工后检验。

⑤ 材料强度等级、检验报告编号、使用部位应与隐蔽验收、施工日志中的内容相符。

⑥ 材料质量证明文件汇总表、材料进场签认记录与文件汇总表的产品名称、规格型号、合格证编号、使用部位、使用数量及制造厂家等互相符合。

（10）防水材料

1）防水材料主要包括防水涂料、防水卷材、粘结剂、止水带、膨胀胶条、密封膏、密封胶、水泥基渗透结晶性防水材料等。

2）防水材料必须有出厂质量合格证、有相应资质等级检测部门出具的检测报告、产品性能和使用说明书。

① 产品合格证内容必须填写齐全，不得漏项或随意涂改，若为复印件还应注明原件存放处，加盖原件存放处公章及经办人签名，并注明日期。

② 使用单位必须注明其代表数量。

③ 所选用的防水材料及其工艺必须与施工图纸相符。

④ 必须填写合格证细则表，并将产品合格证贴在细则表下方。

3）质量不合格或不符合设计要求的防水材料不允许在工程中使用。

4）新型防水材料，应有相关部门、单位的鉴定文件，并有专门的施工工艺操作规程和有代表性的抽样试验记录。

5）防水材料进场后应进行外观检查，合格后按规定取样复试，并实行有见证取样和送检。送检数量为不少于应取数量的30%。

6）试验项目、验收批划分和取样数量

① 沥青防水卷材。包括：石油沥青纸胎油毡和油纸、石油沥青玻璃纤维胎油毡、石油沥青玻璃布胎油毡和铝箔面油毡。

A. 必试项目：纵向拉力、耐热度、柔度和不透水性。

B. 其他试验项目：——。

C. 验收批划分：以同一生产厂的同一品种、同一等级的产品，大于1000卷抽5卷，100～499卷抽4卷，100卷以下抽2卷，进行规格尺寸和外观质量检验。在外观质量检验合格的卷材中，任取一卷作物理性能检验。

D. 取样数量：将试样卷材切除距外层卷头2500mm顺纵向截取600mm的2块全幅卷材送试。

② 高聚物改性沥青防水卷材。包括：改性沥青聚乙烯胎防水

卷材、弹性体改性沥青防水卷材、塑性体改性沥青防水卷材、沥青复合胎柔性防水卷材、自粘橡胶沥青防水卷材、聚合物改性沥青复合脂肪水卷材等。

A. 必试项目：拉力、最大拉力时延伸率、不透水性、柔度和耐热度。

B. 其他试验项目：——。

C. 验收批划分：同①。

D. 取样数量：将试样卷材切除距外层卷头 2500mm 后，顺纵向切取 800mm 的全幅卷材试样 2 块。一块作物理性能检验用，另一块备用。

③ 合成高分子防水卷材。包括：聚氯乙烯防水卷材、氯化聚乙烯防水卷材、三元丁橡胶防水卷材、氯化聚乙烯——橡胶共混防水卷材和高分子防水材料（第一部分片材）。

A. 必试项目：断裂拉伸强度、扯断伸长率、不透水性和低温弯折性。

B. 其他试验项目：胶粘剂性能。

C. 验收批划分：同①。

D. 取样数量：将试样卷材切除距外层卷头 300mm 后顺纵向切取 1500mm 的全幅卷材 2 块，一块作物理性能检验用，另一块备用。

①～③验收批划分相同。

④ 沥青基防水涂料。包括：溶剂型橡胶沥青防水涂料和水性沥青基防水涂料。

A. 必试项目：固体含量、不透水性、低温柔度、耐热度和延伸率。

B. 其他试验项目：无。

C. 验收批划分：

a. 同一生产厂每 5t 产品为一验收批，不足 5t 也按一批计。

b. 随机抽取，抽样数应不低于$\sqrt{\frac{n}{2}}$（n 是产品的桶数）。

D. 取样数量:从已检的桶内不同部位,取相同量的样品,混合均匀后取两份样品,分别装入样品容器中,样品容器应留有约5%的空隙,盖严,并将样品容器外部擦干净立即做好标志,一份试验用、一份备用。

⑤ 合成高分子防水涂料。包括:聚氨酯防水涂料、聚合物乳液建筑防水涂料和聚合物水泥防水涂料。

A. 聚氨酯防水涂料

a. 必试项目:断裂延伸率、拉伸强度、低温柔性(或者抗渗性)。

b. 其他试验项目:——。

c. 验收批划分:同一生产厂,以甲组分每5t为一验收批,不足5t也按一批计。乙组分按产品重量配比相应增加。

d. 取样数量:每一验收批按产品的配比分别取样,甲、乙组分样品总重为2kg。搅拌均匀后的样品,分别装入干燥的样品容器中,样品容器内应留有5%的空隙,密封并做好标志。

B. 聚合物乳液建筑防水涂料

a. 必试项目:同*A*。

b. 其他试验项目:——。

c. 验收批划分:同一生产厂每5t产品为一验收批,不足5t也按一批计。

d. 取样数量:随机抽取,抽样数应不低于$\sqrt{\frac{n}{2}}$(n是产品的桶数)。从已检的桶内不同部位,取相同量的样品,混合均匀后取两份样品,分别装入样品容器中,样品容器应留有约5%的空隙,盖严,并将样品容器外部擦干净立即做好标志,一份试验用、一份备用。

C. 聚合物水泥防水涂料

a. 必试项目:断裂延伸率、拉伸强度、低温柔性和不透水性。

b. 其他试验项目:——。

c. 验收批划分:同一生产厂每10t产品为一验收批,不足10t也按一批计。

d. 取样数量：随机抽取，抽样数应不低于$\sqrt{\frac{n}{2}}$（n是产品的桶数）。配套固体组分的抽样按《水泥取样方法》GB 12573—1999 中的袋装水泥的规定进行，两组分共取 5kg 样品。

⑥ 无机防水涂料（包括：水泥基渗透结晶型防水材料和无机防水堵塞材料）。

A. 必试项目：抗折强度、湿结面粘结强度和抗渗压力。

B. 其他试验项目：——。

C. 验收批划分：同一生产厂每 10t 产品为一验收批，不足 10t 也按一批计。

D. 取样数量：在 10 个不同的包装中随机取样，每次取样 10kg。取样后应充分拌合均匀，一分为二，一份送试；另一份密封保存一年，以备复验或仲裁用。

⑦ 密封材料（包括：建筑石油沥青和建筑防水沥青嵌缝油膏）。

A. 建筑石油沥青

a. 必试项目：软化点、针入度和延度。

b. 其他试验项目：溶解度、蒸发损失和蒸发后针入度。

c. 验收批划分：以同一产地，同一品种，同一标号，每 20t 为一验收批，不足 20t 也按一批计。每一验收批取样 2kg。

d. 取样数量：在料堆上取样时，取样部位应均匀分布，同时应不少于五处，每处取洁净的等量试样共 2kg 作为检验和留样用。

B. 建筑防水沥青嵌缝油膏

a. 必试项目：耐热性（屋面）、低温柔性、拉伸黏结性和施工温度。

b. 其他试验项目：——。

c. 验收批划分：以同一生产厂、同一标号的产品每 2t 为一验收批，不足 2t 也按一批计。

d. 取样数量：每批随机抽取 3 件产品，离表皮大约 50mm 处各取样 1kg，装于密封容器内，一份作试验用，另两份留作备用。

⑧ 合成高分子密封材料（包括 A 类、B 类和 C 类）

A类：聚氨酯建筑密封膏、聚硫建筑密封膏、丙烯酸脂建筑密封胶和聚氯乙烯建筑防水接缝材料

a. 必试项目：拉伸黏结性和低温柔性。

b. 其他试验项目：密度恢复率。

c. 验收批划分：以同一生产厂、同等级、同类型产品每 2t 为一验收批，不足 2t 也按一批计。每批随机抽取试样 1 组，试样量不少于 1kg。(屋面每 1t 为一验收批)。

d. 取样数量：随机抽取试样，抽样数应不低于$\sqrt{\frac{n}{2}}$(n 是产品的桶数)。从已初检的桶内不同部位，取相同量的样品，混合均匀后 A、B 组分各 2 份，分别装入样品容器中，样品容器应留有 5% 的空隙，盖严，并将样品容器外部擦干净，立即做好标志。一份试验用，一份备用。

B类：建筑用硅酮结构密封胶

a. 必试项目：拉伸黏结性和低温柔性。

注：作为幕墙工程用的必试项目为：拉伸黏结性(标准条件下)邵氏硬度、相容性试验。

b. 其他试验项目：下垂度、热老化。

c. 验收批划分：以同一生产厂、同一类型、同一品种的产品，每 2t 为一验收批，不足 2t 也按一批计。

d. 取样数量：随机抽样，抽取量应满足检验需用量(约 0.5kg)。从原包装双组分结构胶中抽样后，应立即另行密封包装。

C类：高分子防水卷材胶粘剂

a. 必试项目：剥离强度。

b. 其他试验项目：黏度、适用期剪切状态下粘合性。

c. 验收批划分：同一生产厂、同一类型、同一品种的产品、每 5t 为一验收批，不足 5t 也按一批计。

d. 取样数量：根据不同的批量，从每批中随机抽取下列规定的容器个数，用适当的取样器，从每个容器内(预先搅拌均匀)取等

量的试样。试样总量约 1.0L，并经充分混合，用于各项试验。

批量大小（容器个数）	抽取个数（最小值）
2～8	2
9～27	3
28～64	4
65～125	5
126～216	6
217～343	7
344～512	8
513～729	9
730～1000	10

注：试样和试验材料使用前，在试验条件下放置时间就不少于 12h。

⑨ 高分子防水材料止水带

A. 必试项目：拉伸强度、拉断伸长率和撕裂强度。

B. 其他试验项目：——。

C. 验收批划分：以同一生产厂、同月生产、同标记的产品为一验收批。

D. 取样数量：在外观检验合格的样品中，随时抽取足够的试样，进行物理性能检验。

⑩ 高分子防水材料（遇水膨胀橡胶）

A. 必试项目：拉伸强度、拉断伸长率和体积膨胀率。

B. 其他试验项目：——。

C. 验收批划分：以同一生产厂、同月生产、同标记的产品为一验收批。

D. 取样数量：在外观检验合格的样品中，随时抽取足够的试样，进行物理性能检验。

⑪ 油毡瓦

A. 必试项目：耐热度和柔性。

B. 其他试验项目：——。

C. 验收批划分：以同一生产厂、同一等级的产品，每 500 捆为一验收批，不足 500 捆也按一批计。

D. 取样数量：从外观、重量、规格、尺寸、允许偏差合格的油毡瓦中，任取2片试件进行物理性能试验。

⑫ 烧结瓦

A. 必试项目：抗弯曲性能、吸水率。

B. 其他试验项目：抗渗性能、耐急冷急热性、变形、裂纹、石灰爆裂等。

C. 验收批划分：同类别、同规格、同色号、同等级的瓦，每10000～35000件为一检验批。不足该数量时，也按一批计。

D. 取样数量：每检验批随机抽取试样一组(整体瓦3件)。

⑬ 混凝土平瓦

A. 必试项目：吸水率、抗渗性能、承载力。

B. 其他试验项目：抗冻性能。

C. 验收批划分：试样应随机抽取。

D. 取样数量：试样数量见表4.2.1。

取 样 数 量　　表4.2.1

检验项目	检 验 批 量 （块）			
	2000～50000	50001～100000	100001～150000	>150000
	试 样 数 量			
承 载 力	7	7	7	10
吸 水 率	3	5	8	10
抗 渗 性	3	5	8	10

7）防水材料检验报告

① 防水材料的各项性能指标均达到规范的要求。

② 检验报告各项内容填写准确、结论明确且不得随意涂改，签名、盖章齐全。

③ 使用的工程名称、使用部位及代表数量均填写齐全。

④ 核对单位工程的防水材料的复试批量和实际用量要一致。

⑤ 防水工程所使用的材料必须现场取样做物理性能检验，沥青卷材若抽检不合格，则应重新取样复验；防水涂料和胎体增强材

料若抽检不合格，则应在受检产品中加倍取样复验，全部达到标准规定为合格，否则，判为不合格。

⑥ 防水材料必须按规定的批量送检，做到先检验后使用，严禁先施工后检验。

⑦ 防水材料质量证明文件汇总表、防水材料进场签认记录与文件汇总表的产品名称、规格型号、合格证编号、使用部位、使用数量及制造厂家等互相符合。

(11) 预应力工程材料

1) 预应力工程材料主要包括预应力筋、锚(夹)具和连接器、水泥和预应力筋用螺旋管等。

2) 主要材料应有质量证明文件，包括出厂合格证、检测报告等。

① 预应力锚具进场时必须有出厂质量证明文件；出厂质量证明文件内容必须填写齐全，不得漏项或随意涂改，若为复印件还应注明原件存放处，加盖原件存放处公章及经办人签名，并注明日期。

② 产品出厂质量证明书中应注明锚具的锚固性能类别、型号、规格及数量。

3) 预应力筋、锚(夹)具和连接器等应有进场复试报告。涂包层和套管、孔道灌浆用水泥及外加剂应按照规定取样复试，有复试报告。

4) 预应力混凝土结构所使用的外加剂的检测报告应有氯化物含量检测内容，严禁使用含氯化物的外加剂。

5) 取样批量：预应力钢丝以相同材料、同一直径，每盘为一验收批；钢绞线以同一钢号、同一规格、同一生产工艺，每 60t 为一批。

6) 检验项目：预应力钢丝和钢绞线除应检查屈服点(强度)、抗拉强度、伸长率及冷弯 4 项指标外，钢丝还应有反复弯曲次数和松弛技术指标；钢绞线应有屈服负荷载和整根破坏荷载的技术指标。

7）进场锚具必须进行外观检验、硬度试验和锚固能力试验。

8）锚固组装件的零件材料应按设计图纸的规定采用，且厂家应提供其化学成分和机械性能检验报告，无检验报告时，应按国家标准进行质量检验。

（12）钢结构工程材料

1）基本规定

① 钢结构工程材料主要包括钢材、钢构件、焊接材料、连接用紧固件及配件、防火防腐涂料、焊接（螺栓）球、封板、锥头、套筒和金属板等。

② 应有质量证明文件，包括出厂合格证、检测报告和中文标志等。

③ 按规定应复试的钢材必须有复试报告，并按规定实行有见证取样和送检，数量不少于应检数量的30%。

④ 重要钢结构采用焊接材料应有复试报告，并按规定实行有见证取样和送检，数量不少于应检数量的30%。

⑤ 高强度大六角头螺栓连接副和扭剪型高强度螺栓连接副应有扭矩系数和紧固轴力（预拉力）检验报告，并按规定做进场复试，实行有见证取样和送检，数量不少于应检数量的30%。

⑥ 防火涂料应有相应资质等级检测机构出具的检测报告。

2）构件出厂合格证、钢材质量证明书或试验报告、安装采用焊接材料的质量证明书，其内容与要求见4.2.2之(5)。

3）高强度螺栓连接副的质量证明文件及复检报告。

① 出厂质量证明书内容必须填写齐全，不得漏项或随意涂改，若为复印件还应注明原件存放处，加盖原件存放处公章及经办人签名，并注明日期。

② 出厂质量证明书的规格、级别及出厂日期应与检验单内填写内容相符。

③ 产品检验单与质量证明书必须按一一对应的顺序排列。

④ 扭剪型高强度螺栓连接副预拉力的复检。

A. 复检用的螺栓应在施工现场待安装的螺栓批中随机抽

取，每批应抽取 5 套连接副进行复检。

B. 每套连接副只应做一次试验，不得重复使用。在紧固中垫圈发生转动时，应更换连接副，重新试验。

C. 复检螺栓连接副的预拉力平均值应符合规定。

⑤ 高强度大六角头螺栓连接副扭矩系数的复检。

A. 复检用的螺栓应在施工现场待安装的螺栓批中随机抽取，每批应抽取 8 套连接副进行复检。

B. 每套连接副只应做一次试验，不得重复使用。

4）安装所采用的涂料质量证明书或试验报告。

5）防火涂料的质量证明书或检测报告。

① 防火涂料出厂质量证明书应包括涂料品种名称、技术性能、制造批号、贮存期限和使用说明等。

② 防火涂料涂装中每使用 100t 薄型防火涂料应抽检一次粘结强度；每使用 500t 厚型防火涂料应抽检一次粘结强度和抗压强度。其结果应符合现行国家有关标准规定。

③ 防火涂料的品种和技术性能应符合设计要求，并经过检测机构检测，生产厂家应附上经防火监督部门核发的生产许可证复印件、质量证明书和检测报告（包括耐火极限和理化力学性能检测）。

④ 其他参照“高强度螺栓连接副的质量证明文件及复检报告”相关内容。

（13）木结构工程材料

1）木结构工程物资主要材料包括方木、原木、胶合木、胶合剂和钢连接件等。

2）主要材料应有质量证明文件，包括产品合格证、检测报告等。

3）按规定须复试的木材和钢件应有复试报告。

4）木构件应有含水率试验报告。

5）木结构用圆钉应有强度检测报告。

（14）建筑石膏

1）必试项目：细度和凝结时间。

2）其他试验项目：抗折强度、标准稠度用水量。

3）验收批划分：以同一生产厂、同等级的石膏 200t 为一验收批，不足 200t 也按一批计。

4）取样数量：样品经四分法缩分至 0.2kg 送试。

(15) 石灰

本节适用于建筑生石灰、建筑生石灰粉和建筑消石灰。

1）建筑生石灰

① 必试项目：——。

② 其他试验项目：(CaO＋MgO) 含量、未消化残渣含量和 CO_2 含量产浆量。

③ 验收批划分：以同一生产厂、同一类别、同一等级不超过 100t 为一验收批。

④ 取样数量：从不同部位选取，取样点不少于 12 个，每个点不少于 2kg，缩分至 9kg。

2）建筑生石灰粉

① 必试项目：——。

② 其他试验项目：(CaO＋MgO) 含量和细度。

③ 验收批划分：以同一生产厂、同一类别、同一等级不超过 100t 为一验收批。

④ 取样数量：从本批中随机抽取 10 袋样品，从每袋中抽取 500g，混匀后缩分至 1kg。

3）建筑消石灰

① 必试项目：——。

② 其他试验项目：(CaO＋MgO) 含量、游离水、体积安定性和细度。

③ 验收批划分：以同一生产厂、同一类别、同一等级不超过 100t 为一验收批。

④ 取样数量：从本批中随机抽取 10 袋，从每袋中抽取 500g，混匀后缩分至 1kg。

(16) 装饰装修材料

1) 装饰装修材料主要包括抹灰材料、地面材料、门窗材料、吊顶材料、轻质隔墙材料、饰面板(砖)、涂料、裱糊与软包材料和细部工程材料等。

2) 主要材料应有质量证明文件,包括出厂合格证、检测报告和质量保证书等。

3) 应复试的材料(如建筑外窗、人造木板、室内花岗石、外墙面砖和安全玻璃等),须按照相关规范规定进行复试,有相应复试报告。

4) 建筑外窗应有抗风压性能、空气渗透性能和雨水渗透性能检测报告。

5) 有隔声、隔热、防火阻燃、防水防潮和防腐等特殊要求的材料应有相应的性能检测报告。

6) 当规范或合同约定应对材料做见证检测,或对材料质量产生异议时,须进行见证检验,并应有相应检测报告。检测数量不少于应检数量的30%。

由于内容较多,下面分别介绍。

(17) 轻板等板材

1) 材料要求:

① 原材料——胶凝材料、骨料、增强材料以及外加剂等的品质均应符合相应的国家或行业标准的有关规定,不得采用性能不稳定的、对人体有害及对环境有污染的材料。

② 进入施工现场的板应有产品合格证及物理力学性能检验报告;板等材料的品种、规格及其各项性能指标均达到规范的要求。

③ 检验报告内产品使用的工程名称、部位及代表数量均填写齐全。

④ 填充用的水泥砂浆、细石混凝土应有配合比设计报告。

⑤ 所用的水泥、砂、石原材料应有相应的检验报告及出厂合格证。

⑥ 板接缝密封嵌缝粘结材料及防裂盖缝材料应有配合比设

计报告。

⑦ 检验报告内各项内容填写准确、结论明确且不得随意涂改，签名、盖章齐全，若为复印件还应注明原件存放处，加盖原件存放处公章及经办人签名，并注明日期。

⑧ 设计规定的隔声、防火、防水及密封的材料质量证明。

2）铝塑复合板

① 必试项目：铝合金板与夹层的剥离强度（用于外墙）。

② 其他试验项目：——。

③ 验收批划分：同一生产厂的同一等级、同一品种、同一规格的产品 $3000m^2$ 为一验收批，不足 $3000m^2$ 的也按一批计。

④ 取样数量：从每批产品中随机抽取 3 张进行检验。

3）装饰单面贴面人造板

① 必试项目：甲醛释放量。

② 其他试验项目：浸渍剥离强度和表面胶合强度。

③ 验收批划分：同一生产厂、同品种、同规格的板材每 1000 张为一验收批，不足 1000 张也按一批计。

④ 取样数量：抽样时应在具有代表性的板垛中随机抽取，每一验收批抽样 1 张，用于物理化学性能试验。

4）细木工板

① 必试项目：甲醛释放量。

② 其他试验项目：含水率、横向静曲强度和胶合强度。

③ 验收批划分：同一生产厂、同类别、同树种生产的产品为一验收批。

④ 取样数量：

a. 物理力学性能检验试件应在具有代表性的板垛中随机抽取。

b. 批量范围在≤1200 块时，抽样数 1 块；1201～3200 抽样数 2 块；＞3200 抽样数 3 块。

5）层板胶合木

① 必试项目：甲醛释放量。

② 其他试验项目：含水率、指形接头的弯曲强度、胶缝的抗剪强度、耐久性(脱胶试验)。

③ 取样数量：每 10m³ 的产品中检验 1 个全截面试件。

6）中密度纤维板

① 必试项目：甲醛释放量。

② 其他试验项目：弹性模量、握螺钉力、密度、含水率、吸水厚度膨胀率、内结合强度、静曲强度。

③ 取样数量：物理力学性能及甲醛释放量的测定，应在每批产品中，任意抽取 0.1%(但不得少于一张)的样板进行测试。

7）胶合板

① 必试项目：含水率。

② 其他试验项目：胶合强度、甲醛释放量。

③ 取样数量：同一生产厂、同类别、同树种、同规格、同等级、不足 2000 张随机抽取 1 张，2000～5000 张抽取 2 张，5000 张以上抽取 3 张。

8）矿棉装饰吸声板

① 必试项目：体积、含水率、弯曲破坏荷载。

② 其他试验项目：燃烧性能、受潮挠度、降噪系数。

③ 验收批划分：同一生产厂、同一成分，同一体积密度、同种粘结剂的产品每 1500m² 为一验收批，不足 1500m² 也按一批计。

④ 取样数量：从每批产品中随机抽取一组试件，每组试件为 2 个样本容量，其中 1 个样本，含水率试件为 2 个(试件尺寸为 150mm×150mm×产品厚度)，1 个样本容量中弯曲破坏荷载试件为 5 个试件(试件尺寸为 150mm×200mm×产品厚度)。

9）建筑用轻钢龙骨

① 必试项目：抗冲击、静载。

② 其他试验项目：双面镀锌量。

③ 验收批划分：同一生产厂、同型号、同规格的产品，每 2000m 长为一验收批，不足 2000m 也按一批计。

④ 取样数量：每一验收批，取一组试样(3 根)用于外观质量

和形状尺寸的检测，经外观检测的3根试件上切取900mm²的样品用于镀锌量的测量。

10）铝合金建筑型材

① 必试项目：拉伸试验、硬度试验。

② 其他试验项目：化学成分。

③ 验收批划分：同一生产厂、同一牌号、同一状态、同一规格的型材组成一验收批。

④ 取样数量：用于化学分析的试件数量：

A. 板材、带材，每2000kg取1个样品；箔材，每500kg取1个样品；管材、棒材、型材、线材每100kg取1个样品；锻件每1000～3000kg取1个样品；铸锭(批量不限)一批取1个样品。

B. 用于物理性能的试件：每一验收批，取一组试件(2根拉伸试样，2根硬度试验试样)。

11）聚氯乙烯卷材地板

① 必试项目：——。

② 其他试验项目：耐磨层厚度、PVC层厚度、加热长度变化率。

③ 验收批划分：同一生产厂、同一配方、工艺、规格、颜色、图案的产品，每500m²为一验收批，不足500m²也按一批计。

④ 取样数量：

A. 每一验收批随机抽取3卷，用于外观质量及尺寸偏差的检验，并在合格的样品中抽取1卷，用于物理性能检验。

B. 从距卷头一端300mm处，截取全幅地板800mm共2块，一块送试，一块备用。

12）半硬质聚氯乙烯块状塑料地板

① 必试项目：——。

② 其他试验项目：磨热膨胀系数、加热重量损失率、加热长度变化率、吸水长度变化率、磨耗量、残余凹陷度。

③ 验收批划分：同一生产厂、同一配方、工艺、规格的塑料地板每1000m²为一验收批，不足1000m²也按一批计。

④ 取样数量：每批中随机抽取 5 箱，每箱抽取 2 块作为试件。

13）实木复合地板

① 必试项目：甲醛释放量。

② 其他试验项目：含水率、浸渍剥离、静曲强度、弹性模量、表面耐磨、表面耐污染、漆膜附着力。

③ 取样数量：

A. 物理力学性能检验：同一规格、同一类产品，根据产品批量大小随机抽取。每 2 块地板组成一组。

B. 理化性能检验：≤1000 块时，初检抽取 2 块，复检抽取 4 块。≥1001 块时，初检抽取 4 块，复检抽取 8 块。

注：1. 在初检和复检抽样数中将任意两块地板组成一组。
2. 制取浸渍剥离试件时，试件表面只允许有一条拼接线，且拼接线应尽量居中。

14）实木地板

① 必试项目：含水率。

② 其他试验项目：漆板表面耐磨、漆膜附着力、漆膜厚度。

③ 组批原则及取样规定。

物理力学性能检验：在样本中根据产品批量大小随机抽取 2～8块地板块作为试件。试件制取位置、尺寸、规格及数量按图 4.2.1 和表 4.2.2 的要求进行。

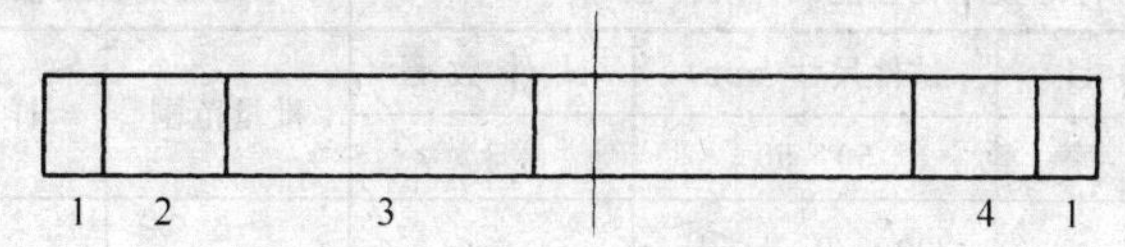

图 4.2.1　试位制取位置

实木地板性能试件规格数量　　表 4.2.2

检验项目	试件尺寸 (mm)	产品批量范围（块）			编号
		≤500	＞500～≤1000	＞1000	
试件含水率	20.0×板宽	6	12	24	1
漆板表面耐磨	100.0×100.0	1	2	4	2

续表

检验项目	试件尺寸（mm）	产品批量范围（块）			编号
		≤500	>500～≤1000	>1000	
漆膜附着力	250.0×板宽	1	2	4	3
漆膜硬度	100.0×板宽	1	2	4	4

注：1. 制取漆板表面耐磨试件时，若试件宽度达不到100mm，可通过胶粘把两块试件拼接起来，且拼接线尽量居中，拼缝平整。

2. 漆板含水率试件应去除表面漆膜及榫槽。

3. 试件的边角应平直，无崩边。长、宽允许偏差为±0.5mm，除表面耐磨试件厚度在8mm±0.5mm之内，其他试件即为地板实厚。

15）竹地板

① 必试项目：浸渍剥离、含水率、静曲强度、表面漆膜耐磨性、表面漆膜耐污染性。

② 其他试验项目：表面硬度、抗冲击性能、表面漆膜附着力、甲醛释放量。

③ 验收批划分：理化性能检验样本应在具有代表性的地板条中随机抽取。

④ 取样数量：样本数量及试件制取位置、尺寸、规格、数量按表4.2.3要求进行。

竹地板试验取样数量　　表4.2.3

竹地板理化性能试件规格、数量			理化性能检验抽样数量	
检验项目	试件尺寸（mm）	试件数量	批量范围	样本数
含水率	50×50	3	≤1000	7
静曲强度	300×30　$h\leqslant 15$ 350×30　$h>15$	6		
浸渍剥离	75×75	6		
表面漆膜耐磨性	100×100（涂饰竹地板）	1	>1000	14
表面漆膜耐污染	长度300（涂饰竹地板）	1		

注：静曲强度试件：制取试件时应去除榫槽、榫舌。

(18) 陶瓷砖

本节适用于干压陶瓷砖(瓷质砖、炻瓷砖、细炻砖)、彩色釉面陶瓷墙地砖和陶瓷锦砖。

1) 干压陶瓷砖

① 必须有出厂质量合格证,合格证内容必须齐全,应有产品名称、规格、出厂日期、产品厂家等。

② 使用单位注明其代表数量,且与图纸要求相符。

③ 试验项目、验收批划分和取样数量

A. 必试项目:吸水率(用于外墙)和抗冻(寒冷地区)。

B. 其他试验项目:耐磨性(用于铺地)、抗冻性、外观质量、尺寸偏差。必要时需检验其破坏强度、抗釉裂性、抛光砖光泽度、线性热膨胀系数、耐污染性、铝和镉的溶出量等。

C. 验收批划分:以同一生产厂、同品种、同级别、同规格实际的交货量大于 $5000m^2$ 为一批,不足 $5000m^2$ 也按一批计。

D. 取样数量:

a. 吸水率试验试样:每种类型的砖用 10 块整砖测试。

b. 如每块砖的表面积大于 $0.04m^2$ 时,只需用 5 块整砖作测试,如每块砖的表面积大于 $0.16m^2$ 时,至少在 3 块整砖的中间部位切割最小边长为 100mm 的 5 块试样。

c. 如每块砖的质量小于 50g,则需足够数量的砖使每种测试样品达到 50~100g。

d. 砖的边长大于 200mm 时,可切割成小块,但切割下的每一块应计入测量值内。多边形和其他非矩形砖,其长和宽均按矩形计算。

e. 抗冻性测定试样:

使用不少于 10 块整砖,其最小面积为 $0.25m^2$。砖应没有裂纹、釉裂、针孔、磕碰等缺陷。如果必须用有缺陷的砖进行检验,在试验前应用永久性的染色剂对缺陷做记号,试验后检查这些缺陷。将试样砖在 110℃±5℃的干燥箱内烘干至恒重(即相隔 24h,连续两次称量之差值小于 0.01%),记录每块砖的干质量。

2）彩色釉面陶瓷墙地砖

① 必试项目：吸水率（用于外墙）和抗冻（寒冷地区）。

② 其他试验项目：耐磨（用于地面）和耐化学腐蚀。

③ 验收批划分：以同一生产厂的产品每 $500m^2$ 为一验收批，不足 $500m^2$ 的也按一批计。

④ 取样数量：按规定随机抽取。吸水率、耐急冷急热性、抗冻、耐磨性试样，也可从表面质量，尺寸偏差合格的试样中抽取（吸水率 5 个试件，耐急冷急热 10 个试件，抗冻、耐磨 5 个试件、弯曲 10 个试件）。

3）陶瓷锦砖

① 必试项目：吸水率和耐急冷急热性。

② 其他试验项目：外观质量、尺寸偏差、脱纸时间与铺贴纸粘合牢固度，以及热稳定性和化学稳定性。

③ 验收批划分：同一生产厂、同品种、同色号的产品 25～300 箱为一验收批，少于 25 箱时，由供需双方商定；

④ 取样数量：从每验收批中抽取 3 箱，然后再从 3 箱中抽取规定的样本量。吸水率，耐急冷急热试件各 5 个。

（19）陶瓷墙地砖粘结剂

1）必试项目：——。

2）其他试验项目：拉伸胶粘结强度达到 0.17MPa 的时间间隔；压剪胶接强度防霉性。

3）验收批划分：同一生产时间、同一配料工艺条件下制得的成品。A 类产品每 30t 为一验收批，不足 30t 也按一批计。其他类产品每 3t 为一验收批，不足 3t 也按一批计。

4）取样数量：每批抽取 4kg 样品，充分混匀，将样品一分为二，一份送试，一份备用。

（20）外墙饰面砖

1）必试项目：粘结强度。

2）其他试验项目：——。

3）验收批划分：现场镶贴外部饰面砖工程，每 $300m^2$ 同类墙体取一组试样，每组 3 个试件，每一楼层不得少于一组，不足 300m² 同类墙体，每两楼层取一组试样，每组 3 个试件。

4）取样数量：带饰面砖的预制墙板，每生产 100 块制板墙取一组试样，不足 100 块制板墙也取一组试样。每组在 3 块板中各取 2 个试件。

(21) 耐酸砖

1）必试项目：——。

2）其他试验项目：弯曲强度、耐急冷急热性、耐酸度、吸水率。

3）验收批划分：以同一生产厂，同一规格的 5000～30000 块为一验收批，不足 5000 块，由供需双方协商验收。

4）取样数量：每一验收批，随机抽样。弯曲强度试验取 5 块（每块砖上截取一个 130mm × 20mm × 20mm，尺寸偏差为 ±1mm）；耐急冷急热试验，取 3 块边棱完整的砖进行；耐酸度试验取弯曲强度试验后的碎块或从检验用砖上敲取碎块约 200g（除去釉面）。

(22) 天然花岗石建筑板材

天然花岗石建筑板材按形状分为：普型板、圆弧板、异形板、亚光板、镜面板、粗面板等。

天然花岗石建筑板材按外观质量和尺寸偏差分为：优等品(A)、一等品(B)和合格品(C)。

1）天然花岗石建筑板材应有出厂合格证或质量证明文件，应标明产地、生产厂家、生产日期、品名、类别、规格、形状、等级等。

2）试验项目、验收批划分和取样数量

① 必试项目：放射性元素含量（室内用板材）、石材幕墙工程；弯曲强度、冻融循环。

② 其他试验项目：吸水率、耐久性、耐磨性、镜面光泽度、体积密度。

3）验收批划分：以同一产地、同一品种、等级、规格的板材每 200m³ 为一验收批，不足 200m³ 的单一工程部位的板材也按一批计。

4）取样数量：在外观质量，尺寸偏差检验合格的板材中抽取

2%，数量不足10块的抽10块。镜面光泽度的检验从以上抽取的板材中取5块进行。体积密度、吸水率取5块（50mm×50mm×板材厚度）。

(23) 天然大理石建筑板材

天然大理石建筑板材按形状分为：普型板、圆弧板和异形板。

普型板和圆弧板按外观质量和尺寸偏差分为：优等品(A)、一等品(B)和合格品(C)。

1）天然大理石建筑板材应有出厂合格证或质量证明文件。应标明产地、生产厂家、生产日期、规格、形状和等级等。

2）进场检验：外观质量、尺寸偏差、平面度允许公差、镜面光泽度、吸水率等。

3）试验项目：同天然花岗石建筑板材。

4）验收批量：

以同一产地、同一品种、等级、规格的板材每$100m^3$为一验收批。不足$100m^3$的单一工程部位的板材也按一批计。

5）取样数量：同天然花岗石建筑板材。

(24) 水磨石制品

1）应有产品合格证或质量证明文件。

2）进场检验：外观质量、尺寸偏差、光泽度、吸水率及抗折强度等。

3）取样批量

同品种、同规格、同质量等级的水磨石制品，每500～3000块为一批。

(25) 陶瓷劈离砖

陶瓷劈离砖按表面性质分为有釉砖和无釉砖，按形状分为矩形砖和异形砖，按技术指标分为优等品、一等品和合格品。

1）陶瓷劈离砖应有出厂合格证或质量证明文件。

2）进场检验：外观质量、尺寸偏差、吸水率、抗冻性、耐急冷急热性、耐磨性、耐碱性和耐酸性等。

3）取样批量

同产地、同厂家、同品种、同规格、同等级产品 50～500m^2 为一批，不足 50m^2 也按一批计。

(26) 纸面石膏板

纸面石膏板按用途分为：普通纸面石膏板、耐水纸面石膏板和耐火纸面石膏板。

纸面石膏板按边部形状分为矩形、倒角形、楔形和圆形。

1) 纸面石膏板应有出厂合格证或质量证明文件。

2) 进场检验：外观质量、长度、宽度、厚度、楔形棱边宽度及深度、对角线长度差、吸水率、表面吸水量等。

3) 取样批量

同产地、同厂家、同型号、同规格每 2500 张为一批，不足 2500 张也按一批计。

(27) 建筑涂料

建筑涂料包括：复层建筑涂料、合成树脂乳液砂壁状建筑涂料、合成树脂乳液外墙涂料、合成树脂乳液内墙涂料、溶剂型外墙涂料、建筑室内用腻子等。

1) 应有产品合格证或质量证明文件

内容应有：产地、生产厂家、生产日期、生产批号(编号)，主要特征及成分、适用范围、性能检验合格证、贮存条件及有效期、使用方法及注意事项、有害物质含量等。

2) 进场检验

① 复层建筑涂料：低温稳定性、抗裂性、粘结强度、透水性、耐碱性、耐候性等；

② 其余涂料及腻子：容器中状态、施工性、贮存稳定性、干燥抗裂性、干燥时间、耐水性、耐碱性、粘结强度等。

3) 取样批量

产品交货时，应记录桶数，按随机取样方法，同一生产厂家、同品种、同包装的产品进行取样。

① 2～10 桶，取样 2 桶；

② 11～20 桶，取样 3 桶；

③ 21～35 桶，取样 4 桶；

④ 36～50 桶，取样 5 桶；

⑤ 51～70 桶，取样 6 桶；

⑥ 71～90 桶，取样 7 桶；

⑦ 91～125 桶，取样 8 桶；

⑧ 126～160 桶，取样 9 桶；

⑨ 161～200 桶，取样 10 桶。

注：以后每增加 50 桶取样增加 1 桶。

(28) 混凝土路面砖

混凝土路面砖按质量等级分为：优等品(A)、一等品(B)和合格品(C)。

1) 混凝土路面砖应有合格证。

2) 进场检验：外观质量、尺寸偏差、抗压强度等。

3) 取样批量：同生产厂家、同类别、同规格、同等级每 20000 块为一批，不足 20000 块也按一批计。

(29) 耐热材料

1) 膨胀珍珠岩

① 必试项目：堆积密度、粒度、含水率。

② 其他试验项目：导热系数。

③ 验收批划分：从同一生产厂的产品，每 $100m^3$ 为一检验批，不足 $100m^3$ 也按一批计。

④ 取样数量：从每检验批量货堆上的不同位置随机抽取 5 包试样，将每包试样按四分法缩分到 $0.008m^3$，放入袋中，分别放在干燥的容器中。

2) 建筑物隔热用硬质聚氨泡沫塑料

① 必试项目：堆积密度、压缩性能、燃烧性能。

② 其他试验项目：导热系数、吸水率。

③ 验收批划分：以同一生产厂、同一配方、同一工艺生产的产品，每 $500m^3$ 为一验收批，不足 $500m^3$ 也按一批计。

④ 取样数量：从每批产品随机抽取 2 块试样进行物理性能检

验。抽取 20 块进行外观和尺寸偏差的检验。

(30) 门窗

1) 门窗物理性能包括:抗风压能力、气密性、水密性、保温隔热性能、隔声性能、采光、防火、防盗等。

2) 门窗按品种可分为:实木门窗、金属门窗(钢门窗、铝合金门窗、涂色镀锌钢板门窗)、塑料门窗、特种门(防火门、防盗门、自动门、全玻门、旋转门、金属卷帘门)等。

3) 门窗类型:指门窗功能或开启方式,如平开式、推拉式、立转式、自动式等。

4) 应有产品合格证书、性能检测报告、进场验收记录和复验报告。

5) 特种门及附件的生产许可文件。

6) 人造木板的甲醛含量复验报告。

7) 外墙金属窗、塑料窗抗风压性能、空气渗透性能和雨水渗漏性能复验报告。

8) 外观质量检查记录。

9) 试验项目、检验批划分及取样数量。

① 必试项目:抗风压性能、空气渗透性能、雨水渗漏性能。

② 其他试验项目:——。

③ 验收批划分和取样数量:

A. 同品种、同规格、同生产厂家的木门窗、金属门窗、塑料门窗每 100 樘为一批,不足 100 樘也按一批计,抽查 5%不得少于 3 樘,用于高层的抽查 10%,不得少于 6 樘。

B. 同品种、同类型、同规格、同生产厂家的特种门每 50 樘为一批,不足 50 樘也按一批计;抽查 50%,不得少于 10 樘。

(31) 玻璃

1) 玻璃必须有产品合格证及质量证明书。

应注明产品名称、规格、出厂日期等内容齐全,不得漏项或涂改,若为复印件还应注明原件存放处,并应加盖原件存放单位公章,经办人签名等。

2）玻璃进场质量检查记录。

3）取样批量

① 浮法玻璃、普通平板玻璃、压花玻璃及夹丝玻璃：现场检验，按标准组批，即检即判。

② 钢化玻璃：供货时，应按标准要求加工 2 片 1930mm×864mm、5 片 300mm×300mm 供检验。

③ 幕墙用钢化玻璃与半钢化玻璃：供货时，应按标准要求加工 2 片 1930mm×864mm、5 片 300mm×300mm 供检验。

④ 夹层玻璃：现场切割 2 片 1930mm×864mm、6 片 610mm×610mm。

⑤ 热反射玻璃：同型号同一批号从不同包装中抽 5 片，从每片的四角和中心取 100mm×100mm 小样 5 块，共 25 块。

⑥ 贴膜玻璃：现场切割 2 片 1930mm×864mm、3 片 100mm×100mm。

⑦ 中空玻璃：供货时，应按标准要求加工 510mm×360（4＋12＋4）mm 样品 10 片供检验。

（32）幕墙工程材料

1）基本规定

① 幕墙工程材料主要包括玻璃、石材、金属板、铝合金型材、钢材、粘结剂及密封材料、五金件及配件、连接件和涂料等。

② 主要材料应有质量证明文件，包括产品合格证、检测报告、商检证等。

③ 按规定应复试的幕墙材料必须有复试报告。

④ 幕墙应有抗风压性能、空气渗透性能、雨水渗透性能及平面变形性能检测报告。

⑤ 硅酮结构胶应有国家指定检测机构出具的相容性和剥离粘结性检测报告。

⑥ 玻璃、石材和金属板应有有相应资质等级检测机构出具的性能检测报告。

⑦ 安全玻璃应有安全性能检测报告，并按有关规定取样复试

(凡获得中国强制认证标志[CCC]的安全玻璃可免做现场复试)。

⑧ 铝合金型材应有涂膜厚度的检测。

⑨ 防火材料应有有相应资质等级检测机构出具的检测报告。

2）铝合金材料出厂质量证明书及力学性能检验报告

① 出厂质量证明书内容必须填写齐全，不得漏项或随意涂改，若为复印件还应注明原件存放处，加盖原件存放处公章及经办人签名，并注明日期。

② 按同期同厂、同类产品作为一验收批，每批随机抽取 3%，且不可少于 5 件。如经检测不合格，可再随机抽取 6%；如仍不合格，则该批材料即判定为不合格。

③ 出厂质量证明书的规格、级别及出厂日期应与检验单内填写内容相符。

④ 铝合金材料出厂质量证明书应包括化学成分、力学性能、膜厚等。

3）板材(或玻璃)出厂质量证书及检验报告。

4）建筑密封材料出厂质量证明书

① 出厂质量证明书内容必须填写齐全，不得漏项或随意涂改，若为复印件还应注明原件存放处，加盖原件存放处公章及经办人签名，并注明日期。

② 使用单位必须注明其代表数量。

5）结构、耐候硅酮密封胶质量证明书及检验报告

① 出厂质量证明书内容必须填写齐全，不得漏项或随意涂改，若为复印件还应注明原件存放处，加盖原件存放处公章及经办人签名，并注明日期。

② 出厂质量证明书应附其有效期限证明、物理耐用年限证明。

③ 硅酮结构密封胶应采用高模数中性胶，应在有效期内使用，过期的结构硅酮密封胶不得使用；硅酮结构密封胶必须购买国家认定产品，同时索取认证书复印件。在采购结构胶时，使用者向销售企业提供工程项目名称、地址、幕墙面积和需要用结构胶数量，竣工验收时必须提供结构胶的购销合同原件。

④ 保温材料、防火材料出厂质量证明书幕墙宜采用岩面、矿棉、玻璃棉、防火板等不燃烧性材料或难燃烧性材料作隔离材料。

6）所有钢材、五金件配件及其他材料出厂质量证明书

① 出厂质量证明书内容必须填写齐全，不得漏项或随意涂改，若为复印件还应注明原件存放处，加盖原件存放处公章及经办人签名，并注明日期。

② 螺栓、螺母、滑撑、限位器、连接件等出厂质量证明书，铆钉力学性能检验报告。

③ 金属材料和零附件除不锈钢外，钢材应进行表面热浸镀锌处理，并有镀锌工艺处理质量证书；铝合金应进行表面阳极氧化处理。

7）构件出厂质量证明书

① 构件出厂质量证明书主要包括竖向构件、横向构件、玻璃板块、开启窗、连接件、预埋件等。

② 出厂质量证明书内容必须填写齐全，不得漏项或随意涂改，若为复印件还应注明原件存放处，加盖原件存放处公章及有经办人签名，并注明日期。

8）幕墙质量证书

幕墙质量证书应有保修3年的承诺内容。

9）进口原材料商检报告

（33）材料污染物含量检测报告

1）民用建筑工程所使用的材料应按现行规范的要求做污染物检测，有污染物含量检测报告。

2）民用建筑工程室内装饰装修用花岗石材，根据有关规定应有放射性复试报告，人造木板及饰面人造板根据有关规定应有甲醛含量复试报告，并按规定实行有见证取样和送检。

4.2.3　施工试验报告及见证检测报告

施工试验报告，是根据设计要求和规范规定进行施工试验时，所记录的原始数据和计算结果（试验单位应向委托单位提供试验数据），及由此得出试验结论整理成的资料。

见证检测报告系按国家建设部文件规定实行见证检测而整理出的报告资料。

(1) 回填土

1) 土方工程应测定土的最大干密度和最优含水量，确定最小干密度控制值，由试验单位出具《土工击实试验报告》，土工击实试验报告应注明工程名称及试验部位、结构类型、填土部位、要求压实系数、土样种类，以及采样日期、试验日期、委托单位及委托人，并应填写试验结果，包括最优含水量、最大干密度、控制指标(控制干密度)和最大干密度、要求压实系数，以及试验结论。

2) 应按规范要求绘制回填土取点平面示意图，分段、分层(步)取样做《回填土试验报告》，回填土试验报告应注明要求压实系数、回填土种类、控制干密度、试验点号、步数、实测干密度和实测压实系数，取样位置简图(附图)和试验结论。

(2) 土工试验报告

1) 应有取样数量。取样数量应按下述要求进行：

① 采用环刀法取样时，基坑回填每 20～50m^3 取样一组(每个基坑不少于一组)，基槽或管沟回填每层按长度 20～50m 取样一组；室内填土每层按 100～500m^2 取样一组；场地平整填方每层按 400～900m^2 取样一组。取样部位应在每层压实后的下半部。

② 采用灌砂(或灌水)法取样时，取样数量可较环刀法适当减少，取样部位应为每层压实后的全部深度。

2) 填土压实后的干密度应有 90％以上符合设计要求，其余 10％的最低值与设计值的差不得大于 0.08/cm^3，且应分散，不得集中；如设计无要求时，其取值应符合《地基与基础工程施工质量验收规范》的规定。

3) 土工试验报告应有相应的取样平面图，并将取样点标注明确。

4) 回填土土质、填土种类、取样及试验时间应与施工记录中的内容相符。

(3) 标准贯入试验报告

1）用贯入仪、钢筋或钢叉等以贯入度大小检查砂土地基的质量时，以不大于通过试验所确定的贯入度为合格。

2）钢筋贯入测定法：用直径为 20mm、长 1250mm 的平头钢筋，举高砂层面 700mm 自由下落，插入深度应根据该砂的控制干密度确定。

3）钢叉贯入测定法：用水撼法使用的钢叉，举高至离砂层面 500mm 自由下落，插入深度亦应根据该砂土的控制干密度确定。

（4）载荷试验

1）载荷试验可用于确定岩土的承载力和变形特性等。平板载荷试验适用于浅层地基，螺旋板载荷试验适用于深层地基或地下水位以下的土层。

2）载荷试验应布置在有代表性的地点和基础底面标高处。

3）载荷试验技术要求：

① 开挖试验面时应避免对岩土的扰动，并在承压板下铺设适当厚度的垫层，尽快安装试验装置。

② 平板承压板宜采用圆形压板，面积可采用 $0.25\sim0.5m^2$。在岩层中，承压板的尺寸应根据节理裂隙的密度确定。螺旋板板头面积可采用 $0.2\sim0.5m^2$，对硬土可采用更小面积的板头。在土层中载荷试验应采用刚性承压板。

③ 宜用重物或液压千斤顶均匀加荷。加荷方式可采用分级维持荷载沉降相对稳定法、沉降非稳定法（快速法）和等沉降速率法，量测精度应达最大荷载的 1％。

④ 承压板的沉降量测量，采用百分表或电测位移计。除量测承压板的沉降外，需要时可量测承压板下不同深度土层的分层沉降、承压板周围土面的升降、不同深度土层的侧向位移。

⑤ 试验宜进行到破坏阶段，当出现下列情况之一时可终止试验：

A. 承压板周围的岩土有明显的侧向挤出、隆起或裂纹；

B. 24h 内沉降随时间近似等速或加速发展；

C. 沉降量超过承压板直径或宽度的 1/12；

D. 当达不到极限荷载时最大压力应达预期设计压力的 2 倍

或超过第一拐点至少三级荷载。

4）载荷试验成果：

① 绘制压力与沉降、沉降与时间曲线；

② 利用压力与沉降曲线初始直线段，按均质各向同性半无限弹性介质计算变形模量；

③ 根据压力与沉降、沉降与时间曲线的特征点或承压板周围地面的变形，以及承压板下土体的侧向位移，确定临塑荷载和极限荷载，并提供地基承载力；

④ 螺旋板载荷试验尚可根据沉降与时间曲线估算土的固结系数。

（5）支护工程施工试验

1）锚杆应按设计要求进行现场抽样试验，有锁定力（抗拔力）试验报告。

2）支护工程使用的混凝土，应有混凝土配合比通知单和混凝土强度试验报告；有抗渗要求的还应有抗渗试验报告。

3）支护工程使用的砂浆，应有砂浆配合比通知单和砂浆强度试验报告。

（6）桩基（地基）工程施工试验

1）地基应按设计要求进行承载力检验，有承载力检验报告。

2）桩基应按设计要求和相关规范、标准规定进行承载力和桩体质量检测，由有相应资质等级检测单位出具检测报告。

3）桩基（地基）工程使用的混凝土，应有混凝土配合比通知单和混凝土强度试验报告；有抗渗要求的还应有抗渗试验报告。

4）下列工程应有静载试验：

① 一级建筑桩基；

② 地质条件复杂、确定单桩承载力可靠性低、桩数多的二级建筑桩基；

③ 有争议的桩基工程；

④ 本地区新桩型或应用新施工工艺的桩基工程。

5）对于成桩质量检测，应根据地质条件、施工工艺、建筑桩基类别，合理选择一种或多种检测方法，确保建设工程质量。

6）检验数量：

① 单桩单柱的桩基成桩质量检测抽检数应为100%。

② 承受水平荷载、抗拔荷载的桩基工程，应根据设计要求，分别进行水平、抗拔静载试验，单桩水平、抗拔静载试验的检测数量不少于总桩数的1%，且不少于3根。

③ 对于冲（钻）孔桩、人工挖孔桩，当桩径大于2500mm时，

A. 宜进行岩基原位试验确定持力层；

B. 每根桩应进行超前钻；

C. 超声波透射法检测数为100%。

（7）砌筑砂浆

1）应有配合比申请单和试验室签发的配合比通知单。

① 配合比申请单。配合比申请单应注明砂浆种类、强度等级、水泥品种、工厂名称、水泥进场时间、试验编号、砂的产地、粗细级别、试验编号、掺合料种类、外加剂种类以及要求使用时间等。

② 砂浆配合比通知单。应注明砂浆强度等级、配合比（每立方米砂浆的水泥、砂、掺合料、外加剂及白灰的用量（kg/m^3）以及比例）。

2）应有按规定留置的龄期为28d标准养护试块的抗压强度试验报告。砂浆抗压强度试验报告应注明砂浆种类、强度等级、稠度、水泥品种及强度等级、水泥试验编号、掺合料种类、外加剂种类、配合比编号、试块成型时间、要求龄期及试验日期、养护方法以及试验结果和结论等。

3）承重结构的砌筑砂浆试块应按规定实行有见证取样和共同送检。

4）砂浆试块的必试项目及留置数量

① 必试项目：稠度和抗压强度。其他为分层度、拌合物密度和抗冻性。

② 留置数量：

A. 砌筑砂浆：

a. 以同一砂浆强度等级，同一配合比，同种原材料每一楼层

或 250m³ 砌体(基础砌体可按一个楼层计)为一个取样单位,每取样单位标准养护试块的留置不得少于一组(每组 6 块)。

b. 干拌砂浆:同强度等级每 400t 为一验收批,不足 400t 也按一批计。每批从 20 个以上的不同部位取等量样品。总质量不少于 15kg,分成两份,一份送试,一份备用。

B. 建筑地面用水泥砂浆:以每一层或 1000m² 为一检验批,不足 1000m² 也按一批计。每批砂浆至少取样一组。当改变配合比时也应相应地留量试块。

5) 应有单位工程"砌筑砂浆试块抗压强度统计、评定记录",应按同一类型、同一强度等级砂浆为一验收批进行统计和评定。统计和评定时应注明强度等级、养护方法、结构部位、试块组数、强度标准值、平均值和最小值以及每组的强度值、判定方法和合格规定:

① 同一验收批砂浆试块抗压强度平均值必须大于或等于设计强度等级所对应的立方体抗压强度;

② 同一验收批砂浆试块抗压强度的最小一组平均值必须大于或等于设计强度等级所对应的立方体抗压强度的 0.75 倍。

(8) 钢筋连接

1) 用于焊接、机构连接钢筋的力学性能和工艺性能应符合现行国家标准。

2) 正式焊(连)接工程开始前及施工过程中,应对每批进场钢筋在现场条件下进行工艺检验。工艺检验合格后方可进行焊接或机械连接的施工。

3) 钢筋焊接接头或焊接制品以及机械连接接头应按焊(连)接类型和验收批的划分进行质量验收并在现场取样复试。钢筋连接验收批的划分及取样数量和必试项目如下:

① 电阻点焊

A. 必试项目:抗拉强度、抗剪强度、弯曲试验。

B. 验收批划分和取样数量:

a. 钢筋焊接骨架:凡钢筋级别、直径及尺寸相同的焊接骨架

应视为同一类制品，每 200 件为一验收批，一周内不足 200 件的也按一批计；由几种钢筋直径组合的焊接骨架，应对每种组合做力学性能检验；热轧钢筋焊点，应作抗剪试验，试件数量 3 件；冷拔低碳钢丝焊点，应作抗剪试验及对较小的钢筋作拉伸试验，试件数量 3 件。

b. 钢筋焊接网：凡钢筋级别、直径及尺寸相同的焊接骨架应视为同一类制品，每批不应大于 30t，或每 200 件为一验收批，一周内不足 30t 或 200 件的也按一批计；试件应从成品中切取；冷轧带肋钢筋或冷拔低碳钢丝焊点应作拉伸试验，试件数量 1 件，横向试件数量 1 件；冷轧带肋钢筋焊点应作弯曲试验，纵向试件数量 1 件，横向试件数量 1 件；热轧钢筋、冷轧带肋钢筋或冷拔低碳钢丝的焊点应作抗剪试验，试件数量 3 件。

C. 试验结果：接头的抗剪、抗拉强度若有 1 个试件达不到要求，则取 6 个抗剪试件或 6 个抗压试件对该试验项目进行复试，复试结果有 1 个试件达不到要求，该批制品为不合格。对于不合格品，经采取补强处理后，可提交二次试验。

② 闪光对焊

A. 必试项目：抗拉强度和弯曲试验。

B. 验收批划分：同一台班内由同一焊工完成的 300 个同级别、同直径钢筋焊接接头应作为一批。同一台班内，可在一周内累计计算；累计仍不足 300 个接头，也按一批计。

C. 取样数量：

a. 做力学性能试验时，试件应从成品中随机切取 6 个试件，其中 3 个做拉伸试验，3 个做弯曲试验。

b. 焊接等长预应力钢筋(包括螺丝杆与钢筋)，可按生产条件作模拟试件。

c. 螺丝端杆接头可只做拉伸试验。

d. 初试结果不符合要求时，可随机再取双倍数量试件进行复试。

e. 模拟试件试验结果不符合要求时，复试时应从成品中切

取，其数量和要求与初试时相同。

D. 试验结果：

a. 3 个试件的抗拉强度均不得低于该级别钢筋规定的抗拉强度值。RRB400 级（余热处理 III 级）钢筋 3 个试件均不得低于 570MPa，至少有两个试件断于焊缝之外，并呈延性断裂。

当试验结果有 1 个试件的抗拉强度低于规定指标，或有 2 个试件在焊缝或热影响区发生脆性断裂，应取双倍（6 个试件）数量的试样进行复检。复检结果若仍有一个试样的抗拉强度低于规定指标，或有 3 个试样呈脆性断裂，则该批接头即为不合格品。

b. 预应力钢筋与螺丝端杆闪光对焊接头拉伸试验，3 个试件应全部断于焊缝和热影响区之外，呈延性断裂。当检验结果有 1 个试件在焊缝或热影响区内发生断裂时，应从成品中再切取 3 个试件进行复验。复验结果若仍有 1 个试件在焊缝或热影响区内发生断裂时，该批接头即为不合格。

c. 弯曲试验，至少有 2 个试件的外侧不得出现宽度大于 0.15mm的横向裂纹，弯曲试验结果如有 2 个试件未达到上述要求，应取双倍数量的试件进行复验，复验结果若有 3 个试件不符合要求，该批接头即为不合格品。

③ 电弧焊

A. 必试项目：抗拉强度。

B. 验收批划分：

a. 工厂焊接条件下：同钢筋级别 300 个接头为一验收批。

b. 在现场安装条件下：每 1 至 2 层楼同接头形式、同钢筋级别的接头 300 个为一验收批。不足 300 个接头也按一批计。

C. 取样数量：

a. 试件应从成品中随机切取 3 个接头进行拉伸试验。

b. 装配式结构节点的焊接接头可按生产条件制造模拟试件。

c. 当初试结果不符合要求时，应再取 6 个试件进行复试。

D. 试验结果：3 个试件的抗拉强度不得低于该级别钢筋规定抗拉强度值，至少有 2 个试件呈延性断裂；当检验结果有 1 个试件

的抗拉强度低于规定指标，或有 2 个试件发生脆性断裂时，应取双倍数量的试件进行复验，复验结果如有上述现象时，则该批接头为不合格品。

④ 电渣压力焊

A. 必试项目：抗拉强度。

B. 验收批划分：

a. 一般构筑物中以 300 个同级别钢筋接头作为一验收批。

b. 在现浇钢筋混凝土多层结构中，应以每一楼层或施工区段中 300 个同级别钢筋接头作为一验收批，不足 300 个接头也按一批计。

C. 取样数量

a. 试件应从成品中随机切取 3 个接头进行拉伸试验。

b. 当初试结果不符合要求时，应再取 6 个试件进行复试。

D. 试验结果：拉伸试验结果 3 个试件均不得低于该级别钢筋规定的抗拉强度值；若有 1 个试件的强度达不到上述要求，则该批接头为不合格品。

⑤ 气压焊

A. 必试项目：抗拉强度、弯曲试验（梁、板的水平筋连接）。

B. 验收批划分：

a. 一般构筑物中以 300 个接头作为一验收批。

b. 在现浇钢筋混凝土房屋结构中，同一楼层中应以 300 个接头作为一验收批，不足 300 个接头也按一批计。

C. 取样数量

a. 试件应从成品中随机切取 3 个接头进行拉伸试验，在梁、板的水平钢筋连接中，应另切取 3 个试件做弯曲试验。

b. 当初试结果不符合要求时，应再取 6 个试件进行复试。

D. 试验结果：3 个试件的抗拉强度均不得低于该级别钢筋规定的抗拉强度值，3 个试样均断于压焊面之外，并呈延性断裂；若有 1 个试件不符合要求时，应再切取 6 个试件进行复验，复验结果仍有 1 个试件不符合要求，则该批接头为不合格品。

注：弯曲试验的试件不得在压焊面发生破断，若有 1 个试件不符合要求，应再切取 6 个接头进行复验，复验结果仍有 1 个试件不符合要求，则该批接头为不合格品。

⑥ 预埋件钢筋 T 型接头

A. 必试项目：抗拉强度。

B. 验收批划分：预埋件钢筋埋弧压力焊，同类型预埋件一周内累计每 300 个试件(接头)时为一验收批，不足 300 个试件(接头)也按一批计。

C. 取样数量

a. 每批随机切取 3 个试件做拉伸试验。

b. 当初试结果不符合规定时，再取 6 个试件进行复试。

D. 试验结果：3 个试件的抗拉强度值均不得低于该级别钢筋规定的指标，若有 1 个试件的抗拉强度低于规定指标，应再取 6 个试件进行复验，复验结果若仍有 1 个试件的抗拉强度低于规定的指标，则该批预埋件为不合格品；对于不合格品采取补强焊接后，可提交二次验收。

⑦ 钢筋焊接接头试验报告

A. 钢筋焊接接头的各项性能指标均达到规范的要求；

B. 试验报告内各项内容填写准确、结论明确，不得随意涂改，签名、盖章齐全；

C. 产品使用的工程名称、使用部位及代表数量均填写齐全；

D. 钢筋焊接接头必须从外观检查合格的成品中切取，其试验项目必须包括：抗拉强度、断裂特征及位置、闪光对焊和气压焊应加试冷弯试验等；钢筋焊接接头必须按规定的批量送检，并且经试验合格后，方可进入下一道工序施工；

E. 钢筋焊接接头的规格、送检时间、使用部位及检验报告编号应与施工记录中的内容相符；

F. 钢筋焊接接头试件实行不低于 30％的见证取样。

⑧ 机械连接(锥螺纹连接、套筒挤压连接、镦粗直螺纹钢筋接头)

A. 必试项目:抗拉强度。

B. 验收批划分:

a. 工艺检验:在正式施工前,按同批钢筋、同种机械连接形式的接头试件不少于 3 根,同时对应截取接头试件的母材,进行抗拉强度试验。

b. 现场检验:接头的现场检验按验收批进行。同一施工条件下采用同一批材料的同等级、同形式、同规格的接头每 500 个为一验收批。不足 500 个接头也按一批计。

C. 取样数量:每一验收批必须在工程结构中随机截取 3 个试件做单向拉伸试验。在现场连续检验 10 个验收批,其全部单向拉伸试件一次抽样均合格时,验收批接头数量可扩大一倍。

⑨ 钢筋机械连接接头试验报告填写要求

A. 钢筋机械连接接头的各项性能指标均达到规范的要求;

B. 试验报告各项内容填写准确、结论明确且不得随意涂改,签名、盖章齐全;

C. 产品使用的工程名称、部位及代表数量均填写齐全;

D. 核对单位工程的钢筋机械连接接头的复试批量和实际用量要一致;

E. 钢筋机械连接接头必须从外观检查合格的成品中随机切取,其试验项目主要为抗拉;钢筋机械连接接头必须按规定的批量送检,并且经试验合格后,方可进入下一道工序施工;

F. 钢筋机械连接接头的规格、送检时间、使用部位及检验报告编号应与施工记录中的内容相符;

G. 挤压套筒、锥螺纹、镦粗直螺纹连接套应有出厂合格证及规格标记;

H. 钢筋机械连接接头应实行不低于 30%的见证取样。

⑩ 钢筋机械连接接头试验结果

A. 当 3 个试件单向拉伸试验结果均符合强度要求时,该验收批评定为合格;

B. 如有 1 个试件的强度不符合要求,应再取 6 个试件进行复检，复检中如仍有 1 个试件试验结果不符合要求，则该验收批为不合格。

⑪ 钢筋机械连接接头的型式检验

A. 接头产品需要鉴定，确定其接头性能等级时。

B. 材料、工艺、规格进行改动时。

C. 套筒加工单位停产一年以上时。

D. 质量监督机构提出专门要求时。

E. 用于型式检验的钢筋母材的性能除应符合有关标准的规定外，其屈服强度及抗拉强度实测值不宜大于相应屈服强度和抗拉强度标准值的 1.10 倍。当大于 1.10 倍时，对 A 级接头，接头的单向拉伸强度实测值尚应大于等于 0.9 倍钢筋实际抗拉强度。

F. 型式检验应由厂家送至经国家、省部级主管部门认可的检测机构进行检测，并出具试验报告和评定结论。

G. 型式检验的试验结果

a. 强度检验：每个试件的实测值均应符合有关标准规定的相应性能等级的检验指标。

b. 割线模量、极限应变、残余变形检验：每组试件的实测平均值均应符合有关标准规定的相应性能等级的检验指标。

4）承重结构工程中的钢筋连接接头应按规定实行有见证取样和送检。

5）采用机械连接接头型式施工时，技术提供单位应提交由有相应资质等级的检测机构出具的型式检验报告。

6）焊(连)接工人必须具有有效的岗位证书。

(9) 预应力锚具

1）验收批划分：以同一材料和同一生产工艺、不超过 200 套为一批。

2）取样数量：

① 锚固性能试验：从同一批中抽取 6 套锚具，将锚具装在预应力筋的两端，组成 3 个预应力筋锚具组装体；锚具的锚固能力不得低于预应力筋标准抗拉强度的 90%；锚固时预应力筋的内缩

量，不超过锚具设计要求的数值；螺丝端杆锚具的强度，不能低于预应力筋的实际抗拉强度。如有一套不合格，则取双倍数量的锚具重新试验，再不合格，则该批锚具为不合格品。

② 预应力锚具—钢丝夹具组装静载锚固性能试验应测量试件的实测极限拉力；达到实测极限拉力时的总应变；各根预应力筋与锚具、夹具或连接器之间的相对位移；锚具、夹具或连接器各零件之间的相对位移；在达到预应力钢材抗拉强度标准值的 80%以后，持荷 1h 时间内，锚具、夹具或连接器的变形；试件的破坏部位与破坏形式。

③ 预应力锚具硬度试验：从每批中抽取 5%的锚具，但不少于 5 套做硬度试验；锚具的每个零件测试 3 点，其硬度的平均值应在设计要求范围内，且任一点的硬度，不应大于或小于设计要求范围（洛氏硬度单位）。如有一个零件不合格，则取双倍数量的零件重新试验；再不合格，则逐个检验，合格者方可使用。

(10) 混凝土

1）施工现场拌制的混凝土应有配合比申请单和试验室签发的配合比通知单。

① 混凝土配合比申请单应注明工程名称及部位，设计的强度等级、坍落度以及相关的技术要求；同时要写清楚所用混凝土的拌制方法、浇筑方法、振捣方法和养护方法；要把使用的原材料，如水泥品种、强度等级、生产厂家及牌号；砂的产地及种类、卵石和碎石的产地和种类以及外加剂和掺合料的名称等写清楚。

② 混凝土配合比通知单。该通知单由试验单位负责完成并交施工单位保存。通知单中应填写清楚混凝土的强度等级、水灰比、砂率；每立方混凝土和每盘混凝土的水泥、水、砂、石、外加剂、掺合料及其他材料的用量。同时特别要注意配合比通知单中注明混凝土中的含碱量。

③ 同一搅拌时间、同一强度等级、同配合比且相同原材料的混凝土至少应有一份混凝土配料通知单 。

④ 混凝土的最大水灰比和最小水泥用量见表 4.2.4。

混凝土的最大水灰比和最小水泥用量　　　　表 4.2.4

混凝土所处的环境条件	最大水灰比	最小水泥用量(kg/m³)			
		普通混凝土		轻骨料混凝土	
		配筋	无筋	配筋	无筋
不受雨雪影响的混凝土	不作规定	250	200	250	200
1. 位于水中或水位升降范围内的混凝土 2. 在潮湿环境中的混凝土	0.70	250	225	275	250
受水压作用的混凝土	0.65	275	250	300	275

注：1. 表中的水灰比，对普通混凝土系指水与水泥(包括外掺混合材料)用量的比值；对轻骨料混凝土系指净用水量(不包括轻骨料 1h 吸水量)与水泥(不包括外掺混合材料)用量的比值；

2. 表中的最小水泥用量，对普通混凝土包括外掺混合材料，对轻骨料混凝土不包括外掺混合材料；当采用人工捣实混凝土时对水泥用量应增加 25 kg/m³；当掺用外加剂且能有效地改善混凝土的和易性时水泥用量可减少 25kg/m³；

3. 当混凝土强度等级低于 C10 时可不受本表的限制。

⑤ 混凝土的最大水泥用量不宜大于 550kg/m³；

⑥ 混凝土浇筑时的坍落度，见表 4.2.5。

混凝土浇筑时的坍落度(mm)　　　　表 4.2.5

结构种类	坍落度
基础或地面等的垫层、无配筋的大体积结构(挡土墙、基础等)或配筋稀疏的结构	10～30
板、梁和大型及中型截面的柱子等	30～50
配筋密列的结构(薄壁、斗仓、筒仓、细柱等)	50～70
配筋特密的结构	70～90

注：1. 本表是采用机械振捣混凝土时的坍落度，当采用人工捣实混凝土时其值可适当增大；

2. 当需要配制大坍落度混凝土时应掺用外加剂；

3. 曲面或斜面结构混凝土的坍落度应根据实际需要另行选定；

4. 轻骨料混凝土的坍落度，宜比表中数值减少 10～20mm。

⑦ 泵送混凝土的配合比

A. 骨料最大料径与输送管内径之比，碎石不宜大于 1∶3。卵石不宜大于 1∶2.5；通过 0.315mm 筛孔的砂不应少于 15%；砂率宜控制在 35%～45% 。

B. 最小水泥用量不宜小于 300kg/m³。

C. 混凝土的坍落度宜为 80～180mm。

D. 混凝土内宜掺加适量的外加剂。

⑧ 混凝土中掺用外加剂

A. 外加剂的质量应符合现行国家标准的要求。

B. 外加剂的品种及掺量必须根据对混凝土性能的要求、施工及气候条件、混凝土所采用的原材料及配合比等因素经试验确定。

C. 在蒸汽养护的混凝土和预应力混凝土中，不宜掺用引气剂或引气减水剂。

D. 预应力混凝土结构中不得掺用氯盐。

2）混凝土搅拌质量记录

① 浇筑区段应与混凝土抗压强度报告、混凝土配合比设计报告、隐蔽验收记录、施工记录及施工日志等相符。

② 水泥、粗细骨料的品种、检验日期及筛分编号、含泥量应与检验报告内容相符。

③ 混凝土搅拌质量记录表内应填写试件 28d 后的强度和同条件养护的强度。

④ 混凝土原材料每盘按重量计的允许偏差：

A. 水泥、混合材料±2%；

B. 粗细骨料±3%；

C. 水、外加剂±2%。

3）混凝土搅拌的最短时间，见表 4.2.6。

混凝土搅拌的最短时间(s)　　表 4.2.6

混凝土坍落度(mm)	搅拌机机型	搅拌出料量(L)		
		<250	250～500	>500
≤30	自落式	90	120	150
	强制式	60	90	120
>30	自落式	90	90	120～90
	强制式	60	60	

4）混凝土在拌和过程中的检查：

① 检查混凝土组成材料的质量和用量，每一工作班至少2次。

② 检查混凝土拌制坍落度，每一工作班至少2次。

③ 在每一工作班内，如混凝土配合比由于外界影响而有变化时，应及时检查。

④ 混凝土的搅拌时间应随时检查。

5）混凝土坍落度

① 当采用预拌混凝土时，应在施工现场进行坍落度检查，实测的混凝土坍落度与要求坍落度之间的允许偏差见表4.2.7。

混凝土实测坍落度与要求坍落度之间的允许偏差　表4.2.7

要求坍落度(mm)	允许偏差(mm)	要求坍落度(mm)	允许偏差(mm)
<50	±10	>90	±30
50～90	±20		

② 检查混凝土在浇筑地点的坍落度，每 $100m^3$ 相同配合比的混凝土取样检验不得少于1次，当一个工作班相同配合比的混凝土不足 $100m^3$ 时，其取样检验也不得少于1次。

6）混凝土应有按规定留置的同条件养护的试件和相应数量的养护龄期为28d标准条件养护试件的抗压强度试验报告。试验报告中应注明工程名称和使用部位、混凝土的设计强度等级、水泥品种及强度等级、砂、石、掺合料等的指标等。

① 同条件养护的试件注意应严格控制等效养护龄期的天数和养护温度

等效养护龄期可取按日平均气温逐日累计达到600℃所对应的龄期。

注意：

a. 0℃及以下的龄期不计入。

b. 等效养护龄期不应小于14d，亦不宜大于60d。

c. 平均气温可按当地气象台公布的最高气温与最低气温的

平均值 。

② 普通混凝土试验项目

A. 必试项目：稠度、抗压强度、结构实体检验(包括同条件养护试件强度和结构实体保护层厚度)。

B. 其他试验项目：轴心抗压、静力受压弹性模量、劈裂抗拉强度、抗折强度、长期性能和耐久性能试验、碱含量、氯化物总量、放射性。

③ 试件留置

A. 每拌制 100 盘且不超过 100m^3 的同配合比的混凝土，取样不得少于一次；

B. 每工作班拌制的同一配合比的混凝土不足 100 盘时，取样不得少于一次；

C. 当一次连续浇筑超过 1000m^3 时，同一配合比混凝土每 200m^3 混凝土取样不得小于一次；

D. 每一楼层，同一配合比的混凝土，取样不得少于一次；

E. 冬期施工还应留置 ,转常温试件和临界强度试件；

F. 对预拌混凝土，当一个分项工程连续供应相同配合比的混凝土量大于 1000m^3 时，其交货检验的试样，每 200m^3 混凝土取样不得少于一次；

G. 建筑地面的混凝土，以同一配合比，同一强度等级，每一层或每 1000m^2 为一检验批，不足 1000m^2 也按一批计。每批应至少留置一组试件。

④ 取样数量

A. 用于检查结构构件混凝土质量的试件，应在混凝土浇筑地点随机取样制作，每组试件所用的拌和物应从同一盘搅拌混凝土或同一车运送的混凝土中取出，对于预拌混凝土还应在卸料过程中卸料量的 1/4～3/4 之间取样，每个试样量应满足混凝土质量检验项目所需用量的 1.5 倍，但不少于 0.2m^3。

B. 每次取样应至少留置一组标准养护试件，同条件养护试件的留置组数应根据实际需要确定。

7）要有《混凝土强度试件抗压强度统计、评定记录表》。评定方法按《混凝土强度检验评定标准》(GBJ 107—87)的规定进行评定，确定后乘以折算系数，折算系数一般宜取为1.10，当然也可以根据当地的试验统计结果作适当调整。

强度统计和评定记录中应注明试件编号、强度等级、养护方法、结构部位、统计时间、试件组数、强度的标准值、平均值、标准差和最小值；填清每组强度值以及强度统计方法，结果和结论。

8）抗渗混凝土和特种混凝土除了应具有上述的控制资料外，还应有专项试验报告。试验报告中应写清特种混凝土的名称、抗渗等级和技术要求、强度等级、养护条件、养护龄期、试验情况和结论等。

① 抗渗混凝土

A. 必试项目：稠度、抗压强度和抗渗等级。

B. 其他试验项目：长期性和耐久性。

C. 试件留置数量：

a. 同一混凝土强度等级、抗渗等级、同一配合比，生产工艺基本相同，每单位工程不得少于两组抗渗试件(每组6个试件)；

b. 连续浇筑混凝土每500m^3应留置1组抗渗试件(1组为6个抗渗试件)，且每项工程不得少于2组。采用预拌混凝土的抗渗试件留置组数应视结构的规模和要求而定。

c. 留置抗渗试件的同时需留置抗压强度试件并应取自同一盘混凝土拌合物中，取样方法同普通混凝土。

d. 试件应在浇筑地点制作。

② 特种混凝土

A. 必试项目：工作性(坍落度、扩展度、拌合物流速)、抗压强度。

B. 其他试验项目：同普通混凝土。

C. 试件留置数量：同普通混凝土。

③ 轻骨料混凝土

A. 必试项目：干表观密度、抗压强度和稠度。

B. 其他试验项目：长期性能、耐久性能、静力受压弹性模量和

导热系数。

C. 试件留置数量：

a. 同普通混凝土。

b. 混凝土干表观密度试验，连续生产的预制构件厂及预拌混凝土同配合比的混凝土每月不少于4次，单项工程每$100m^3$混凝土至少一次，不足$100m^3$也按$100m^3$计。

9）承重结构的混凝土抗压强度试件，应按规定实行见证取样和送检。

10）结构由有不合格批混凝土组成的，或未按规定留置试件的，应有结构处理的相关资料；需要检测的，应有有相应资质检测机构的检测报告，并有设计单位出具的认可文件。

11）潮湿环境、直接与水接触的混凝土工程和外部有供碱环境并处于潮湿环境的混凝土工程，应预防混凝土碱集料反应，并按有关规定执行，有相关检测报告。

(11) 钢结构

1）高强度螺栓连接摩擦面抗滑移系数试验报告

① 抗滑移系数试验应以钢结构制造批为单位，每批3组。以单位工程每2000t为一制造批，不足2000t也按一批计，单位工程的构件摩擦面选用两种及两种以上表面处理工艺时，则每种表面处理工艺均需试验。

② 抗滑移系数试验用的试件与所代表的钢结构构件应为同一材质、同批制作、采用同一摩擦面处理工艺和具有相同的表面状态，并应用同批同一性能等级的高强度螺栓连接副，在同一环境条件下存放。

2）设计要求做强度试验的构件的试验按设计要求进行。

3）X射线探伤

① 射线探伤适用于电弧焊、气体保护焊、电渣焊和气焊等焊接焊缝的透视，一般可发现焊缝中的气孔、夹渣、钨夹渣、未焊透、未融合、裂纹等缺陷。

② 射线探伤不合格的焊缝，要在其附近再选2个检验点进行

探伤。如这2个检验点中又发现1处不合格。则该焊缝必须全部进行射线探伤。

③ 射线探伤报告内容应包括：试件名称、规格、数量、焊接型式、探伤方法、探伤规范、缺陷名称、评定等级、返修次数、编号、日期、测试单位、测试名称等。

4）超声波探伤

① 超声波探伤用于全熔透焊缝，其每个检测区焊缝长度应不小于300mm。对超声波探伤不合格的检验区，要在其附近再选2个检验区进行探伤；如这2个检验区中又发现1处不合格，则该焊缝必须全部进行超声波探伤。

② 焊缝质量等级属一级的，超声波探伤比例为100%；焊缝质量等级属二级的，超声波探伤比例为20%。

③ 超声波探伤报告内容

A. 钢材牌号、规格、数量、试件名称、焊接型式及焊条（剂）牌号；

B. 探伤仪型号、探头种类与规格、探伤方法；

C. 探伤标准，包括对比试样人工缺陷形状、人工缺陷深度代号；

D. 探伤结果；

E. 探伤日期、测试单位、操作者姓名、签证者姓名及其技术资格等级。

5）施工首次使用的钢材、焊接材料、焊接方法、焊后热处理等，并应进行焊接工艺评定，有焊接工艺评定报告。

6）设计要求的一、二级焊缝应做缺陷检验，由有相应资质等级检测单位出具超声波、射线探伤检验报告或磁粉探伤报告，如：“超声波探伤报告”、“超声波探伤记录”、“钢构件射线探伤报告”。

7）建筑安全等级为一级、跨度40m及以上的钢网架结构，且设计有要求的，应对其焊接（螺栓）球节点进行节点承载力试验，并实行有见证取样和送检。

8）钢结构工程所使用的防腐、防水涂料应做涂层厚度检测，其中防水涂层应由有相应资质的检测单位出具的检测报告。

9）焊(连)接工人必须持有效的岗位证书。

(12) 木结构工程施工试验

1）胶合木工程的层板胶缝有脱胶试验报告、胶缝抗剪试验报告和层板接长弯曲强度试验报告。

2）轻型木结构工程的木基结构板材有力学性能试验报告。

3）木构件防护剂应有保持量和透入度试验报告。

(13) 幕墙工程施工试验记录

1）幕墙用双组分硅酮结构胶应有混匀性及拉断试验报告。

2）后置埋件应有现场拉拔试验报告。

3）膨胀螺栓抗拔力试验报告。

幕墙工程应尽量避免使用膨胀螺栓，如不得已使用膨胀螺栓，设计单位必须按照国家规范要求，验算膨胀螺栓的抗拔力；由检测单位严格进行膨胀螺栓抗拔力试验。

(14) 装饰装修

1）装饰装修工程使用的砂浆和混凝土应有配合比通知单和强度试验报告；有抗渗要求的还应有《抗渗试验报告》。

2）外墙饰面砖粘贴前和施工过程中，应在相同基层上做样板件，并对样板件的饰面砖粘结强度进行检验，有《饰面砖粘结强度检验报告》，检验方法和结果判定应符合相关标准规定。

3）后置埋件应有现场拉拔试验报告。

报告中应注明：饰面砖品种及牌号和规格、生产厂家、粘贴层次、粘贴面积、基本材料、粘结材料、粘结剂、抽样部位、龄期、检验类型、环境温度、试件尺寸、受力面积、拉力(kN)、粘结强度(MPa)、破坏状态(序号)、平均强度(MPa)和结论。

4）幕墙工程

结构硅酮密封胶与接触材料相容性检测报告。

① 面积超过 100m^2 或临街建筑物距地面 10m 以上玻璃幕墙，应将所用结构胶、双面胶、泡沫棒、铝材、玻璃和相关材料送至国家指定的检测机构做相容性试验和粘贴性能检测，见国经贸外

经[2000]583号《国家经贸委、建设部关于印发〈硅酮结构密封胶使用管理暂行办法〉的通知》。

② 检测报告应现场送检，且检测报告上有应用该材料的工程名称及委托单位和检测结论。

4.2.4 隐蔽工程验收表

隐蔽工程一般泛指在施工过程中上一道工序或分项工程等的工作成果被下一道工序或分项工程所掩盖，掩盖后无法确认前道工序或分项质量的部位。为确保工程质量，应要求对隐蔽的项目进行验收，并填写隐蔽工程检查记录。

一般情况下，《隐蔽工程检查记录》系通用记录，适用于各个专业的分部、分项工程和检验批。

(1) 隐蔽工程验收记录填写要求

1) 隐蔽工程验收记录应以各分项为基础，每一检验批(分区、分层或多区、多层)填写，每隐蔽验收一次，则填写一份隐蔽验收记录，不可将不同内容、不同时间验收的隐蔽工程内容填写在一张表格中。其中钢筋工程的隐蔽是按一次覆盖前或连续多天覆盖前的分项工程部位，如某层梁板或某层墙柱进行隐蔽验收；砌体工程、门窗工程、有防水要求部位、配管等可按实际施工情况进行隐蔽验收。具体可按各验收规范规定和实际情况界定。

2) 隐蔽工程验收记录填写要及时，不得后补，并能反映工程实际情况，可作为今后合理使用、维护、改造、扩建的重要技术资料。

3) 各项隐蔽内容要与原材料、混凝土、砂浆、焊接(连接)件等试验报告的日期、分项工程质量评定时间相对应。

4) 隐蔽工程验收记录"说明"栏中的填写内容应包括：施工图纸和设计变更的编号，原材料和试件检(试)验报告的检(试)验单编号，所引用的主要施工及验收规范和质量检验评定标准等，以便追溯。

5) "隐蔽工程内容"栏中"计量单位"应填写与分部(子分部)、分项工程名称相应的标准计量单位。如钢筋分项工程，应将所隐蔽钢筋的直径、数量分别列出，其计量单位是"吨"，不能填写"宗"或"层"等。

6）对于重要的施工部位（如地基基础、立体结构等）隐蔽工程验收应有勘察单位、设计单位人员参加并签字。

（2）隐蔽工程检查内容见表4.2.8。

隐蔽工程检查项目 **表4.2.8**

分部工程	序号	名称	隐蔽项目
地基基础	1	土方工程	1）地基处理情况（如换土、洞穴、淤泥、积水的处理、地下水排除等）； 2）标高、槽宽、放坡、排水盲沟的设置情况； 3）填方土料土质； 4）回填土分层厚度及总厚度、夯实方法、干土质量密度； 5）土样取样的分布和试样的数量
	2	支护工程	1）锚杆、土钉的品种、规格、数量、位置、插入长度、钻孔直径、深度和角度等； 2）地下连续墙的成槽宽度、深度、垂直度、钢筋笼规格、位置、槽底清理、沉渣厚度等
	3	桩基工程	1）自然地坪标高、桩位偏差、桩顶标高、贯入度、接桩截桩、断桩、补桩等； 2）钢筋笼配筋情况、规格、尺寸等； 3）沉渣厚度、清孔情况、实测孔径、孔深等
	4	地下防水工程	1）混凝土变形缝、施工缝、后浇带、穿墙套管、埋设件等设置的形式和构造； 2）人防出口止水做法； 3）防水层基层、防水材料规格、厚度、铺设方式、阴阳角处理、搭接密封处理等
主体结构	5	钢筋工程（基础、主体）	1）用于绑扎的钢筋品种、规格、数量、位置、锚固和接头位置、搭接长度、保护层厚度和除锈、除污情况、钢筋代用变更及胡子筋处理等； 2）钢筋连接形式、连接种类、接头位置、数量及焊条、焊剂、焊口形式、焊缝长度、厚度及表面清渣和连接质量等； 3）特殊部位或构件的钢筋位置、预埋件等
	6	预应力工程	1）预留孔道的规格、数量、位置、形状、端部预埋垫板； 2）预应力筋下料长度、切断方法、竖向位置偏差、固定、护套的完整性；锚具、夹具、连接点组装等
	7	混凝土工程	1）混凝土强度等级； 2）观感质量（一般缺陷和严重缺陷）； 3）几何尺寸等

续表

分部工程	序号	名称	隐蔽项目
主体结构	8	钢结构工程	地脚螺栓规格、位置、埋设方法、紧固等
	9	预制件安装	1）基底或支座处理； 2）构件间的连接； 3）标高、间距、排距； 4）堵孔、防腐； 5）构件安装情况
	10	砌体工程	1）砌体变形缝； 2）砌体中的预埋拉结筋、网片以及预埋件； 3）素混凝土及钢筋混凝土芯柱、构造柱、圈梁和配筋带等
	11	轻质墙体	1）墙体轴线、墙垫、龙骨骨架、防潮层或防水层的设置及材料； 2）墙体中的预埋件、加固件与建筑结构连接的构造、材料及防锈处理； 3）墙体接缝及防裂措施； 4）设计规定的隔声、防火、密封要求及使用材料，暗管、暗线的安装
	12	保温	外墙内、外保温构造节点做法
建筑装饰装修	13	地面	各基层（垫层、找平层、隔离层、防水层、填充层、地龙骨）材料品种、规格、铺设厚度、方式、坡度、标高、表面情况、密封处理、粘结情况等
	14	抹灰	具有加强措施的抹灰应检查其加强构造的材料规格、铺设、固定、搭接等
	15	门窗	预埋件和锚固件、螺栓等的规格数量、位置、间距、埋设方式、与框的连接方式、防腐处理、缝隙的嵌填、密封材料的粘结等
	16	吊顶	吊顶龙骨及吊件材质、规格、间距、连接方式、固定方法、表面防火、防腐处理、外观情况、接缝和边缝情况、填充和吸声材料的品种、规格、铺设、固定情况等
	17	轻质隔墙	检查预埋件、连接件、拉结筋的规格位置、数量、连接方式、与周边墙体及顶棚的连接、龙骨连接、间距、防火、防腐处理、填充材料设置等
	18	饰面板（砖）	预埋件、后置埋件、连接件规格、数量、位置、连接方式、防腐处理等。有防水构造的部位应检查找平层、防水层的构造做法，同地面工程检查

续表

分部工程	序号	名称	隐蔽项目
建筑装饰装修	19	幕墙	构件之间以及构件与主体结构的连接节点的安装及防腐处理;幕墙四周、幕墙与主体结构之间间隙节点的处理、封口的安装;幕墙伸缩缝、沉降缝、防震缝及墙面转角节点的安装;幕墙防雷接地节点的安装等
	20	细部	预埋件、后置埋件和连接件的规格、数量、位置、连接方式、防腐处理等
屋面	21		1) 基层、找平层、保温层、防水层、隔离层材料的品种、规格、厚度、铺贴方式、搭接宽度、接缝处理、粘结情况; 2) 附加层、天沟、檐沟、泛水和变形缝细部做法、隔离层设置、密封处理部位等

4.2.5 施工记录

施工记录是对施工全过程活动的真实记载。"统一标准"中第3.0.2条规定"各工序应按施工技术标准进行质量控制,每道工序完成后,应进行检查。相关各专业工种之间,应进行交接检验,并形成记录"。而工序之间、工种之间的检查可归纳为"预检、施工检和交接检"。这3种检查适用于各专业施工质量的检查。

施工记录除应记录前述4.2.1~4.2.4有关内容外,尚应记录以下内容。

(1) 施工预检记录

预检记录是对施工重要工序进行的预先质量控制检查记录,预检项目及内容:

1) 模板:检查几何尺寸、轴线、标高、预埋件及预留孔位置、模板牢固性、接缝严密性、起拱情况、清扫口留置、模内清理、脱模剂涂刷、止水要求等;节点做法,放样检查。

2) 设备基础和预制构件安装:检查设备基础位置、混凝土强度、标高、几何尺寸、预留孔、预埋件等。

3) 混凝土结构施工缝:检查留置方法、位置、接槎处理等。

4）管道预留孔洞：检查预留孔洞的尺寸、位置、标高等。

5）管道预埋套管（预埋件）：检查预埋套管（预埋件）的规格、型式、尺寸、位置、标高等。

6）装饰装修：检查材料质量、位置、牢固性等。

7）屋面：检查材料质量、铺设方案、位置、搭接等。

8）门窗：检查位置（标高、预留孔洞）、固定方法等。

9）依据新版施工质量验收规范，有关结构安全、重要使用功能、实体质量及观感质量等重要工序，均应进行预检并做记录。

（2）施工检查记录

依据新版施工质量验收规范要求应进行施工检查的重要工序，具体应明确检查的工程名称、检查项目、检查部位、检查日期、检查依据、检查内容、检查结论、复查意见等。填写"施工检查记录"，由有关单位、人员盖章签字。

（3）交接检查记录

不同工种、不同施工单位之间应进行交接检查。交接双方和见证单位共同对移交工程进行验收，并对质量情况，遗留问题、工序要求、注意事项、成品保护等应填写"交接检查记录"，由有关单位人员盖章签字认可。

（4）地基基础与主体结构施工检查记录

1）地基验槽检查记录

建筑物应进行施工验槽，检查内容包括基坑位置、平面尺寸、持力层核查、基底绝对高程和相对标高、基坑土质及地下水位等；有桩支护或桩基的工程还应进行桩的检查。地基验槽检查记录应由建设、勘察、设计、监理、施工单位共同验收签认。地基需处理时，应由勘察、设计单位提出处理意见。具体内容如下：

① 天然地基的基坑（槽）或管沟等挖至设计标高后，对实际地基与地质勘察报告不相符或不符合要求的基槽，拟定处理方案并办理洽商。

② 地基验槽记录应记录的内容：

A. 地基土质是否与地质勘察报告记载相符，是否已控制到

老土，有否搅动；

B. 有否局部土质坚硬、松软及含水量异常的现象，是否需下挖或处理；

C. 基槽实际开挖尺寸、标高、排水、护壁、不良基土（流砂、橡皮土）处理情况；

D. 遇有井、坑，以及旧有电缆、管道及房屋基础等的数量、位置及其处理情况；

E. 回填土的土质名称、坑（槽）底积水和杂物清除情况、回填土含水量、分层夯实情况及回填顺序等，均填写在记录中；

F. 若存在地基处理，注明洽商编号，并填写复查意见；

G. 地基验槽内容中应在基槽标高断面图上方注明该工程的地质勘探报告编号。

③ 凡承压、承重部位的柱基、基坑、基槽或其他沟、池土方回填，都应作回填土方隐蔽。

④ 依据图纸核查基坑的位置、平面尺寸、基槽底标高等是否符合设计文件。

⑤ 回填土土质、填土种类、填土时间应与施工记录相符；回填土顺序应符合规范要求。

⑥ 依据地质勘察报告验收地基土质是否与报告相符，核对基坑的土质和地下水情况，是否与勘察报告一致；若地基土与报告不符，则需办理地基土处理洽商。对人工处理的地基，应按有关规范和设计文件的要求进行验收。

⑦ 验槽时应侧重在桩基、墙角、承重墙下或其他受力较大部位，并按槽壁土层分层情况及走向顺序观察，作到全面彻底查明全貌，仔细慎重进行处理。

2）地基钎探记录

钎探记录用于检验浅层土（如基槽）的均匀性，确定地基的允许承载力及检验填土的质量。钎探前应绘制探点平面布置图，确定钎探点布置及顺序编号。按照钎探图及有关规定进行钎探并记录。

3）地基处理记录

施工单位应依据勘察、设计单位提出的处理意见进行地基处理，完工后填写《地基处理记录》报请勘察、设计、监理单位复查。

地基处理记录应注明工程名称、地基处理依据和方式、处理部位以及处理深度（亦可用简图来表示），处理结果和检查意见。

4）混凝土浇筑申请书

正式浇筑混凝土前，施工单位应检查各项准备工作（如钢筋、模板工程检查；水电预埋检查；材料、设备及其他准备等），自检合格填写《混凝土浇筑申请书》报请监理单位后方可浇筑混凝土。

混凝土浇筑申请书应注明：工程名称、申请浇筑日期、申请浇筑部位、浇筑量（m^3）、技术要求、强度等级、搅拌方式、施工准备检查（包括隐检、预检、水电预埋情况、施工组织、机械设备、保温、养护等）。

5）混凝土开盘鉴定

① 采用预拌混凝土的，应对首次使用的混凝土配合比在混凝土出厂前，由混凝土供应单位自行组织相关人员进行开盘鉴定。

② 采用现场搅拌混凝土的，应由施工单位组织监理单位、搅拌机组、混凝土试配单位进行开盘鉴定工作，共同认定试验室签发的混凝土配合比确定的组成材料是否与现场施工所用材料相符，以及混凝土拌合物性能是否满足设计要求和施工需要。

6）灌注桩成孔施工

对于挖孔桩成孔

A. 验收记录内容填写准确，签名、盖章齐全，不得随意涂改；

B. 每根桩均应经建设、监理及施工单位验收，并填写验收记录；桩基础持力层的确定，必须经地质部门和设计单位在现场鉴定和签字；

C. 桩号、验收日期及桩长等应与隐蔽验收记录、施工日志、土方开挖后桩基础复核表、灌注桩施工资料汇总表等相符；

D. 灌注桩如有进行超前钻，则应将超前钻的结论反映在验收记录中。

7）地下连续墙浇筑混凝土

① 检查成孔过程中有无缩颈和塌孔，成孔垂直度、沉渣或虚土、孔底扰动以及持力层均应符合设计要求；

② 钢筋规格与钢筋笼制作应符合设计要求；

③ 浇筑混凝土时，混凝土面标高与导管管口标高控制应适当，混凝土灌入量应符合设计要求；

④ 对大直径挖孔桩，应有专人进入孔内，对开挖尺寸、有无虚土、岩土条件等进行检验。

8）灌注桩隐蔽验收记录

① 灌注桩的钢筋笼的长度、规格、间距及标高等必须进行隐蔽验收记录。

② 灌注桩必须经建设、监理、设计及施工单位验收合格并通知质监站抽查后才能浇筑混凝土。

③ 灌注桩隐蔽验收记录必须填写准确，签名、盖章齐全。

④ 灌注桩隐蔽验收日期必须与成孔施工（验收）记录、施工日志相符。

9）锤击沉管混凝土灌注桩试桩签证记录

① 锤击沉管混凝土灌注桩在打桩前，宜选定 1～2 根桩进行试打，以便核对地质资料、检验所用的桩机设备、施工工艺以及技术要求是否适宜，确定贯入度的数值。试桩成功后方准打桩或成批正式施工。

② 锤击沉管混凝土灌注桩在试桩时应有建设、监理、设计、勘察及施工单位参加，并在试桩签证表上签名及填写设计要求一栏。

③ 在试桩过程中，如出现打不进、断桩、超标高、缩颈、桩长不足、贯穿能力不足及贯入度不能满足设计要求时，应由设计单位拟定补救措施，并出具设计变更，施工单位将补救措施以文字形式于试桩记录中加以说明。

10）灌注桩土方开挖后桩基础复核记录

① 土方开挖时，应对每根灌注桩的平面位置、桩顶标高、混凝土质量及钢筋笼的偏差进行复测，复测结果必须符合设计要求。

② 土方开挖后桩基础复核表中单位平面偏差指其桩位轴线位移的偏差值，其中东与西、南与北偏差应大小相等、方向相反。

③ 灌注桩桩位平面偏差的检查记录。

④ 夹渣、夹泥、夹窝、露筋面积不超过混凝土裸露面积的5%。

⑤ 钢筋笼上浮、下沉应不大于设计规定100mm；钢筋笼保护层偏差，水下浇筑混凝土的桩为±20mm，非水下浇筑混凝土的桩为±10mm。

⑥ 土方开挖后桩基础必须经建设单位或监理单位复核，并在表内填写复核意见。

11）灌注桩桩位编号及偏移平面图

① 桩基平面图中应包括桩位编号、轴线偏移及桩顶标高。

② 桩位编号为施工单位自编号；轴线偏移为土方开挖后在桩基础复核表内桩位的平面偏差值，应在平面图中标明其东、南或西、北方向的偏差值。

12）钢筋混凝土预制桩（或钢桩）

① 预制桩进场必须具有该批桩的试件强度报告或桩的出厂质量合格证明（钢桩应有出厂合格证和试验报告），经现场外观质量检查合格后方可用于桩基工程。

② 如为摩擦桩，打桩记录中应以入土深度（标高）和桩入土每米锤击数为主进行控制；端承桩则以贯入度为主进行控制；用于钢管成孔灌注桩时记录中应填写设计混凝土强度等级、配筋长度和坍落度。

③ 凡断桩、补桩、截桩、接桩等应有处理说明。

④ 每根预制桩（或钢桩）均应有完整的贯入度记录、锤击数、桩位图及桩的编号，试桩记录和质量检验报告应满足规范和设计要求。

⑤ 沉桩过程中，应对土体侧移和隆起、超孔隙水压力、桩身应力与变形、沉桩对相邻建筑物与设施的影响有无异常进行监测。

13）钢筋混凝土预制桩（或钢桩）试桩签证表

① 预制桩（或钢桩）在打桩前，宜选定1～2根桩进行试打，以

便核对地质资料、检验所用的桩机设备、施工工艺以及技术要求是否适宜，确定贯入度的数值。试桩成功后方准打桩或成批正式施工。

② 预制桩（或钢桩）在试桩时应有建设、监理、设计、勘察及施工单位参加，并在试桩签证表上签名及填写设计要求。

③ 在试桩过程中，如出现打不进、断桩、超标高、缩颈、桩长不足、贯穿能力不足及贯入度不能满足设计要求时，应由设计单位拟定补救措施，并出具设计变更，施工单位应将补救措施以文字说明。

14）钢筋混凝土预制桩（或钢桩）土方开挖后桩基础复核

① 土方开挖时，应对每根预制桩（或钢桩）的平面位置、桩顶标高进行复测，复测结果必须符合设计要求。

② 土方开挖后桩基础复核表中单位平面偏差指其桩位轴线位移的偏差值，其中东与西、南与北偏差应大小相等、方向相反。

③ 预制桩（或钢桩）桩位平面偏差应符合验收规范规定。

④ 土方开挖后桩基础必须经建设单位或监理单位复核，并在表内填写复核意见。

15）钢筋混凝土预制桩（或钢桩）桩机行进路线、桩位编号及偏移平面图

① 桩基平面图中应包括桩位编号：轴线偏移、桩项标高及桩机行进路线。

② 桩位编号为施工单位自编号：轴线偏移为土方开挖后桩基础复核表内桩位平面偏差值，应在平面图中标明其东、南或西、北方向的偏差值。

③ 桩机行进路线即打桩顺序应按下列规定进行：

A. 对于密集桩群，自中间向两个方向或向四周对称施打；

B. 当一侧有毗邻建筑物时，由毗邻建筑物处向另一方向施打。

16）混凝土拆模申请单

在拆除现浇混凝土结构板、梁、悬臂构件等底模和柱墙侧模前，应填写混凝土拆模申请单，并附同条件混凝土强度报告，报项

目专业技术负责人审批,通过后方可拆模。

17)混凝土搅拌、养护测温记录

① 冬季混凝土施工时,应进行搅拌和养护测温记录。

② 混凝土冬施搅拌测温记录应包括大气温度、原材料温度、出罐温度、入模温度等。

③ 混凝土冬施养护测温应先绘制测温点布置图,包括测温点的部位、深度等。测温记录应包括大气温度、各测温孔的实测温度、同一时间测得的各测温孔的平均温度和间隔时间等。

18)大体积混凝土养护测温记录

① 大体积混凝土施工应对入模时大气温度、各测温孔温度、内外温差和裂缝进行检查和记录。

② 大体积混凝土养护测温应附测温点布置图,包括测温点的布置、深度等。

19)构件吊装记录

预制混凝土构件、大型钢、木构件吊装应有《构件吊装记录》,吊装记录内容包括构件名称、安装位置、搁置与搭接长度、接头处理、固定方法、标高等。

20)焊接材料烘焙记录

按照规范和工艺文件等规定须烘焙的焊接材料应进行烘焙,并填写烘焙记录。烘焙记录内容包括烘焙方法、烘干温度、要求烘干时间、实际烘焙时间和保温要求等。

21)预应力工程施工记录

① 预应力筋张拉记录

预应力筋张拉记录包括预应力施工部位、预应力筋规格、平面示意图、张拉程序、应力记录、伸长量等;对每根预应力筋的张拉实测值进行记录;后张法预应力张拉施工应实行见证管理,按规定做见证张拉记录。

② 有粘结预应力结构灌浆记录

后张法有粘结预应力筋张拉后应灌浆,并做灌浆记录,记录内容包括灌浆孔状况、水泥浆配比状况、灌浆压力、灌浆量,并有灌浆点简图和编号等。

③ 预应力张拉原始施工记录应归档保存。

④ 预应力工程施工记录应由有相应资质的专业施工单位负责提供。

22）钢结构工程施工记录

① 钢结构工程轴线复核

柱的安装实施，每节柱的定位轴线应从地面控制轴线直接引上，不得从下层柱的轴线引上。同一流水作业段、同一安装高度的一节柱，当各柱的全部构件安装、校正、连接完毕并验收合格后，方可从地面引放上一节柱的定位轴线。

② 首次采用的钢材和焊接材料出厂前的焊接工艺评定报告，应包括材质、焊材材质、焊接方法、焊接检验（无损检验）及检验结论等。

③ 构件吊装记录。

钢结构吊装应有《构件吊装记录》，吊装记录内容包括构件名称、安装位置、搁置与搭接长度、接头处理、固定方法、标高等。

④ 烘焙记录。

焊接材料在使用前，应按规定进行烘焙，有烘焙记录。

⑤ 钢结构安装施工记录。

A. 高强度螺栓安装连接检查记录

a. 大六角头高强度螺栓施工质量应有下列检查记录：

高强度螺栓连接副复检数据、抗滑移系数试验数据、初拧扭矩、终拧扭矩、扭矩扳手检查数据和施工质量检查记录等。

b. 扭剪型高强度螺栓施工质量应有下列检查记录：

高强度螺栓连接副复检数据、抗滑移系数试验数据、初拧扭矩、终拧扭矩、扭矩扳手检查数据和施工质量检查记录等。

B. 焊缝外观检查记录和实测记录。

C. 钢结构主要受力构件安装应检查垂直度、侧向弯曲等安装偏差，并做施工记录。

D. 钢结构主体结构在形成空间刚度单元并连接固定后，应

检查整体垂直度和整体平面弯曲度的安装偏差，并做施工记录。

⑥ 钢网架结构总拼完成后及屋面工程完成后，应检查挠度值和其他安装偏差，并做施工记录。

⑦ 钢结构安装施工记录应由有相应资质的专业施工单位负责提供。

23）木结构工程施工记录

应检查木桁架、梁和柱等构件的制作、安装、屋架安装允许偏差和屋盖横向支撑的完整性等，并做施工记录。

木结构工程施工记录应由有相应资质的专业施工单位负责提供。

24）幕墙工程施工记录

① 幕墙计算书

幕墙结构设计计算应包括：位移、挠度计算；板材（玻璃）应力计算；横梁、立柱承载力计算；硅酮结构密封胶的强度验算；幕墙与主体结构连接件承载力验算等。

② 幕墙注胶检查记录

幕墙注胶应做施工检查记录，检查内容包括宽度、厚度、连续性、均匀性、密实度和饱满度等。

③ 幕墙淋水检查记录

幕墙工程施工完成后，应在易渗漏部位进行淋水检查，并做淋水检查记录，填写"防水工程试水检查记录"。

④ 防雷接地电阻测试记录

A. 有均压环的楼层抽查不得少于 3 层（有女儿墙盖顶的必须检查），每层至少应查 3 处。

B. 无均压环的楼层抽查不得少于 2 层，每层至少应查 3 处。

⑤ 结构胶和耐候胶切开剥离试验记录

每百个隐框幕墙组件随机抽取一件进行剥离试验，如结构胶属双组分胶的应进行折断和蝴蝶试样试验。

⑥ 施工安装记录

包括预埋件和连接件的安装质量、竖向主要构件安装质量、横向主要构件的安装质量、幕墙的拼缝质量、幕墙与周边的密封质量、幕墙外观质量、幕墙保温(隔热)构造安装质量等。

幕墙工程施工记录应由有相应资质的专业施工单位负责提供。

4.2.6 预制构件、预拌混凝土合格证

(1) 预制构件合格证或检验报告

1) 预制构件:包括预制的钢筋混凝土及预应力混凝土构件,钢结构构件等,凡结构工程用的承重构件由工厂预制的均应有构件出厂合格证,在现场制作的应具备完整的材质证明。

2) 构件出厂合格证,要求填写齐全、准确,且不得随意涂改,签名、盖章齐全;若为复印件还应注明原件存放处,加盖原件存放处公章及由经办人签名,并注明日期。

3) 合格证应有:工程名称,构件的名称、型号、规格、数量、出厂日期等,其内容应与检验批质量验收记录、施工记录及隐蔽工程验收记录的相关内容相符。

(2) 预拌混凝土合格证或检验报告

1) 预拌混凝土供应单位应向施工单位提供预拌混凝土运输单,内容包括工程名称、使用部位、供应量、配合比、坍落度、出站时间、到场时间和施工单位测定的现场实测坍落度等。

2) 混凝土合格证内容

预拌混凝土合格证必须包括以下内容:工程名称、订货单位、浇筑部位、混凝土配合比编号、强度等级、供应数量及日期,原材料名称、品种与规格,试验编号、强度统计结果(包括强度平均值、标准差等),合格评定结果(包括采用的评定方法、组数及合格率等),以及其他指标。

(3) 商品混凝土供应商应提供的混凝土抗压强度试验报告

1) 取样批量:同一混凝土强度等级、同一配合比、同一生产工艺

① 每拌制 100 盘的同配合比的混凝土,其取样不得少于

一组。

② 每一工作班拌制的同配合比的混凝土不足100盘时，其取样不得少于一次。

③ 对现浇混凝土结构：

A. 每一现浇楼层、每一层柱同配合比的混凝土，其取样不得少于一次。

B. 同一单位工程每一验收项目中同配合比的混凝土，其取样不得少于一次。

④ 钻（冲）孔灌注桩每根桩应至少有一组试件，且每个浇筑台班不得少于一组；锤击、振动沉管灌注桩按每个台班不得少于一组。

2）混凝土抗压强度试验报告内容

① 试验报告各项内容填写准确，结论明确，签名、盖章齐全。

② 试验报告的工程名称及部位。

③ 混凝土试件的强度等级、成型日期及强度值应与施工图纸、混凝土配合比设计报告和通知单、现场送检混凝土试件抗压强度试验报告、混凝土抗渗等级试验报告、混凝土搅拌质量记录等。

④ 混凝土试件抗压强度试验报告以28d抗压强度为准。

（4）商品混凝土供应商提供的混凝土抗渗等级试验报告

1）取样批量：同一混凝土强度等级、同一抗渗等级、同一配合比、同一生产工艺

① 连续浇筑混凝土量为$500m^3$以下时，应留置两组抗渗试件，每增加$250 \sim 500m^3$时，应增加两组，如使用的原材料、配合比或施工方法有变化时，均应另行留置。

② 试件应在浇筑地点制作，其中一组应在标准情况下养护，另一组为同条件养护，试件养护期不得少于28d，不超过90d。

2）混凝土抗渗等级试验报告内容

① 工程名称及部位。

② 混凝土试件的强度等级、抗渗等级、配合比、成型日期应与施工图纸、混凝土配合比设计报告和通知单、混凝土试件抗压强度

试验报告、现场送检混凝土抗渗等级试验报告等。

4.2.7 地基、基础、主体结构检验及抽样检测资料

地基、基础和主体结构的强度、刚度和稳定性是工程质量的重要技术指标，对其实施检验和抽样检测是确保建筑结构安全的重要措施。

(1) 资料核查的一般要求

地基与基础或主体结构分部(子分部)工程完成后(或分段完成后)，在隐蔽(回填或装饰)前，施工单位，建设、设计和监理单位共同检查和验收。要全面宏观地检查这些结构主要部位的各检验批、分项工程，有无不符合主控项目中规定的内容，如混凝土、砂浆强度试验报告及其统计汇总，以及关系到结构性能的材质证明、焊接试验、出厂合格证、试验报告和隐蔽工程记录，是否都有记录且符合要求。例如：

1) 加固、补强及签证……等内容，还要有试验报告、复查情况及结论，并有附图说明。

2) 达不到合格标准的项目以及其他不应出现的变形或损伤……等情况。

3) 在结构检验、检测中，如有需处理的，对其处理操作，应做出处理意见、处理结果及复验记录和结论等。

(2) 应有的主要文件资料

1) 地基土的承载力、干土质量密度和桩基荷载试验。

2) 原材料出厂合格证和见证试验报告单；构件出厂合格证及结构性能检测报告。

3) 施工试验记录：如混凝土试件、砂浆试块和金属焊接试件，见证检验报告、钢结构探伤试件和见证试验，及其制作、安装、螺栓连接、涂料等记录。

4) 隐蔽工程验收记录、隐蔽部分的测试与试验文件。

5) 检验批、分项、分部(子分部)工程质量验收记录及质量管理体系检查记录。

6) 建设、监理、勘察、设计、施工单位分别签署的质量合格文件等。

7）地基、基础、主体结构检验结束后，应由参加单位共同签字认证，未经检验和检测的不得进行下道工序，隐蔽工程亦不许隐蔽。检验记录见表4.2.9。

地基、基础、主体结构检验记录　　表4.2.9

<table>
<tr><td colspan="2">工程名称</td><td colspan="2"></td><td>建筑面积</td><td colspan="2"></td></tr>
<tr><td colspan="2">结构类型</td><td colspan="2"></td><td>检验部位</td><td colspan="2"></td></tr>
<tr><td colspan="2">检验方法</td><td colspan="2"></td><td>检验日期</td><td colspan="2">年　月　日</td></tr>
<tr><td>检查内容</td><td colspan="6"></td></tr>
<tr><td rowspan="2">验收意见</td><td colspan="3">实体质量</td><td colspan="3">施工资料</td></tr>
<tr><td colspan="3"></td><td colspan="3"></td></tr>
<tr><td colspan="2">勘察单位</td><td>设计单位</td><td colspan="2">施工单位</td><td colspan="2">建设（监理）单位</td></tr>
<tr><td colspan="2">（章）
年　月　日</td><td>（章）
年　月　日</td><td colspan="2">（章）
年　月　日</td><td colspan="2">（章）
年　月　日</td></tr>
</table>

本表城建档案馆、建设单位、监理单位、施工单位各保存一份。

(3) 检验技术要点

根据国家现行《建筑工程施工质量验收统一标准》(GB 50300—2001)及相关专业验收规范的规定。地基与基础、主体结构检验和抽样检测结果，应符合相关专业质量验收规范的规定。

1）检验内容，主要包括：地基与基础、混凝土结构、砌体结构、钢结构等分部（子分部）工程，凡涉及到施工质量和安全，引用了《建设工程标准强制性条文》中的有关条文，应加强结构安全验收手段。

2）结构安全检验是从提高建筑工程质量水平角度考虑的，应采用科学先进的检测方法，以数据为依据，强化检测手段，确保建筑物结构安全可靠。

3）对地质资料的评估和主体结构的检测，是对主体结构的质量保证条件。检测结果应达到设计要求和相关施工质量验收的规定。

4）涉及安全和使用功能的分部工程应进行检验资料的复查。不仅要全面检查其完整性（不得有漏检缺项），而且要对补充进行的见证抽样检验报告进行复核。这种强化检验的手段体现了对安全和主要使用功能的重视。

（4）检验要点提示

1）地基与基础：地基承载能力与沉降、基础承载力与变形等。

2）混凝土结构：

① 混凝土结构和构件的材料质量、强度检测值、碳化深度、钢筋锈蚀等。

② 混凝土结构和构件承载力。

③ 结构和构件抗倾覆和滑移。

④ 结构和构件裂缝。

⑤ 结构变形。

⑥ 构造和连接质量等。

3）砌体结构

① 砌体材料质量及砌筑砂浆配合比和强度。

② 砌体结构承载力。

③ 砌体结构裂缝。

④ 砌体结构变形。

⑤ 构造和连接质量。

4）钢结构

① 材料质量。

② 钢结构预制与安装质量。

③ 焊接质量。

④ 钢结构和构件的允许变形等。

5）抗震设防的要求。

4.2.8 工程质量事故及事故调查处理资料

(1) 工程质量事故资料

由于工程质量不合格或质量缺陷而引发或者造成一定的经济损失、延误工期或危及人的生命安全的，称为工程质量事故。工程质量事故分为一般质量事故和重大质量事故。

1）工程质量事故分类

① 一般质量事故

由于勘察、设计、施工过失，造成建筑物、构筑物明显倾斜、偏移、结构主要部位发生超过规范规定的裂缝、强度不足、超过设计规定的不均匀沉降等，影响结构安全和使用寿命，需返工重做，或由于质量低劣，达不到合格标准，需加固补强，且改变了建筑物的外形尺寸，造成永久性缺陷的质量事故，同时，直接经济损失在5000元以上10万元以下，或造成2人以下重伤的质量事故，统称为一般质量事故。

② 重大质量事故

凡有下列情况之一者，可列为重大质量事故。

A. 建筑物、构筑物或其他主要结构倒塌的。

B. 影响建筑设备及其相应系统的使用功能，造成永久性质量缺陷的。

C. 超过标准规定或设计要求的基础严重不均匀沉降、建筑物倾斜、结构开裂等，或主体结构强度严重不足，影响结构物的寿命，造成不可挽救的永久性质量缺陷或事故的。

D. 直接经济损失在10万元以上者的。

③ 重大质量事故分级

重大质量事故分为四个等级：

A. 一级重大质量事故：死亡30人以上或造成直接经济损失300万元以上。

B. 二级重大质量事故：死亡10人以上，29人以下或直接经济损失100万元以上，不满300万元。

C. 三级重大质量事故：死亡 3 人以上，9 人以下或重伤 20 人以上，或直接经济损失 30 万元以上，不满 100 万元。

D. 四级重大质量事故：死亡 2 人以下或重伤 3 人以上 19 人以下，或直接经济损失 10 万元以上，不满 30 万元。

2）工程质量事故报告

工程质量事故发生后，必须在 24h 内写出书面报告，报告内容包括：

① 事故发生时间、地点、工程项目名称、事故发生单位及参加建设的有关单位名称。

② 事故发生简要经过、直接经济损失初步估计及伤亡人数。其中发生事故时间应记载年、月、日、时、分；估计造成损失，指因质量事故导致的返工、加固等费用，包括人工费、材料费和管理费；事故情况，包括倒塌情况（整体倒塌或局部倒塌的部位）、损失情况（伤亡人数、损失程度、倒塌面积等）；事故发生初步原因与判断，包括设计原因（计算错误、构造不合理等）、施工原因（施工粗制滥造、材料、构配件或设备质量低劣等）、设计与施工的共同问题，不可抗力等；现场处理情况、设计和施工的技术措施、事故报告单位、事故发生后采取的措施及事故控制情况、现场保护措施。

（2）事故调查处理资料

1）事故原因调查。应查清事故发生时间、地点、工程项目名称及概况；事故分布状态及范围、事故类型、缺陷程度及直接损失，是否造成人员伤亡；事故现场勘察笔录、见证物照片、录像、证据资料、调查笔录；事故发展变化情况等。

2）事故处理依据。事故发生原因、有关合同文件、有关技术文件和档案、有关法规和文件等。

3）事故处理所需资料。与事故有关的施工图、与施工有关的资料和记录、法定检测单位出具的检测报告、专家对事故的论证分析报告、事故调查分析报告、事故所涉及的人员与主要责任者情况等。

4）事故处理方案、事故处理施工方案及审定、事故处理鉴定与验收资料等。

4.2.9 新材料、新工艺施工记录

建设部令第81号《实施工程建设强制性标准监督规定》第五条规定：工程建设中拟采用的新技术、新工艺、新材料，不符合现行强制性标准规定的，应当由拟采用单位提请建设单位组织专题技术论证，报批准标准的建设行政主管部门或者国务院有关主管部门审定。

工程建设中采用国际标准或者国外标准，现行强制性标准未作规定的，建设单位应当向国务院建设行政主管部门或者国务院有关行政主管部门备案。

根据建设部规定，施工中若采用了新材料、新技术、新工艺、新设备、新结构等均应按规定进行记录。

(1) 若采用的系国家尚未推荐的，施工前应由当地工程建设行政主管部门组织的专家鉴定，并形成文件资料。

工程施工完毕后，如果采用的是建设部推广应用的新技术、新材料、新工艺试验研究和施工方法，应有详细的资料和小结。

(2) 新技术、新材料、新工艺等应有产品质量标准、使用说明书和工艺要求，使用前应按其质量标准进行检验；新材料的质量标准必须由厂家提供，使用单位使用前要及时索要，并依据提供的新材料的标准对其进行外观检查和抽样测试。

(3) 凡进行质量标准检验的新材料都要做好记录，记录内容应包括检验项目、取样方法和数量、检测数据、结论，并有参加单位人员签字盖章。

(4) 使用说明书和工艺要求应随新技术、新材料一并附带；使用前要认真阅读，并把试验成功的施工方法或施工中的革新、建议一并记录下来，整理成资料的形式留档备查。

4.3 建筑给水、排水与采暖工程质量控制资料

4.3.1 材料、配件出厂合格证书及进场检(试)验报告

(1) 通用要求

1）各类管材应有产品质量证明文件（供应单位提供）。

2）阀门、调压装置、消防设备、卫生洁具、给水设备、中水设备、排水设备、采暖设备、热水设备、散热器、锅炉及附属设备、各类开（闭）式水箱（罐）、分（集）水器、安全阀、水位计、减压阀、热交换器、补偿器、疏水器、除污器、过滤器、游泳池水系统设备等应有产品质量合格证及相关检验报告（供应单位提供）。

3）对于国家有规定的特定设备及材料，如消防、卫生、压力容器等，应附有相应资质检验单位提供的检验报告。如安全阀、减压阀的调试报告、锅炉（承压设备）焊缝无损探伤检测报告、给水管道材料卫生检验报告、卫生器具环保检测报告等（供应单位提供）。

4）绝热材料应有产品质量合格证和材质检验报告（供应单位提供）。

5）主要设备、器具安装使用说明书（供应单位提供）。

6）各种材料进场检验报告。应有材料名称、规格型号、进场数量、生产厂家、合格证号、检验项目、检验结果等。

7）材料试验报告。应有材料名称、材料规格、代表数量、生产厂家、试验项目、试验结果等。

8）设备开箱检验记录。应有设备名称、规格型号、生产厂家、装箱单号、总数量、检查数量、检验记录（包括包装情况、随机文件、备件与附件、外观情况、测试情况等）、检验结果以及缺损附备件明细表（包括名称、规格、单位、数量等）以及检验结论。

9）承压设备焊缝无损探伤检测报告（供应单位提供）。

10）水表、热量表计量检定证书（供应单位提供）。

（2）供热锅炉及辅助设备

除应具有本条（1）之相关控制资料外、尚应有以下资料。

1）仪表、锅炉及附属设备、分集水器、安全阀、水位计、减压阀、疏水器等产品质量合格证及调试报告（供应单位提供）。

2）锅炉焊缝无损探伤检测报告（供应单位提供）。

3）减压阀、安全阀调试报告和定压合格证书（供应单位提供）。

(3) 设备及管道附件安装前试验记录

设备、阀门、密闭水箱(罐)、成组散热器及其他散热设备等安装前，均应按规定进行强度试验并做记录，填写“设备及管理附件试验记录表”。应记录设备及管道附件名称、规格、型号、编号、介质、强度试验(压力 MPa、停压时间)、严密性试验(MPa)、试验结果等。

(4) 给排水管材(部分塑料管)等试验要求见表 4.3.1。

给排水管材(部分塑料管)等试验　　表 4.3.1

<table>
<tr><th>序号</th><th>材料名称及相关标准、规范代号</th><th>试验项目</th><th colspan="2">组批原则及取样规定</th></tr>
<tr><td>1</td><td>给水用硬聚氯乙烯(PVC—V)管材
(GB/T 10002.1—1996)</td><td>必试:生活饮用给水管材的卫生性能。
其他:纵向回缩率
二氯甲烷浸渍试验
液压试验</td><td colspan="2">(1) 同一生产厂,同一批原料、同一配方和工艺情况下生产的同规格的管材每 100t 为一验收批,不足 100t 也按一批计。
(2) 抽样方案见有关规定</td></tr>
<tr><td rowspan="7">2</td><td rowspan="7">给水用聚乙烯(PE)管材
(GB/T 13663—2000)
(GB/T 17219—98)</td><td rowspan="7">必试:生活饮用给水管材的卫生性能。
其他:静液压强度(80℃)断裂伸长率
氧化诱导时间</td><td>批量范围(N)</td><td>样本大小(n)</td></tr>
<tr><td>≤150</td><td>8</td></tr>
<tr><td>151～280</td><td>13</td></tr>
<tr><td>280～500</td><td>20</td></tr>
<tr><td>501～1200</td><td>32</td></tr>
<tr><td>1201～3200</td><td>50</td></tr>
<tr><td>3201～10000</td><td>80</td></tr>
<tr><td>3</td><td>建筑排水用硬聚氯乙烯管材
(GB/T 5836.1—92)
(GB 2828—87)</td><td>必试:—
其他:纵向回缩率、扁平试验、拉伸屈服强度、断裂伸长率、落锤冲击试验、维卡软化温度</td><td colspan="2">(1) 同一生产厂,同一原料、配方和工艺的情况下生产的同一规格的管材,每 30t 为一验收批,不足 30t 也按一批计。
(2) 在计数合格的产品中随机抽取 3 根试件,进行纵向回缩率和扁平试验</td></tr>
<tr><td>4</td><td>建筑排水用硬聚氯乙烯管件
(GB/T 583.2—92)</td><td>必试:—
其他:烘箱试验、坠落试验、维卡软化温度</td><td colspan="2">(1) 同一生产厂、同一原料、配方和工艺情况下生产的同一规格的管件,每 5000 件为一验收批,不足 5000 件也按一批计</td></tr>
</table>

续表

序号	材料名称及相关标准、规范代号	试验项目	组批原则及取样规定
5	卫生陶瓷 (GB/T 6952—1999)	必试:— 其他:冲击功能、吸水率、抗龟裂试验、水封试验、污水排放试验	(1) 同一生产厂、同种产品、同一级别500～3000件为一验收批,不足500件也按一批计。 (2) 每批随机抽取3件用于冲击功能试验,3件用于污水排放试验,其他试验项目各取1件
6	DN25以下阀门 《水暖用内螺丝连接阀门》 (GB/T 8464—1998)	必试:强度、气密性	同一生产厂、同一规格型号为取样基数、每100个为一验收批,不足100个也按一批计,取样总数不少于2批。每批不少于3个

4.3.2 管道、设备强度试验、严密性试验记录

室内外输送各种介质的承压管道、设备在安装完毕后,进行隐蔽之前,应进行强度和严密性试验,并做记录。

(1) 给水管道及管网试验要求见表4.3.2。

给水管道及管网试验　　表4.3.2

序号	管道或设备名称	试验压力	检验方法
1	室内给水管道	工作压力的1.5倍,但≮0.6MPa	金属及复合管:在试验压力下观测10min,压力降≯0.02MPa,然后降到工作压力,不渗不漏。 塑料管:在试验压力下隐压1h,压力降≯0.05MPa;然后在1.15倍工作压力下稳压2h,压力降≯0.03MPa,不渗不漏
2	室内热水供应管道	系统顶点工作压力+0.1MPa,但≮0.3MPa	钢管及复合管:在试验压力下,10min压力降≯0.02MPa;然后降至工作压力,压力不降,不渗不漏。 塑料管:在试验压力下稳定1h,压力降≯0.05MPa;然后在1.15倍工作压力下稳压2h,压力降≯0.03MPa,连接处不渗漏

续表

序号	管道或设备名称	试验压力	检验方法
3	室内热水供应热交换器	工作压力的1.5倍，蒸汽部分不低于蒸汽压力＋0.3MPa；热水部分不低于0.4MPa	试验压力下10min压力不降，不渗不漏
4	金属辐射板	工作压力的1.5倍，但≮0.6MPa	试验压力下2～3min压力不降，且不渗漏
5	低温热水地板辐射采暖盘管	工作压力的1.5倍，但≮0.6MPa	稳压1h，压力降≯0.05MPa，且不渗不漏
6	室内采暖系统管道	蒸汽、热水系统：系统顶点工作压力＋0.1MPa，但≮0.3MPa。 高温热水系统：系统顶点工作压力＋0.4MPa。 塑料、复合管热水系统：系统顶点工作压力＋0.2MPa，但≮0.4MPa	钢筋复合管采暖系统：在试验压力下10min内压力降≯0.02MPa，降至工作压力后不渗不漏。 塑料管采暖系统，在试验压力下1h压力降≯0.05MPa，然后降至1.15倍工作压力，稳压2h，压力降≯0.03MPa，不渗不漏
7	室内给水管道系统	工作压力的1.5倍，但≮0.6MPa	钢管、铸铁管：试验压力下10min内压力降≯0.05MPa，然后降至工作压力，压力不变，不渗不漏。 塑料管：试验压力下稳压1h，压力降≯0.05MPa，然后降至工作压力，压力不变，不渗不漏
8	室外消防给水系统	工作压力的1.5倍，但≮0.6MPa	试验压力下10min内压力降≯0.05MPa，然后降至工作压力，压力不变，不渗不漏
9	室外供热管道系统	工作压力的1.5倍，但≮0.6MPa	试验压力下10min内压力降≯0.05MPa，然后降至工作压力，压力不变，不渗不漏

附:燃气管道试验要求见表 4.3.3。

燃气管道试验 **表 4.3.3**

序号	项　目	试验压力(MPa)	合格判定
1	室内燃气管	0.1	在试验压力下,稳压 1h,用肥皂水涂抹所有接头,不漏为合格
2	公共建筑内燃气总进气管到燃具中心	0.10 0.15	在试验压力下,用肥皂水涂抹所有接头,不漏为合格

(2) 锅炉及附属设备试验要求见表 4.3.4。

锅炉及附属设备,工作压力(P)≤1.25MPa,温度≤130℃。

锅炉及附属设备试验 **表 4.3.4**

序号	项　目		工作压力 P (MPa)	试验压力 (MPa)	合格判定
1	锅炉汽水系统	锅炉本体	$P<0.59$	$1.5P$,但≮0.2	在试验压力下,10min 内压力降≯0.02MPa,然后降到工作压力,压力不降,不渗不漏 说明:工作压力 P 对蒸汽锅炉指锅筒工作压力。对热水锅炉指锅炉额定出水压力
			$0.59\leqslant P\leqslant 1.18$	$P+0.3$	
			$P>1.18$	$1.25P$	
		可分式省煤器	P	1.25+0.5	
		非承压锅炉	大气压力	0.2	
2	分汽缸(分水器,集水器)		工作压力的 1.5 倍,但≮0.6MPa		试验压力下 10min 内无压力降,无渗漏
3	密闭箱(罐)		工作压力的 1.5 倍,但≮0.4MPa		试验压力下 10min 内无压力降,无渗漏
4	连接锅炉及辅助设备的工艺管道		系统中最大工作压力的 1.5 倍		试验压力下 10min 压力下降≯0.05MPa,然后降至工作压力,不渗不漏
5	换热站热交换器		最大工作压力的 1.5 倍,蒸汽部分不低于蒸汽供汽压力+0.3MPa,热水部分不低于 0.4MPa		试验压力下保持 10min,压力不降

(3) 阀门强度试验：

1）同厂别、同牌号、同规格、同型号为一验收批，每批抽查10%，且不少于1个，不得有渗漏。

2）对安装在主干管上起切断作用的闭路阀门，应逐个做强度试验，强度试验压力为阀门的出厂规定压力，不漏、不裂为合格。

3）气体灭火系统中的选择阀、液体单向阀、高压软管和阀驱动装置中的气体单向阀应逐个进行水压强度试验。

(4) 管道设备严密性试验

1）气体灭火系统中的选择阀、单向阀要逐个进行气体严密性试验，试验压力为系统设计的工作压力，在试验压力下稳压1min，无气体溢出为合格；

2）闭式喷头密封性试验：闭式喷头安装前应进行密封性试验，试验数量宜从每批中抽查1%，但不得少于5只，试验压力为3MPa，试验时间不得少于3min，以无渗漏无损伤为合格；当有两只及以上不合格时，不得使用该批喷头；当仅有一只不合格时，应再抽查2%，但不得少于10只，重新试验，以无渗漏、无损伤为合格，否则也不能使用该批喷头。

4.3.3 隐蔽工程验收表

建筑给排水与采暖工程隐蔽验收应有：工程名称、隐检项目、隐检日期、隐检部位、隐检依据、隐检内容、检查意见以及复查意见及结论等。具体隐检项目见表4.3.5。

给排水与采暖工程隐检内容　　表4.3.5

序号	项目	隐检内容
1	管道套管设备	直埋于地下或结构中，暗敷设于沟槽、管井、不进人吊顶内的给水、排水、雨水、采暖、消防管道和相关设备，以及有防水要求的套管： 1）检查管材、管件、阀门、设备的材质与型号、安装位置、标高、坡度； 2）防水套管的定位及尺寸；管道连接做法及质量； 3）附件使用，支架固定； 4）按照设计要求及施工验收规范规定完成强度严密性、冲洗等试验

续表

序号	项目	隐 检 内 容
2	绝热防腐	有绝热、防腐要求的给水、排水、采暖、消防、喷淋管道及相关设备：检查绝热方式、绝热材料的材质与规格、绝热管道与支吊架之间的防结露措施、防腐处理材料及做法等
3	供热管道	埋地的采暖、热水管道，在保温层、保护层完成后，所在部位进行回填之前，应进行隐检。检查安装位置、标高、坡度；支架做法；保温层、保护层设备等

4.3.4 系统清洗、灌水、通水、通球试验记录

(1) 系统清洗试验记录

1) 室内外给水(冷水、热水)、中水及游泳池给水、系统、消防、采暖管道及设计有要求的管道应在使用前做冲(吹)洗(脱脂)；介质为气体的管道系统应按有关设计要求及规范规定做吹洗试验。设计有要求时还应做脱脂处理。

2) 系统清洗要求：

① 给水(冷、热水)、采暖、消防、中水管道系统在交付前须进行冲洗，冲洗以系统最大设计流量或不小于 1.5m/s 的流速进行，直到各出口的水色透明度与进水目测一致为合格；

② 蒸汽管网吹洗，以蒸汽或压缩空气为宜，以蒸汽吹洗时，注意缓慢升温暖管，恒温 1h 后再进行吹洗，直到管内无铁锈、污物为止；

③ 不同给水系统清洗完毕后，应按不同区段或系统分别填写试验记录。

3) 系统清洗若需试验，应记录试验项目、试验部位、试验介质、试验方法等，冲(吹)洗(脱脂)试验结论。

(2) 系统灌水试验记录

1) 非承压管道系统和设备，包括开式水箱、安装在室内的雨水管道等，在系统和设备安装完毕后，以及暗装、埋地、有绝热层的室内外排水管道进行隐蔽前，应进行灌(满)水试验，并做记录。

2) 灌水试验内容和检验方法见表 4.3.6。

非承压管道系统和设备灌水试验　　表 4.3.6

序号	管道系统和设备	试验内容	检验方法
1	室内给水敞口水箱	满水试验	满水试验静置 24h 观察、不渗不漏
2	室内热水供应敞口水箱	满水试验	满水试验静置 24h 观察、不渗不漏
3	锅炉敞口箱、罐	满水试验	满水试验静置 24h 观察、不渗不漏
4	室内隐蔽或埋地排水管道	灌水试验	灌水高度不低于底层卫生器具的上边缘或底层地面高度：满水 15min 水面下降后，再灌满观察 5min，液面不降，管道及接口无渗漏
5	室内雨水管道	灌水试验	灌水高度必须到每根立管上部的雨水斗；持续 1h，不渗不漏
6	卫生器具	满水、灌水试验	满水后各连接件不渗不漏；通水后给、排水畅通

3）室外非金属污水管道渗水量试验

① 在潮湿土壤中，地下水位超过管顶 2～4m，渗入管道内的水量不应超过表 4.3.6 的规定；地下水位超过管顶 4m 以上，则每增加 1m 允许增加渗入水量 10％；

② 在干燥土壤中，其充水高度应高出上游检查井内管顶 4m，渗出水量不应大于表 4.3.7 的规定。

1000m 长的管道一昼夜内允许渗出或渗入水量（m^3）　　表 4.3.7

管径（mm）	<150	200	250	300	350	400	450	500	600
混凝土或石棉水泥管	7.0	20	24	28	30	32	34	35	40
缸瓦管	7.0	12	15	18	20	21	22	23	23

注：1. 雨水管和与其相似的管道、除湿陷性黄土及水源地区外，可不做渗出水量试验；
2. 渗水量试验时间，不应少于 30min；
3. 排出腐蚀性的污水管道不允许渗漏。

③ 在潮湿土壤中，当地下水位不高出管顶 2m，可根据上述②之规定作渗出水量试验。

4）灌水试验记录填写要求

① 室内排水管道、器具应根据施工图纸中排水管、器具的编号按楼层面或部位单独进行，对于不同楼层面或部位的排水管道灌水试验应分别填写灌水试验记录。

② 室外排水管道应分区段进行，对于不同区段的灌水试验，应分别填写试验记录。

（3）系统通水试验记录

1）室内外给水（包括冷水、热水）、中水及游泳池水、卫生洁具、地漏及地面清扫口和室内外排水系统（区段）进行通水试验。

2）系统通水试验，宜按不同干管或支干管分别进行，通水后检查各系统是否畅通，接口处有无渗漏。

3）系统通水试验记录

① 不同部位的通水试验，应分别按施工图纸注明系统及管道的编号填写试验记录。

② 试验记录中应注明试验水源情况（正式水源或临时水源）。

③ 系统通水试验应注明通水压力（MPa）、通水流量（m^3/h），以及试验系统简要介绍。

④ 按排水检查，分段试验，试验水头应以试验段上游管顶加 1m，不少于 30min，逐段观察；排水应畅通，无堵塞，管接口无渗漏。

（4）系统通球试验记录

室内排水水平干管、主立管应按有关规定 100% 进行通球试验。

1）应在排水系统和卫生器具安装完毕，通水合格后进行。

2）试验数量：排水干管应全部进行通球试验。

3）试验方法：通球试验应采用硬质轻球，如塑料球等，严禁用铁球等金属球，以免砸坏管道。球径为不小于管道内径的 2/3。试验时，将水与球同时从入口注入管道，若球顺利从出口排出则证明系统畅通。注意在出口处设网罩，以便取球。

4.3.5 施工记录

施工记录除应记录4.3.1～4.3.4和5.2有关项目及内容外，尚应记录以下项目和内容。

(1) 管道连接和安装检查记录

各类管道连接时应重点检查以下内容并填写“管道连接(安装)检查记录”。

1) 管道连接应重点检查

① 配件是否与给水管道管材相适应。

② 生活给水材料是否达饮用水卫生标准。

③ 镀锌钢管丝扣连接质量、镀锌钢管丝扣法兰连接质量、镀锌钢管卡箍(套)连接质量，铸铁给水管道连接质量，以及其他非镀锌管道连接质量，包括钢管焊接、焊接法兰连接、铜管焊接连接、塑料管和复合管的连接等。

2) 管道安装应重点检查

管道安装的定位尺寸是否正确，有防水要求的防水措施，包括：防水套管，穿过各种缝时的保护措施，穿过墙壁和楼板的套管设置，管道之间的水平净距，冷热水管道的位置(上下平行时热水管在上，垂直平行时热水管在左)，水平管道坡度$\left(\frac{2}{1000}\sim\frac{5}{1000}\right.$坡向泄水装置$\left.\right)$，塑料管和复合管的自然补偿(利用管道折角)、伸缩节、固定支撑等。

(2) 阀门及配件安装检查记录

阀门规格及安装的位置和进出口方向，连接的严密性，连接是否灵活、可靠，启闭是否灵活，是否有利于使用等。

(3) 水表安装记录

1) 水表安装位置是否便于检修、不受曝晒、污染和冻结。

2) 安装螺翼式水表，表前与阀门是否有不小于8倍水表接口直径的直线管段。

3) 表外壳距墙外表面的净距(30mm)。

4）水表前应有阀门、管道连接的活接头，水表安装牢固平整，不得歪斜。

5）水表安装标高是否符合设计要求。

(4) 支、吊、托架及管座安装记录

1）支、吊、托架的型式及加工质量（尺寸、规格、孔、眼等），管卡尺寸及与管配合是否接触紧密。

2）支、吊、托架安装位置是否符合设计要求，其最大间距（钢管、塑料管、铜管）、布置是否均匀，排列是否整齐，必要时是否放置橡胶垫（钢管等），管卡安装高度（1.5～1.8m）等。

3）支、吊、托架支撑是否牢固（埋入墙内深度、膨胀螺栓固定的间距及承载力、埋地管道支座（墩）土质及坚实情况，滑动支架是否灵活，无热伸长管道吊架（杆）安装（垂直），有热伸长管道吊架（杆）安装（向热膨胀反方向偏移）等。

(5) 消火栓系统安装记录

1）室内消火栓，栓口是否朝外，栓口中心距地面 1.1m，（允许偏差±20mm），栓口距箱侧面为 140mm，距箱后表面为 100mm（允许偏差 5mm）。

2）消防水龙带与水枪和快速接头的绑扎是否紧密牢固，扎好后是否根据箱内构造，将水龙带挂在箱内挂钩上。

3）若当地消防主管部门对消火栓安装尺寸及水龙带安装方式有统一规定时，是否服从当地消防主管部门的统一规定。

4）消火栓系统安装完毕，应按设计要求及规范规定选取有代表性的 3 处（屋顶 1 处，首层 2 处）进行试射。应记录试射消火栓位置编号、消火栓组件、启泵按钮、栓口安装、栓口水枪型号、栓口静压（MPa）、栓口动压（MPa）、试射要求、试射方法、试射情况及结论等。

(6) 给水设备安装记录

1）离心水泵安装的基础检查及混凝土表面的处理，水泵就位的找正、找平、二次灌浆与地脚螺栓紧固，水泵与进出管道连接（法兰、异径管）、出水管的止回阀、闸阀、压力表等。

2）泵试运转

① 所有管道系统是否保持畅通。

② 盘车是否灵活、正常，电机旋转方向是否符合泵的转向要求。

③ 各紧固连接部件是否牢固，安全保护装置是否灵敏、可靠。

④ 加注润滑油的规格、质量、数量是否符合设备技术文件规定。

⑤ 泵在启动前，入口阀是否全开，出口阀是否全闭，待启动后才慢慢打开出水阀。

⑥ 泵在设计负荷下连续运行应不小于 2h，轴承的温度（滚动轴承温度不应高于 75℃，滑动轴承的温度不应高于 70℃）。试运转时，对轴承温度的测试是否做好记录。

⑦ 立式水泵的减振装置不应采用弹簧减振器。

（7）水箱安装记录

1）满水试验或水压试验

敞口水箱安装前是否做了满水试验（以不漏为合格）。密闭水箱安装前是否以工作压力的 1.5 倍作水压试验，但试验压力不得小于 0.6MPa（以不漏为合格）。

2）水箱溢流管和泄放管是否设置在排水地点附近但又不与排水管直接连接。

3）水箱支架及底座埋设是否平整牢固，接触是否紧密。

4）水箱保温材料及涂料

湿法施工的保温工程，施工温度≥5℃。如低于 5℃，是否采取防冻措施。保温材料及结构、松散材料的压实密度是否符合要求，湿法砌筑填料是否饱满，层间是否错缝搭接。保温层的厚度是否符合要求，保护层表面是否平整、美观。

（8）补偿器安装记录

各类补偿器安装应记录补偿器型号、规格及伸长量，补偿器安装位置、按补偿器种类设置的支架（固定、滑动和导向），如是方形补偿器，应检查煨制材料（无缝钢管），有无接口，安装方法，坡度，热水管道的排气装置，蒸汽管道的疏水装置；套管式补偿器安装位置(位于管道中心,不得偏移歪斜),支架形式(导向),拉伸量等。

补偿器安装还应记录设计压力,管内介质温度(℃),计算预拉伸值(mm),实际预拉值(mm)等。

(9) 太阳能热水器安装记录

1) 安装位置是否朝正南,最大偏移角≤15°。

2) 由集热器上、下集管接往热水箱的循环管道坡度$\left(\text{不小于}\frac{5}{1000}\right)$。

3) 自然循环的热水箱底部与集热器上集管之间的距离(0.3~1.0m)。

4) 热水应从水箱上部留出,水箱底部接出管与上部热水管并联。

5) 上循环管接至水箱上部,一般比水箱顶低200mm左右。

6) 下循环管接至水箱下部,出水口宜高出水箱底50mm。

7) 水箱是否有泻水管、透气管、溢流管和需要的仪表装置。

8) 试压记录

注:1. 集热排管和上、下集管应作水压试验,试验压力为工作压力的1.5倍。

2. 热交换器应以工作压力的1.5倍作水压试验。蒸汽部分应不低于蒸汽供汽压力加下0.3MPa;热水部分应不低于0.4MPa。

(10) 卫生器具安装记录

1) 卫生器具与给水管道、排水管道连接是否紧密,密封填料及涂抹质量是否符合要求。

2) 卫生器具安装

① 卫生器具安装前是否进行了检查,器具是否完好无损,是否清除了器具内杂物。

② 卫生器具的安装是否采用预埋螺栓或膨胀螺栓安装固定。

③ 卫生器具安装高度是否符合规定。

④ 有饰面的浴盆,是否留有通向浴盆排水口的检修门。

⑤ 小便槽冲洗管,是否采用镀锌钢管或硬质塑料管。冲洗孔是否斜向下方安装,冲洗水流同墙面成45°角。镀锌钢管钻孔后是否进行二次镀锌。

(11) 排水栓和地漏安装记录

1) 排水栓的连接

瓷盆排水栓下是否涂油灰,盆底是否垫好橡胶圈,用紧锁螺母紧固使排水栓与瓷盆连接牢固且紧密;水泥制作的盆槽,是否将排水口仔细凿平,并在排水栓外涂上纸筋石灰水泥,在水槽下部用紧锁螺母紧固。排水栓是否低于排水表面,周边无渗漏。

2) 地漏是否安装在地面最低处,水封高度不得小于50mm。

3) 地面排水栓及地漏安装后,是否采取措施将口密封,防止建筑垃圾落入,堵塞管道。

注:锅炉等设备安装记录不再赘述。

(12) 设备单机试运转记录

给水系统设备、热水系统设备、机械排水系统设备、消防系统设备、采暖系统设备、水处理系统设备等在安装完毕后应进行试运转,并做记录。

(13) 系统试运转调试记录

采暖系统、水处理系统等应进行系统试运转及调试,并做记录。

运转调试部位、试运转调试内容、试运转调试结论以及必要的试运转调试测试表等。

(14) 锅炉安全附件安装检查记录

锅炉的高、低水位报警器和超温、超压报警器及联锁保护装置必须按设计要求安装齐全,并进行启动、联动试验,并做记录。

安全附件安装检查,应记录锅炉安装信号,锅炉型号、工作介质、额定压力(MPa)、最大工作压力(MPa),具体检查项目及检查结果记录见表4.3.8。

安全附件安装检查项目　　表 4.3.8

序号	检查项目		检查结果
1	压力表	量程及精度等级	MPa;　　级
		校验日期	年　月　日
		在最大工作压力处应划红线	□已划　□未划
		旋塞或针型阀是否灵活	□灵活　□不灵活
		蒸汽压力表管是否设存水弯管	□已设　□未设
		铅封是否完好	□完好　□不完好
2	安全阀	开启压力范围	MPa～MPa
		校验日期	年　月　日
		铅封是否完好	□完好　□不完好
		安全阀排放管应引至安全地点	□是　□不是
		锅炉安全阀应有泄水管	□有　□没有
3	水位计（液位计）	锅炉水位计应有泄水管	□有　□没有
		水位计应划出高、低水位红线	□已划　□未划
		水位计旋塞（阀门）是否灵活	□灵活　□不灵活
4	报警装置	校验日期	年　月　日
		报警高低限（声、光报警）	□灵敏、准确　□不合格
		联锁装置工作情况	□动作迅速、灵敏　□不合格
5	说明：		
6	结论：　□合格　□不合格		

（15）锅炉封闭及烘炉（烘干）记录

锅炉安装完成后，在试运行前，应进行烘炉试验，并做记录。

锅炉封闭及烘炉（烘干）应记录锅炉型号、安装位号、试验日期、设备（管道）封闭前的内部观察情况、封闭方法、烘干方法、烘炉超止时间、温度区间的升温降温速度（℃/h），所用时间（h）等。锅炉烘干记录应有烘炉（烘干）曲线图（包括计划曲线和实际曲线），封闭和烘干结论。

(16) 锅炉煮炉试验记录

锅炉安装完成后，在试运行前，应进行煮炉试验，并做记录。

锅炉煮炉试验应记录锅炉型号、安装位号、煮炉日期、试验要求(检查煮炉前的污垢厚度、确定加药配方。煮炉后检查受热面内部清洁程度)。记录煮炉时间、压力以及试验情况和结论。加药配方见表4.3.9。

锅炉煮炉加药配方　　表4.3.9

药品名称	加药量 kg/m^3(水)	
	铁锈较薄	铁锈较厚
氢氧化钠(NaOH)	2～3	3～4
磷酸三钠($Na_3PO_4\cdot12H_2O$)	2～3	2～3

(17) 安全阀调试记录

锅炉安全阀在投入运行前应由有资质的试验单位按设计要求进行调试，并由试验单位出具调试记录。

(18) 系统消毒记录

生活用水管道安装完毕，使用前应进行消毒。

1) 各种生活用水管道和饮用水水池(箱、罐)在使用前应用每升水中含20～30mg游离氯的水灌满管道进行消毒，含氯水在管道中应留置24h以上。

2) 消毒完后，再用饮用水冲洗，经取样化验合格后，方可使用。

消毒过程中应进行记录。

(19) 锅炉试运行记录

锅炉在烘炉、煮炉合格后，应进行48h的带负荷连续试运行，同时应进行安全阀的热状态定压检验和调整，并做记录。

1) 检验试运转项目

① 机械传运炉排冷态试运转记录

A. 炉排试运行前，将炉膛内杂物清理干净，然后将炉排各部位的油杯加满润滑油方可运行。

B. 检查炉排有无卡住和起拱现象。

C. 检查炉排有无跑偏现象。

D. 检查炉排长销轴与两侧板的距离是否大致相等。

E. 检查主炉排片与链轮啮合是否良好，各链轮齿是否同位。

F. 检查炉排片有无断裂。

G. 检查煤闸板吊链的长短是否相等，各风室的调节门是否灵活。

H. 炉排冷态运转不少于8h，试运转速度最小应在两级以上，经检查和调整后符合设计及规范要求。

② 烘炉记录要求见(15)，煮炉记录要求见(16)。

2）系统48h试运行记录

① 锅炉试运行前要求所需各种材料已准备就绪，持证操作人员已到位，对于单机试车、烘煮炉时发现的问题已全部解决。

② 锅炉点火要严格按产品操作手册进行，从点火到燃烧正常一般不少于3～4h，使炉膛缓慢升温。

③ 运行正常后，当锅炉压力升至0.3～0.4MPa时，对锅炉范围内的法兰、人孔、手孔和其他连接螺栓进行一次热态下的紧固，及时消除各处渗漏。

④ 运行过程中检查锅炉的水位、油位、轴承温升、运行电流、振动等情况是否正常，各系统是否协调，并做好记录。

⑤ 锅炉试运行结果以锅炉及附属设备的热工、机械性能正常，锅炉水质和烟尘排放浓度符合设计要求为合格。

4.4 建筑电气工程质量控制资料

4.4.1 材料、设备出厂合格证书及进场检(试)验报告

(1) 合格证及质量证明书

电气工程材料、设备应有下列资料：

1）电力变压器、柴油发电机组、高压成套配电柜、蓄电池柜、不间断电源柜、控制柜(屏、台)应有出厂合格证、生产许可证和试验记录。

2）低压成套配电柜、动力、照明配电箱（盘、柜）应有出厂合格证、生产许可证、“CCC”认证标志和认证证书复印件及试验记录。

3）电动机、电加热器、电动执行机构和低压开关设备应有出厂合格证、生产许可证、“CCC”认证标志和认证证书复印件。

4）电线、电缆、照明灯具、开关、插座、风扇及附件应有出厂合格证、“CCC”认证标志和认证证书复印件。电线、电缆还应有生产许可证。

5）导管、型钢应有出厂合格证和材质证明书。

6）电缆桥架、线槽、裸母线、裸导线、电缆头部件及接线端子、钢制灯柱、混凝土电杆和其他混凝土制品应有出厂合格证。

7）镀锌制品（支架、横担、接地极、避雷用型钢等）和外线金具应有出厂合格证和镀锌质量证明书。

8）封闭母线、插接母线应有出厂合格证、安装技术文件、“CCC”认证标志和认证证书复印件。

上述设备和材料应有出厂合格证、厂家质量检验报告、厂家质量保证书、商检证等。这些资料中应有材料与设备的名称、主要规格、单位、数量等。

（2）各种材料进场检（试）验报告

1）检验报告应有材料名称、规格型号、进场数量、生产厂家、合格证号、检验项目、检验结果等。

2）试验报告应有材料名称、规格型号、代表数量、生产厂家、试验项目、试验结果等。

（3）设备开箱检查记录：同 4.3.1 之 8）。

4.4.2 设备调试记录

（1）成套配电（控制）柜、台、箱、盘的运行电压、电流应正常，各种仪表指示正常。

（2）电动机应试通电，检查转向和机械转动有无异常情况；可空载试运行的电动机，时间一盘为 2h，记录空载电流，且检查机身和轴承的温升。

（3）交流电动机空载可启动次数及间隔时间应符合产品技术

条件的要求；无要求时，连续启动 2 次的时间间隔不应少于 5min，再次启动应在电动机冷却至常温下。空载状态运行，应记录电流、电压、温度、运行时间等有关数据，且应符合设备或工艺装置的空载状态运行的要求。

(4) 电动执行机构的动作方向及指示应与工艺装置的设计要求保持一致。

(5) 电气设备空载试运行负荷记录，包括运行时间、运行电压(V)、运行电流(A)、温度(℃)、试运行情况以及调试情况等。

(6)【举例】:发电机调试

1) 自动控制功能的调试:调试发电机在失电和恢复的情况下，发电机的自动启动和停止功能是否符合设计要求；调试发电机在事故状态下的保护装置的功能是否满足随机文件的要求。

2) 测试各独立回路的绝缘电阻。

3) 检测空载状态下的冷态和热态时电压的整定范围和稳态调整率。

4) 测量电压和频率的稳态调整率。

5) 测量瞬态电压调整率及电压稳定时间和频率调整率及频率稳定时间。

6) 在额定工况下进行连续试验:每隔 30min 记录一次功率、电压、功率因数、频率、冷却出水(或风)温度及机油、环境温度等。

7) 测量线电压波形正弦性畸变率和电压在三相不对称负载下的线电压偏差。

8) 测量机组的振动和噪声。

9) 测量并联机组运行时各机组稳态时的电流、电压、频率、有功功率、无功功率(或功率因数)、电压和频率波动后的最大值和最小值、总功率、总电流和总负载功率因数。

10) 如随机文件规定有其他测试调整内容，应按随机文件进行测试调整。

4.4.3 接地、绝缘电阻测试记录

(1) 接地电阻测试记录

1）接地电阻测试主要包括设备、系统的防雷接地、保护接地、工作接地、防静电接地以及设计有要求的接地电阻测试，并应附《电气防雷接地装置隐检与平面示意图》及说明。检测仪器应在检定有效期内。

2）接地电阻测试应记录仪表型号、天气情况、气温、接地类型（防雷接地、工作接地、保护接地、防静电接地、重复接地等）、设计要求（电阻值Ω）、测试结果等。

3）电气防雷接地装置隐检与平面示意图应包括图号、接地类型、接地组数、设计要求（电阻值Ω）、接地装置平面示意图、接地装置敷设情况检查、土质情况、接地极规格、打进深度、焊接情况、防腐处理、接地电阻（取最大值）、检查结论等。

（2）绝缘电阻测试记录

1）绝缘电阻测试主要包括电气设备和动力、照明线路及其他必须摇测绝缘电阻的测试，配管及管内穿线分项工程、分部（子分部）工程质量验收前和单位工程质量竣工验收前，应分别按系统回路进行测试，不得遗漏。检测仪器应在检定有效期内。

2）绝缘电阻测试应记录气温、天气情况、计量单位、仪表型号、试验内容（分别记录层数、路别、名称、编号）、相间、相对零、相对地、零对地、测试结论等。

4.4.4 隐蔽工程验收表

（1）电气工程隐蔽验收项目和内容见表4.4.1。

电气工程隐蔽工程验收内容　　表4.4.1

序号	项目	隐检内容
1	电线导管	1）埋于结构内的各种电线导管：检查导管和品种、规格、位置、弯扁度、弯曲半径、连接、跨接地线、防腐、管盒固定、管口处理、敷设情况、保护层、需焊接部位的焊接质量等
		2）不进人吊顶内的电线导管：检查导管的品种、规格、位置、弯扁度、弯曲半径、连接、跨接地线、防腐、需焊接部位的焊接质量、管盒固定、管口处理、固定方法、固定间距等
2	等电位	等电位及均压环暗埋：检查使用材料的品种、规格、安装位置、连接方法、连接质量、保护层厚度等

续表

序号	项目	隐检内容
3	吊顶内线槽	不进人吊顶内的线槽：检查材料品种、规格、位置、连接、接地、防腐、固定方法、固定间距及与其他管线的位置关系等
4	接地装置	接地极装置埋设：检查接地极的位置、间距、数量、材质、埋深、接地极的连接方法、连接质量、防腐情况等
5	避雷引下线	1）利用结构钢筋做的避雷引下线：检查轴线位置、钢筋数量、规格、搭接长度、焊接质量、与接地极及避雷网和均压环等连接点的焊接情况等。 2）金属门窗、幕墙与避雷引下线的连接：检查连接材料的品种、规格、连接位置和数量、连接方法和质量等
6	电缆敷设	1）直埋电缆：检查电缆的品种、规格、埋设方法、埋深、弯曲半径、标桩埋设情况等。 2）不进人的电缆沟敷设电缆：检查电缆的品种、规格、弯曲半径、固定方法、固定间距、标识情况等

(2) 隐蔽工程验收表应记录隐检部位(层数、轴线、标高)、隐检依据(施工图号、国家标准等)、主要材料名称、规格、型号、隐检内容、检查意见、检查结论复查结论等。

4.4.5 施工记录

建筑电气工程施工记录除应记录4.4.3和4.4.4内容外尚应记录下述内容。

(1) 电气器具通电安全检查记录

电气器具安装完成后，按层、按部位(户)进行通电检查，并进行记录。内容包括接线情况、电气器具开关情况等。电气器具应全数进行通电安全检查，合格后在记录表中打钩(√)。

电气器具通电安全检查应记录区域场所或单元及其他部位的开关、灯具、插座等器具检查情况及检查结论等。

(2) 漏电开关模拟试验记录

动力和照明工程的漏电保护装置应全数做模拟动作试验，并符合设计要求的额定值。

漏电开关模拟试验应记录安装部位、型号、设计要求（动作电流 mA、动作时间 ms）、实际测试值（动作电流 mA、动作时间 ms）以及测试结果等。

(3) 电度表检定记录

电度表在安装前应送有相应检定资格的单位全数检定，应有检定单位提供的检定记录。

(4) 大容量电气线路结点测温记录

大容量（630A 及以上）导线、母线连接处或开关，在设计计算负荷运行情况下应做温度抽测记录，温升值稳定且不大于设计值。

大容量电气线路结点测温应记录测试器材（导线、母线、开关）、测试工具、测试回路或部位、测试时间、电流（A）、设计温度（℃）、测试温度（℃）以及测试结论等。

(5) 避雷带支架拉力测试记录

避雷带的每个支持件应做垂直拉力试验，支持件的承受垂直拉力应大于 49N(5kg)。

(6) 高压部分试验记录

应由有相应资格的单位进行试验并有试验记录和结论。

(7) 其他各项记录

例如：

1) 机电各系统的明、暗装管道、设备安装：检查位置、标高、坡度、材质、防腐、接口方式、支架形式、固定方式等。

2) 电气明配管、暗配管：检查导管的品种、规格、位置、连接、弯扁度、弯曲半径、跨接地线、焊接质量、固定、防腐、外观处理等。

3) 明装、暗装线槽、桥架、母线：检查材料的品种、规格、位置、连接、接地、防腐、固定方法、固定间距等。

4) 明装等电位连接：检查连接导线的品种、规格、连接配件、连接方法等。

5) 避雷带：检查材料的品种、规格、连接方法、焊接质量、固定、防腐情况等。

6) 变配电装置：检查配电箱、柜基础槽钢的规格、安装位置、水平与垂直度、接地的连接质量；配电箱、柜的水平与垂直度；高低压电源进出口方向、电缆位置等。

7）机电表面器具（包括开关、插座、灯具等）：检查位置、标高、规格、型号、外观效果等。

（8）【举例】 1. 电缆铺设、变压器安装记录

1）电缆铺设记录内容（略记）

① 电缆编号：根据施工图中的电缆编号填写。

② 电缆型号：应注明电缆规格、截面、芯数、电压等级。

③ 电缆的始端、终端。

④ 电缆的敷设方式。

⑤ 电缆敷设结果等。

2）变压器安装记录内容（详记）

① 排氮

A. 采用注油排氮时，绝缘油必须经过净化处理，注油工具干净，不得污染绝缘油；注油前，应将油箱内的残油排尽，油应从变压器下部阀门注入，氮气经上部排出。

B. 采用抽真空排氮时，排氮口应置于空气流通处，破坏真空时，应避免潮湿空气进入。

② 变压器器身检查

A. 当变压器需要进行器身检查时，场地周围应清洁或有防护措施；空气温度和湿度应符合要求，当不能满足要求时，应采取其他措施。

B. 所有螺栓应紧固，并有防松措施；绝缘螺栓应无损。

C. 铁芯应无变形，绝缘应良好。

D. 各绕组应排列整齐，间隙均匀，绝缘层应完整，无缺损、变形现象。

E. 引出线绝缘包扎应牢固，引出线出处的封闭应良好。

F. 强油循环管路应密封良好。

G. 器身检查完毕，必须用合格的变压器油进行冲洗。

③ 干燥

A. 当变压器需要干燥时，必须对各部温度进行监控，绕组温度应根据其绝缘等级而定。

B. 干燥后的变压器应进行器身检查，所有螺栓压紧部分应无松动，绝缘表面应无过热等异常现象。

④ 变压器及附件安装

A. 变压器的轨道应水平，轨道与轮距应配合：装有滚轮的变压器，滋轮应能灵活转动，设备就位后，对滚轮加以制动装置。

B. 所有法兰连接处应用平整、干净的耐油密封垫圈密封。

C. 其他附件的安装应符合要求。

⑤ 注油、热油循环、补油和静置

A. 变压器的绝缘油经过试验合格后方可注入。

B. 220kV 及以上的变压器必须真空注油。

C. 500kV 的变压器注油后的热油循环时间不得少于 48h。

D. 注油完毕后，施压前静置时间：110kV 及以下不得少于 24h；220kV 及 330kV 不得少于 48h；550kV 不得少于 72h。

⑥ 整体密封检查

非整体运输的变压器安装完毕后，应在储油柜上用气压或油压进行整体密封试验，其压力为油箱盖上能承受 0.03MPa，试验持续 24h，无渗漏为合格。

⑦ 变压器试运行

A. 变压器带一定负荷连续运行 24h。

B. 变压器试进行情况应正常，无误动作等现象发生。

⑧ 变压器试验记录

A. 测量绕组连同套管的直流电阻；变压器的直流电阻，与同温下产品出厂实测数值比较，相应变化不应大于 2%；1600kVA 及以下的三相变压器，各相间的差值应小于平均值的 4%，各线间的差值应小于平均值的 2%；1600kVA 以上的变压器，各相间的差值应小于平均值的 2%，各线间的差值应小于平均值的 1%。

B. 检查所有分接头的变压比。

C. 检查变压器的三相结线组别和单相变压器引出线的极性：

检查结果必须与设计要求和铭牌上的标记及外壳上的符号相符。

D. 测量绕组连同套管的绝缘电阻、吸收比或极化指数。

E. 绕组连同套管的交流耐压试验。

F. 测量与铁芯绝缘的各紧固件及铁芯装接地线引出套管对外壳的绝缘电阻。

G. 绝缘油试验。

H. 有载调压切换装置的检查和试验。

I. 额定电压下的冲击合闸试验。

J. 相位检查。

【举例】 2. 建筑物等电位联结记录

1）材料质量检查

① 等电位联结线和等电位联结端子板采用钢材等。

② 等电位联结端子板的截面等于所接等电位联结线截面。

③ 等电位联结用的螺栓、垫圈、螺母等已进行垫镀锌处理。

④ 等电位联结线有黄绿相间的色标，在等电位联结端子板上刷黄色底漆并标黑色记号，其符号为"⏚"。

2）等电位联结线路最小允许截面要求，见表 4.4.2。

等电位联结线路最小允许截面(mm²) **表 4.4.2**

材料	截面	
	干线	支线
铜	16	6
钢	50	16

3）等电位联结

① 总等电位联结

对可作导电接地体的金属管道入户处和供总等电位联结的接地干线的位置检查确认后，才安装焊接总等电位联结端子板，按设计要求做总等电位联结。

② 辅助等电位联结

对供辅助等电位联结的接地母线位置检查确认后，才安装焊接辅助等电位联结端子板，按设计要求做辅助等电位联结。

③ 对特殊要求的建筑金属屏蔽网箱

网箱施工完成，经检查确认，才能与接地线连接。

4）质量控制与记录

① 焊接

A. 扁钢的搭接长度为2.5倍宽度。三面施焊，不同宽度扁钢搭接长度以宽扁钢为准。

B. 圆钢的搭接长度为$7d$。不同直径搭接长度以大直径为准。

C. 圆钢与扁钢连接时，其搭接长度为$7d$。

D. 扁钢与钢管（或角钢）焊接时，已接触部位两侧进行焊接的同时，并以由扁钢弯成的弧形面（或直角形）与钢管（或角钢）焊接。

E. 等电位联结内各联结导体间的焊接处无夹渣、咬边、气孔及未焊透现象。

② 金属管道连接处未加跨接线。

③ 结水系统的水表已加装跨接线。

④ 装有金属外壳排风机、空调器的金属门、窗框或靠近电源插座的金属门、窗框以及距外露可导电部分伸臂范围内的金属栏杆、天花龙骨等金属体均已做等电位联结。

⑤ 燃气管入户后插入一绝缘段与户外埋地的燃气管隔离，并在此绝缘两端跨接了火花放电间隙。

⑥ 金属门、窗的等电位联结。

A. 连接导体系暗敷，并在窗框定位后、装饰层施工前进行。

B. ϕ10圆钢与钢筋或窗框等建筑物金属构件焊接长度为120mm。

C. 搭接板为预埋，部位按设计要求与门窗框螺栓连接。

4.5 通风与空调工程质量控制资料

4.5.1 材料、设备出厂合格证书及进场检（试）验报告

（1）一般规定

1）制冷机组、空调机组、风机、水泵、冰蓄冷设备、热交换设

备、冷却塔、除尘设备、风机盘管、诱导器、水处理设备、加热器、空气幕、空气净化设备、蒸汽调压设备、热泵机组、去(加)湿机(器)、装配式洁净室、变风量末端装置、过滤器、消声器、软接头、风口、风阀、风罩等,以及防爆超压排气活门、自动排气活门等与人防有关的物资,应有产品合格证和其他质量合格证明。

2）阀门、疏水器、水箱、分(集)水器、减震器、储冷罐、集气罐、仪表、绝热材料等应有出厂合格证、质量合格证明及检测报告。

3）压力表、温度计、湿度计、流量计、水位计等应有产品合格证和检测报告。

4）各类板材、管材等应有质量证明文件。

5）主要设备应有安装使用说明书。

(2）材料、设备检查

1）材料:

① 各种管材、管件、法兰、风口、型钢、板材等原材料,以及焊接、防腐、保温、绝热等辅助材料均应收集合格证。对于不同规格、不同型号、不同厂家的原材料和辅助材料应按各系统至少有一张合格证。

② 阻燃、防火材料应有有关部门和法定检测单位出具的认定证书和检测报告,并附在相应材料合格证后面。

2）阀门、仪表:

① 阀门包括空调水系统中的各种阀门和通风系统的防火阀、止回阀、调节阀等,仪表包括压力表、温度计等均应收集合格证,对于不同规格、不同型号的阀门、仪表至少各有一张合格证。

② 防火阀应有消防部门出具的认定证书,并附在相应防火阀合格证后面。

3）设备器具:

① 空调制冷、加热、加(去)湿、除尘等设备,以及风机盘管、空调器、送(引)风机、水泵等均应每台(套)有一份合格证。

② 消防用风机、水泵等应有消防部门出具的认定证书,并附在相应设备合格证后面。

4）设备开箱检查记录：

设备开箱检查根据设计文件、装箱清单等进行，主要核查以下内容：

① 包装箱号、箱数以及包装箱完整情况。

② 随机文件：包括装箱清单、设备说明书、产品质量合格证书、产品性能检测报告等。

③ 进口设备还应有商检合格证明文件。

④ 设备的型号、规格、数量是否与设计、合同、文件等相符。

⑤ 设备的零部件、专用工具是否齐全。

⑥ 设备有无损件，表面有无损坏和锈蚀等情况。

⑦ 通风设备的叶轮放置方向是否符合设备技术文件的规定，进风口、出风口是否有盖板遮盖。

⑧ 空调设备的进出口封闭是否完好。

4.5.2 制冷、空调、水管道强度试验、严密性试验记录

除制冷、空调、水管道外，还应包括风管道严密性和漏风量试验记录。

有关管道强度、严密性试验内容、要求和方法等可参见4.3.2管道、设备强度试验、严密性试验有关内容。

(1) 漏风检测应记录系统名称、工作压力(Pa)、试验压力(Pa)、系统总面积(m^2)、试验总面积(m^2)、系统检测分段数、检测区段图示；分段实测数值包括分段表面积(m^2)、试验压力(Pa)和实际漏风量(m^3/h)、系统允许漏风量($m^3/m^2 \cdot h$)、实测系统漏风量($m^3/m^2 \cdot h$)和检测结论。

(2) 风管制作必须经过工艺性的检测或验证，其强度和严密性，若设计无要求时：

1）风管强度在1.5倍工作压力下接缝处无开裂。

2）矩形风管允许漏风量：

① 低压系统风管　$Q_L \leqslant 0.1056P^{0.65}$；

② 中压系统风管　$Q_M \leqslant 0.0352P^{0.65}$；

③ 高压系统风管　$Q_H \leqslant 0.0117P^{0.65}$。

式中　Q_L、Q_M、Q_H——系统风管在相应工作压力下，单位面积风管单位时间内的允许漏风量[$m^3/(h \cdot m^2)$]；

P——指风管系统的工作压力(Pa)。

3）低压、中压圆形金属风管、复合材料风管以及采用非法兰形式的非金属风管的允许漏风量，应为矩形风管规定值的50%。

4）砖、混凝土风道的允许漏风量不应大于矩形低压系统风管规定值的1.5倍。

5）排烟、除尘、低温送风系统按中压系统风管的规定，1～5级净化空调系统按高压系统风管的规定。

6）检查数量：按风管类别和材质分别抽查，不得少于3件及$15m^2$。

7）检查方法：进行风管强度和漏风量测试。

(3) 风管系统安装完毕后，应按系统类别进行严密性检验，漏风量应符合设计与4.5.1之(1)的规定和风管系统的严密性检验。

1）低压系统风管抽检率为5%，且不得少于1个系统。在加工工艺得到保证的前提下，采用漏光法检测。检测不合格时，应按规定的抽检率做漏风量测试。

2）中压系统风管在漏光法检测合格后，对系统漏风量测试进行抽检，抽检率为20%，且不得少于1个系统。

3）高压系统风管为全数进行漏风量测试。

4）系统风管严密性检测的被抽检系统，全数合格则视为通过；如有不合格时，应再加倍抽检，直至全数合格。

5）净化空调系统风管1～5级的系统按高压系统风管的规定执行；6～9级的系统按4.5.1之(1)的规定执行。

6）检测数量按上述规定。

7）检查方法：进行强度和漏风量测试。

(4) 管道系统安装完毕，外观检查合格后，应按设计要求进行水压试验。当设计无规定时：

1）冷热水、冷却水系统的试验压力，当工作压力小于等于1.0MPa时，为1.5倍工作压力，但最低不小于0.6MPa；当工作压力大于1.0MPa时，为工作压力加0.5MPa。

2）对于大型或高层建筑垂直位差较大的冷（热）水、冷却水管道系统宜采用分区、分层试压和系统试压相结合的方法。一般建筑可采用系统试压方法。

① 分区、分层试压：对相对独立的局部区域管道进行试压。在试验压力下，稳压10min，压力不得下降，再将系统压力降至工作压力，在60min内压力不得下降、外观检查无渗漏为合格。

② 系统试压：在各分区管道与系统主、干管全部连通后，对整个系统的管道进行系统试压。试验压力以最低点的压力为准，但最低点的压力不得超过管道与组成件的承受压力。压力试验升至试验压力后，稳压10min，压力下降不得大于0.02MPa，再将系统压力降至工作压力，外观检查无渗漏为合格。

3）各类耐压塑料管的强度试验压力为1.5倍工作压力，严密性工作压力为1.15倍的设计工作压力。

4）凝结水系统采用充水试验，以不渗漏为合格。

5）检查数量：系统全数检查。

（5）阀门强度、严密性试验

1）强度试验时，试验压力为公称压力的1.5倍，持续时间不少于5min，阀门的壳体、填料应无渗漏。

2）严密性试验时，试验压力为公称压力的1.1倍；试验压力在试验持续的时间内应保持不变，时间应符合表4.5.1的规定，以阀瓣密封面无渗漏为合格。

阀门压力试验持续时间 **表4.5.1**

公称直径 D_N(mm)	最短试验持续时间(s)	
	严密性试验	
	金属密封	非金属密封
≤50	15	15
65～200	30	15
250～450	60	30
≥500	120	60

(6) 制冷系统严密性实验

1) 制冷设备的各项严密性试验和试运行的技术数据,均应符合设备技术文件的规定。对组装式的制冷机组和现场充注制冷剂的机组,必须进行吹污、气密性试验。

2) 检查数量:全数检查。

3) 气密性试验应记录管道编号、试验介质、试验压力(MPa)、停压时间和试验结果。

4) 真空试验应记录管道编号、设计真空度(kPa)、试验真空度(kPa)、试验时间、试验结果。

5) 充制制冷试验应记录管道编号、充制冷剂压力(MPa)、检漏仪器、补漏位置和试验结果。

4.5.3 隐蔽工程验收表

通风与空调工程隐蔽工程验收项目和内容见表4.5.2。

通风与空调工程隐蔽验收项目和内容　　表4.5.2

序号	隐检项目	隐检内容
1	敷设于竖井内、不进人吊顶内风道(含各类附件、部件、设备等)	(1) 风管标高、材质。 (2) 接头、接口严密性。 (3) 附件、部件安装位置。 (4) 支、吊、托架,安装、固定。 (5) 活动部件是否灵活可靠、方向是否正确。 (6) 风管分支、变径处理是否合理、是否符合要求。 (7) 是否进行风管漏光、漏风检测。 (8) 是否进行空调水管道强度、严密性、冲洗等试验
2	有绝热、防腐要求的风管、空调水及设备	(1) 绝热形式与做法。 (2) 绝热材料材质与规格。 (3) 防腐处理材料及做法。 (4) 绝热管道与支吊架之间应垫以绝热衬垫或经防腐处理的木材垫,其厚度(同绝热层厚度),表面平整。 (5) 衬垫接合面的空隙填实情况

4.5.4 制冷设备运行调试记录

(1) 制冷机组、单元试空调机组的试运转

应符合设备技术文件和现行国家标准《制冷设备、空气分离设

备安装工程施工及验收规范》GB 50274 的有关规定。

(2) 正常运转不应少于 8h。

(3) 活塞试制冷机试运转

1) 对使用氟利昂制冷剂的压缩机,启动前应按设备技术文件的要求将热曲轴箱中的润滑油加热。

2) 运转中润滑油的油温,开启式机组不应大于 70℃;半封闭机组不应大于 80℃。

3) 无负荷试运转不得少于 2h,氨制冷机在 0.25MPa 的排气压力下,运行时间不少于 4h。

4) 油压调节阀操作灵活,油位正常,油压应比吸气压力高 0.15～0.3MPa。

5) 油温及各摩擦部位温升符合设备技术文件和表 4.5.3 的规定。

压缩机各部位的允许温升值 **表 4.5.3**

检查部位	有水冷却(℃)	无水冷却(℃)
主轴承外侧面	≤40	≤60
轴封外侧面		
润　滑　油	≤40	≤50

6) 气缸套的冷却水温度进口不得超过 35℃,出口不得超过 45℃。

7) 最高排气温度:制冷剂为 R717 不得超过 150℃,R22 不得超过 145℃,制冷剂为 R12 与 R134a 不得超过 125℃。

8) 封闭试和半封闭式氟利昂制冷机不宜进行无负荷和空气负荷试验。

9) 能量调节装置的操作应灵活、正确。

10) 机体紧固件均应拧紧,仪表和电气设备应调试合格。

11) 油温及各摩擦部位的温升应符合设备技术文件的规定。

12) 运转应平稳,无异常声响和振动。

13) 吸、排气阀的阀片跳动声响应正常。

14）开启式压缩机轴封处的渗油现象不应大于0.5mL/h。

（4）离心式制冷机试运转

1）润滑油系统应冲洗干净，加入冷冻机油的规格数量应符合随机文件的要求。

2）抽气回收装置中，压缩机的油位应正常，转向正确，运转无异常。

3）电气系统工作正常；保护继电器整定值正确，油箱电加热至50～65℃，运行正常。

4）按设备技术文件的规定启动抽气回收装置，排除系统中的空气。

5）启动压缩机应逐步开启导向叶片，并应快速通过喘振区，使压缩机正常工作。

6）检查机组的声响、振动、轴承部位的温升应正常；当机器发生喘振时，应立即采用措施予以消除故障或停机。

7）油箱的油温宜为50～65℃，油冷却器出口的油温宜为35～55℃。滤油器和油箱内的油压差，制冷剂为R11的机组应大于0.1MPa，R12机组应大于0.2MPa。

8）能量调节机构的工作应正常。

9）机组载冷剂出口处的温度及流量应符合设备技术文件的规定。

10）冷却水系统应能正常供水。

11）导向叶片启闭灵活、可靠，开度和仪器指示值应按随机技术文件的要求调整一致。

12）瞬间点动压缩机，转动应正常。

13）水冷却电机机组连续运行不少于30min，氟利昂冷却电机机组连续运行不少于10min，油箱的油温、油压、轴承温升及机器声响和振动应符合随机文件要求。

（5）螺杆试制冷机试运转

1）检查电机的旋转方向时，应将电机与螺杆式压缩机断开。

2）用手扳动压缩机应无阻滞及卡阻。

3）冷冻机油的规格和油面高度符合随机文件规定，油泵运转正常油压保持0.15～0.3MPa（表压）。精滤油器前后压差不应高于0.1MPa。

4）调节四通阀应处于减负压或增负压位置，并检查滑阀移动是否灵活正确，并把滑阀处于能量最小位置。

5）保护继电器安全装置的整定值应符合规定，动作灵敏、可靠。

6）油冷却装置的水系统应畅通。

7）制冷剂为R12、R22的机组，启动前应接通电加热器，加热器油温不应低于25℃。

8）启动运转的程序应符合设备技术文件的规定。

9）冷却水温不应大于32℃，压缩机的排气温度和冷却后的油温：

制冷剂为R12时，排气温度≤90℃，油温30～55℃；

制冷剂为R22和R717时，排气温度≤105℃，油温30～65℃。

10）吸气压力不宜低于0.05MPa（表压）；排气压力不应高于1.6MPa（表压）。

11）运转中应无异常声响和振动，并检查压缩机轴承体处的温升应正常。

12）轴封处的渗油量不应大于3mL/h。

（6）溴化锂吸收式制冷机试运转

1）在设备技术文件规定期限内，外表无损伤，且气密度符合设备文件规定的机组，凡冲灌溴化锂溶液的，可直接进入试运转；当用惰性气体保护时，应进行真空气密性试验合格后，方能加液进行试运转。

2）对在设备技术文件规定期外，且内压不符合设备文件规定的机组，则应先做正压试验，合格后，再进行真空气密性试验。

3）机组的气密性试验符合本规范或技术文件规定，正压试验为0.2MPa（表压）保护24h，压降不大于66.5Pa为合格。真空气密性试验，绝对压力应小于66.5Pa，保持24h，升压不大于25Pa

为合格。

4）启动运转

① 应向冷却水系统和冷水系统供水，当冷却水低于20℃时，应调节阀门减少冷却水供水量。

② 启动发生器泵，吸收器泵，应使溶液循环。

③ 应慢慢开启蒸汽或热水阀门，向发生器供水，对以蒸汽为热源的机组，应使机组先在较低的蒸汽压力状态运转，无异常现象后，再逐渐提高蒸汽压力至设备技术文件的规定值。

④ 当蒸发器冷剂水液囊具有足够的积水后，应启动蒸发器泵，并调节制冷机，应使其正常运转。

⑤ 启动运转过程中，应启动真空泵，抽除系统内的残余空气或初期运转产生的不凝性气体。

5）运转中检查的项目和要求

① 稀溶液、浓溶液和混合溶液的浓度，温度应符合设备技术文件的规定。

② 冷却水、冷媒水的水量和进、出口温度应符合设备技术文件的规定。

③ 加热蒸汽的压力、温度和凝结水的温度、流量或热水的温度及流量应符合设备技术文件的规定。

④ 混合溴化锂的冷剂水相对密度不应超过1.04。

⑤ 系统应保持规定的真空度。

⑥ 屏蔽泵的工作应稳定，并无阻塞、过热、异常声响等现象。

⑦ 各安全保护继电器的动作应灵敏、正确，仪表应准确。

（7）设备机组试车试运转内容应填写出设备的名称、型号、数量、所在系统、额定数据和试验情况、调试情况、试验结论等。

4.5.5 通风、空调系统调试记录

（1）通风、空调系统调试

应记录系统名称，系统所在位置，设计总风量（m^3/h），实测总风量（m^3/h）、风机全压（Pa）、实测风机全压（Pa）、试运转、调试内容和试运转调试结论。

(2) 空调水系统试运转调试记录

通风与空调工程进行无生产负荷联合试运转及调试时，应对空调冷(热)水、冷却水总流量、供回水温度进行测量、调整，并做记录。

空调水系统试运转调试应记录设计空调冷(热)水总流量($Q_{设}$)(m^3/h)和实际空调冷(热)水总流量($Q_{实}$)(m^3/h)及相对差，空调冷(热)水供水温度(℃)，空调冷热水回水温度(℃)，设计冷却水总流量($Q_{设}$)(m^3/h)和实际冷却水总流量($Q_{实}$)(m^3/h)及相对差，冷却水供水温度(℃)，冷却水回水温度(℃)、试运转、调试内容和试运转、调试结论。

(3) 通风与空调工程系统无生产负荷的联合试运转及调试

应在制冷设备和通风与空调设备单机试运转合格后进行。空调系统带冷(热)源的正常联合试运转不应少于8h，当竣工季节与设计条件相差较大时，仅做不带冷(热)源试运转。通风、除尘系统的连续试运转不应少于2h。

(4) 设备单机试运转及调试

1) 通风机、空调机组中的风机，叶轮旋转方向正确、动转平稳、无异常振动与声响，其电机运行功率应符合设备技术文件的规定。在额定转速下连续运转2h后，滑动轴承外壳最高温度不得超过70℃；滚动轴承不得超过80℃。

2) 水泵叶轮旋转方向正确，无异常振动和声响，紧固连接部位无松动，其电机运行功率值符合设备技术文件的规定。水泵连续运转2h后，滑动轴承外壳最高温度不应超过70℃；滚动轴承不应超过80℃；轴封填料的温升应正常，在无特殊要求情况下，普通填料泄露量不得大于35～60mL/h，机械密封的泄漏量不得大于10mL/h；泵在额定工作点连续运转时间不应小于2h；电动机的电流和功率不应超过额定值。

3) 冷却塔本体应稳固、无异常振动，其噪声应符合设备技术文件的规定。风机试运转按4.5.5(4)之1)的规定。

冷却塔风机与冷却水系统循环试运行不少于2h，运行应无异常情况。

(5) 系统无生产负荷联合试运转及调试

1) 系统总风量调试结果与设计风量的偏差不应大于 10%。

2) 空调冷热水、冷却水总流量测试结果与设计流量的偏差不应大于 10%。

3) 舒适空调的温度、相对湿度应符合设计的要求。恒温、恒湿房间室内空气温度、相对湿度及波动范围应符合设计规定。

检查数量:按风管系统数量抽查 10%,且不得少于 1 个系统。

(6) 净化空调系统测试记录

净化空调系统无生产负荷试运转时,应对系统中的高效过滤器进行泄漏测试,并对室内洁净度进行测定。

净化空调系统运行前应在回风、新风的吸入口处和粗、中效过滤器前设置临时用过滤器(如无纺布等),实行对系统的保护。

1) 净化空调系统的检测和调整,应在系统进行全面清扫,且已运行 24h 及以上达到稳定后进行。

2) 单向流洁净室系统的系统总风量调试结果与设计风量的允许偏差为 0~20%,室内各风口风量与设计风量的允许偏差为 15%。

新风量与设计新风量的允许偏差为 10%。

3) 单向流洁净室系统的室内截面平均风速的允许偏差为 0~20%,且截面风速不均匀度不应大于 0.25。

新风量和设计新风量的允许偏差为 10%。

4) 相邻不同级别洁净室之间和洁净室与非洁净室之间的静压差不应小于 5Pa,洁净室与室外的静压差不应小于 10Pa。

5) 高效过滤器应进行泄漏测试并进行记录。测试应记录系统名称、洁净室级别、仪器型号、仪器编号、高效过滤器型号、数量、测试内容和测试结论等。

6) 室内洁净度测试见 5.4.3。

4.5.6 施工记录

施工记录除应记录 4.5.2~4.5.5 内容外、尚应记录以下内容:

(1) 风管漏光检测记录

风管系统安装完成后,应按设计要求及规范规定进行风管漏光测试，并做记录。

风管漏光检测应记录系统名称、工作压力(MPa)、系统接缝总长度(m)、每10m接缝为一检测段的总段数、检测光源、实测漏光点(个)、每10m接缝的允许漏光点数(个/10m)、总漏光点数(个)、每100m接缝的允许漏光点数(个/100m)及结论。

(2) 现场组装除尘器、空调机漏风检测记录

现场组装的除尘器壳体、组合式空气调节机组应做漏风量的检测，并做记录。

现场组装除尘器、空调机漏风检测应记录设备名称、型号规格、总风量(m^3/h)、允许漏风率(%)、工作压力(Pa)、测试压力(Pa)、允许漏风量(m^3/h)、实测漏风量(m^3/h)、测试记录及结论。

(3) 各房间室内风量温度测量记录

通风与空调工程无生产负荷联合试运转时，应分系统的，将同一系统内的各房间室内的风量和温度进行测量调整，并做记录。

各房间室内风量和温度的测量应记录系统名称、系统位置、房间(测点)编号、设计风量($Q_{设}$)、实际风量($Q_{实}$)、相对差、所在房间室内温度等。

(4) 风管系统风量平衡记录

通风与空调工程进行无生产负荷联合试运转时，应分系统地将同一系统内的各测点的风压、风速、风量进行测试和调整，并做记录。

风管系统风量平衡应记录系统名称、系统位置、测点编号、风管规格(mm×mm)、断面积(m^2)、平均风压(Pa)，包括动压、静压和全压、风速(m/s)，以及风量(m^3/h)包括设计风量($Q_{设}$)、实际风量($Q_{实}$)、相对差和使用仪器编号等。

(5) 防排烟系统联合试运行记录

1) 在防排烟系统联合试运行和调试过程中，应对测试楼层及其上下二层的排烟系统中的排烟风口、正压送风系统的送风口进行联动调试，并对各风口的风速、风量进行测量调整，对正压送风口的风压进行测量调整。

2) 防排烟系统联合试运行与调试的结果(风量及正压)，必须

符合设计与消防的规定。

检查数量：按总数抽查10%，且不得少于2个楼层。

3）电控防火、防排烟风阀（口）的手动、电动操作应灵活、可靠、信号输出正确。

检查数量：按系统中风阀的数量抽查20%，且不得少于5件。

4）防排烟系统联合试运转应记录试运行项目、试运行层数、风道类别、风机类别型号、电源型式、防火（风）阀类别、风口尺寸、风速（m/s）、风量（m^3/h），包括设计风量（$Q_{设}$）、实际风量（$Q_{实}$），相对差，风压（Pa）和试运行结论。

4.6 电梯工程质量控制资料

4.6.1 土建布置图纸会审、设计变更、洽商记录

电梯安装由专业队伍进行，施工现场在确保涉及电梯安装土建工程施工质量的同时，要向电梯安装队进行例如：机房、电梯井、底坑等土建布置图纸交接会审。有关设计变更和洽商内容见4.1.1。

（1）机房

1）机房应通风良好。

2）各种设备定位轴线要求：机械设备距墙＞300m，限速器距墙＞100m。

3）预留孔、吊钩位置、曳引钢丝绳、限速钢丝绳周边间隙（20～40mm）。

4）井道孔周边有50mm以上台阶。

5）机房地面承受压力≥6.87kPa。

6）机房地面材料应防尘、防滑；地面高差＞0.5m时，设台阶或平台，且有护栏。

7）深度＞0.5m的坑和槽应有盖板。

8）机房应配有消防器材。

（2）井道

1）每台电梯井道除下述孔口外，严禁有其他孔口。

① 层门开口。

② 通往井道的检修门、安全门及检修活板门的开口。

③ 火灾情况下，排除气体和烟雾的排气孔。

④ 通风孔。

⑤ 井道与机房之间的永久出风口。

2）安全门高度≥1.8m，宽度≥0.35m。

3）检修门高度≥1.4m，宽度≥0.6m。

4）井道高度（h）：水平垂直尺寸最小净空尺寸允许偏差

① 井道高度 h≤30m，0～+25mm。

② 井道高度 30m<h≤60m，0～+35mm。

③ 井道高度 60m<h≤90m，0～+50mm。

④ 井道高度 h>90m，应符合土建布置图要求。

5）一井多台电梯，井底各电梯间设隔离栏，隔离栏底距坑底地面≤0.3m，上方延伸到最底层站楼面 2.5m 以上，离井道壁≤0.15m。

6）不同电梯桥厢或对重装置之间设安全护栏，高度从轿厢或对重行程最低点延伸到底坑地面以上 2.5m。

7）电梯桥厢或对重装置之间水平距离小于 0.5m 时，应加装安全护栏，且护栏应贯穿整个井道，其有效宽度为运动部件宽度每边各加 0.1m。

8）当相邻两扇层门地坎间距大于 11m 时，其中间必须设置安全检修门，且严禁向内开启，且必须装有电气安全开关。

9）井道顶部应设置通风孔，其面积≥1%井道水平断面面积。通风孔可直接通向室外，或经机房通向室外。

10）井道内应设置永久性照明，在井道最高或最低点 0.5m 处各设一盏灯，中间每隔 7m（最大值）设一盏灯，其控制开关应分别设置在机房与底坑内。

注：土建施工主要尺寸允许偏差：

① 提升高度：−15～+15mm。

② 跨度：0～+15mm。

(3) 底坑

1) 底坑内应设有一个单相三眼插修插座。

2) 底坑底部与四周不得渗漏水,且底部应平整光滑。

3) 每一楼层标有最终地面标高基准线。

(4) 主电源开关

1) 每台电梯应有独立的能切断主电源的开关,容量一般不小于主电机额定电流的2倍。

2) 主电源开关应安装在靠近机房入口处,并能方便、迅速接近,高度宜为1.3～1.5m。

3) 动力电源应与照明电源分别敷设。

4) 主电源开关不应切断下列供电电源

① 轿厢照明与通风。

② 机房与滑轮间的照明。

③ 机房内电源插座。

④ 轿顶与底坑的电源插座。

⑤ 电梯井道照明。

⑥ 报警装置。

5) 无机房电梯的主电源开关应设置在井道外面,工作人员方便接近的地方,且有安全防护措施。

6) 机房内零线与接地线应始终分开,不得串接,接地电阻值≤4Ω。

(5) 自动扶梯和自动人行道

1) 自动扶梯梯级、自动人行道踏板或胶带上空垂直净高≥2.3m。

2) 自动扶梯梯级、自动人行道边缘空隙设置栏杆或屏障,高度≥1.2m。

3) 土建施工单位应提供明显的水平基准线标识。

4) 土建施工主要尺寸允许偏差:提升高度±15mm;跨度0～15mm。

5) 电源零线和接地线始终分开。

6）接地装置接地电阻值≤4Ω。

4.6.2 设备出厂合格证书及开箱检验记录

电梯设备进场后，应由建设、监理、施工和供货单位共同开箱检验，并进行记录，填写《电梯设备开箱检验记录》。电梯工程的主要设备、材料及附件应有出厂合格证、产品说明书及安装技术文件。具体检验项目和要求见表4.6.1。

电梯设备进场检验项目和要求　　表4.6.1

序号	项目	检查内容及要求
1	包装情况	1）零部件应按类别及装箱单完好地装入箱内，并应垫平、卡紧、固定。 2）精密加工、表面装饰的部件应防止相对移动。 3）驱动主机应整体包装，包装及密封应完好，规格应符合设计要求。 4）附件、备件齐全，外观应完好。 5）设备、材料、零部件无损伤、无锈蚀及其他异常情况
2	随机文件	1）文件目录。 2）装箱清单。 3）产品合格证。 4）机房、井道布置图。 5）使用维护说明书(含润滑汇总表及电梯功能表)。 6）电气原理图、接线图及符号说明。 7）主要部件安装图。 8）安装(调试)说明书。 9）安全部件型式试验报告结论副本。 10）易损件目录
3	机械部件	1）曳引机标牌应注明 ① 产品名称、型号。 ② 额定速度。 ③ 额定载重量。 ④ 减速比。 ⑤ 出厂编号。 ⑥ 标准编号。 ⑦ 质量等级标志。 ⑧ 厂名、商标。 ⑨ 出厂日期。 2）限速器、缓冲器、安全钳装置、门锁等安全部件的标牌应标明 ① 名称、型号及主要性能、参数。 ② 厂名。 ③ 型式试验标志及试验单位

续表

序号	项目	检查内容及要求
4	电气部件	1）电动机、控制柜等各种电气部件应装入防潮箱内，并应作防振处理，必须存放室内。 2）控制柜标牌应标明：型号、规格，制造厂名称及识别标志或商标
5	进口设备	1）应有进口货物报关单。 2）商检合格证书以及国际标准化组织认证的产品证书。 3）产品检验标准和有关资料。 4）产品各部件的标志、标识、须知、说明等，均应清晰、易懂、耐用、并优先使用中文汉字

4.6.3 隐蔽工程验收表

隐蔽工程包括电梯承重梁埋设、起重吊环埋设，电梯钢丝绳头灌注、电梯井道内导轨，层门支架和螺栓埋设等，具体见表 4.6.2。

电梯工程隐蔽验收项目见表 4.6.2。

电梯工程隐蔽验收项目 **表 4.6.2**

序号	项目	隐检内容
1	承重梁、起重吊环埋设	1）承重墙类型、厚度。 2）承重梁类型、规格、数量、埋设长度、过墙中心、焊接情况、防腐措施。 3）梁垫规格。 4）梁端封固（型钢焊接、混凝土灌注）。 5）起重吊环设计荷载（kN）、材料规格、吊环与钢筋锚固尺寸等。 注：Q235 圆钢吊环荷载：ϕ16、1.51t；ϕ22、2.7t；ϕ24、3.3t；ϕ27、4.1t
2	钢丝绳头灌注	1）钢丝绳清洗。 2）绳头分股后，每股绑扎情况。 3）各绳股弯曲方向（向中心），入锥套情况。 4）锥套加热（40～50℃）。 5）熔化合金温度（270～400℃）。 6）与锥套浇平次数（必须一次浇平）
3	导轨、层门、支架、螺栓、埋设	1）井壁结构、适用工艺。 2）型钢规格、螺栓规格。 3）埋铁厚度（$t \not< 16$）。埋设深度（$\not< 120$）。 4）燕尾夹角（$\not< 60°$）。 5）墙洞尺寸。 6）清渣冲洗。 7）混凝土配合比

4.6.4 施工记录

(1) 电梯机房、井道的土建施工应满足 GB/T 7025《电梯主参数及轿厢、井道、机房的型式与尺寸》的相关规定；自动扶梯、自动人行道的土建施工应满足机房尺寸、提升高度、倾斜角、名义宽度、支承及畅通区尺寸的要求，并应符合 GB 16899《自动扶梯和自动人行道的制造与安装安全规范》的有关规定。

(2) 施工记录应符合国家规范、标准的有关规定，并满足电梯生产厂家的要求。电梯工程中的安装样板放线、导轨安装、层门安装、驱动主机安装、轿厢组装、悬挂装置安装、对重(平衡重)及补偿装置安装、限速器及缓冲器安装、随行电缆安装等施工记录，应按照相应的国家规范、标准、行业标准及企业标准的有关规定填写相应的表格。

(3) 液压电梯安装工程应参照 JG 5071《液压电梯》和企业标准的相关要求填写。

(4) 轿厢平层准确度测量记录

轿厢平层准确度测量应记录层站、层高(m)、达速层数、额定速度(m/s)、上行(起层、停层、空载、满载)、下行(起层、停层、空载、满载)。

(5) 电梯套机功能检验记录

电梯套机结束后，在交付使用前，由安装单位对电梯的整机运行性能进行检查试验，并填写《电梯整机功能检验记录》见表 4.6.3。

电梯整机功能检查项目和要求 **表 4.6.3**

序号	项目	试验要求
1	无故障运行	轿厢分别以空载、50%额定载荷和额定载荷 3 种工况，在通电持续率 40%，到达全行程范围，按 120 次/h，每天不少于 8h，各启、制动运行 1000 次。电梯应运行平稳、制动可靠、连续运行无故障
		制动器线圈温升和减速器油温升不超过 60K，其温度不超过 85℃，电动机温升不超过 GB 12974 的规定。电动机、风机工作正常
		曳引机除蜗杆轴伸出端渗漏油面积平均每小时不超过 1510cm² 外，其余各处不得渗漏油

续表

序号	项目	试 验 要 求
2	超载运行	断开超载控制电路。电梯在110%额定载荷,通电持续率40%情况下,到达全行程范围。启、制动运行30次,电梯应能可靠地启动、运行和停止(平层不计),曳引机工作正常
3	曳引检查	电梯空载上行至端站及125%额定载荷下行至端站,分别停层3次以上,轿厢应可靠制停,在超载下行时切断供电,轿厢应被可靠制动
		当对重压在缓冲器上时,空载轿厢不能被曳引绳提升
		当轿厢面积不能限制额定载荷时,需用150%额定载荷做曳引静载检查,历时10min,曳引绳无打滑现象
4	安全钳装置	对瞬时式安全钳装置,轿厢应有均匀分布的额定载重量,以检修速度下行按电梯运行验收标准GB/T 10059—1997中4.2节的要求进行试验
		对渐进式安全钳装置,轿厢应有均匀分布的125%额定载重量,以检修速度或平层速度下行按GB/T 10059—1997中4.2节的要求进行试验
5	缓冲试验	耗能型缓冲器:轿厢以额定载重量减低速度或轿厢空载对重装置分别对各自的缓冲器静压5min后脱离,缓冲器应回复正常位置
		耗能型缓冲器:轿厢和对重装置分别以检修速度下降将缓冲器全压缩,从离开缓冲器瞬间起,缓冲器柱塞复位时间不大于120s

(6) 电梯主要功能检验记录

电梯调试结束后,在交付使用前,由安装单位对电梯的主要功能进行检查确认,并填写《电梯主要功能检验记录》,见表4.6.4。

电梯主要功能检查项目和要求　　表4.6.4

序号	项　目	检验内容及要求
1	基站启用、关闭开关	专用钥匙,运行、停止转换灵活可靠
2	工作状态选择开关	操纵盘上司机、自动、检修钥匙开关,可靠
3	轿内照明、通风开关	功能正确、灵活可靠、标志清晰
4	轿内应急照明	自动充电,电源故障自动接通,大于1W/h

续表

序号	项　目	检验内容及要求
5	本层厅外开门	按电梯停在某层的召唤按钮，应开门
6	自动定向	按先入为主原则，自动确定运行方向
7	轿内指令记忆	有多个选层指令时，电梯按顺序逐一停靠
8	呼梯记忆、顺向截停	记忆厅外全部召唤信号，按顺序停靠应答
9	自动换向	全部顺向指令完成后，自动应答反向指令
10	轿内选层信号优先	完成最后指令，在门关闭前轿内优先登记定向
11	自动关门待客	完成全部指令后，电梯自动关门，时间 4～10s
12	提早关门	按关门按钮，门不经延时立即关门
13	按钮关门	在电梯未启动前，按开门按钮，门打开
14	自动返基站	电梯完成全部指令后，自动返基站
15	司机直驶	司机状态，按直驶钮后，厅外召唤不能截车
16	营救运行	电梯故障停在层间时，自动慢速就近平层
17	满载、超载装置	满载时截车功能取消；超载时不能运行
18	报警装置	应采用警铃、对讲系统、外部电话的应急电源
19	最小负荷控制(防捣乱)	使空载轿厢运行最近层站后，消除登记信号
20	门机断电手动开门	在开锁区，断电后，手扒开门的力不大于 300N
21	紧急电源停层装置	备用电源将电梯就近平层开门
22	集选、并联及机群控制	按产品设计程序试验

(7) 电梯具备运行条件时，应对电梯轿厢内、机房、轿厢门、层站门的运行噪声进行测试，并填写《电梯噪声测试记录》，见表 4.6.5。

(8) 自动扶梯、自动人行道安装完毕后，安装单位应对其安全装置、运行速度、噪声、制动器等功能进行测试，并填写记录，检查内容和要求见表 4.6.6。

表 4.6.5

电梯噪声测试记录

<table>
<tr><td colspan="3">声级计型号</td><td colspan="4"></td><td colspan="2">计量单位</td><td>dB(A 计权、快档)</td></tr>
<tr><td colspan="9">机房(驱动主机)</td><td>轿厢内</td></tr>
<tr><td>前</td><td>后</td><td>左</td><td>右</td><td>上</td><td></td><td>背景</td><td>上行</td><td>下行</td><td>背景</td></tr>
<tr><td></td><td></td><td></td><td></td><td></td><td></td><td></td><td></td><td></td><td></td></tr>
<tr><td colspan="9">测试不少于 3 点　标准值:合格≤80(含货梯)　液压梯≤85</td><td>≤55(v≤2.5m/s 时≤60)</td></tr>
</table>

<table>
<tr><td rowspan="2">层站</td><td colspan="3">轿厢门</td><td colspan="3">层站门</td><td rowspan="2">层站</td><td colspan="3">轿厢门</td><td colspan="3">层站门</td></tr>
<tr><td>开门</td><td>关门</td><td>背景</td><td>开门</td><td>关门</td><td>背景</td><td>开门</td><td>关门</td><td>背景</td><td>开门</td><td>关门</td><td>背景</td></tr>
<tr><td></td><td></td><td></td><td></td><td></td><td></td><td></td><td></td><td></td><td></td><td></td><td></td><td></td><td></td></tr>
<tr><td></td><td></td><td></td><td></td><td></td><td></td><td></td><td></td><td></td><td></td><td></td><td></td><td></td><td></td></tr>
<tr><td></td><td></td><td></td><td></td><td></td><td></td><td></td><td></td><td></td><td></td><td></td><td></td><td></td><td></td></tr>
<tr><td></td><td></td><td></td><td></td><td></td><td></td><td></td><td></td><td></td><td></td><td></td><td></td><td></td><td></td></tr>
<tr><td></td><td></td><td></td><td></td><td></td><td></td><td></td><td></td><td></td><td></td><td></td><td></td><td></td><td></td></tr>
<tr><td colspan="14">标准值:合格≤65</td></tr>
<tr><td>备注</td><td colspan="13">各部位噪声测试均取最大值。轿厢内测试不含风机噪声。
背景噪声应比测试对象至少低 10dB(A),如不能满足时,按电梯运行验收标准 GB/T 10059 中表 1 修正。</td></tr>
</table>

自动扶梯、自动人行道整机性能、运行试验项目和要求　　表 4.6.6

<table>
<tr><th>序号</th><th colspan="3">检查内容及要求</th></tr>
<tr><td>1</td><td colspan="3">在额定频率和额定电压下，梯级踏板或胶带的空载运行速度与额定速度之间的允许偏差为±5%</td></tr>
<tr><td>2</td><td colspan="3">扶手带的运行速度相对于梯级、踏板或胶带的速度允许偏差为 0～－2%</td></tr>
<tr><td>3</td><td colspan="3">空载运行，梯级、踏板或胶带及出入口盖板上 1m 处所测的噪音值应≯68 dB(A)</td></tr>
<tr><td rowspan="7">4</td><td colspan="3">空载和有载下行的制停距离应在下列范围内：</td></tr>
<tr><td>额定速度(m/s)</td><td>制停距离范围(m)</td><td>实测(m)</td></tr>
<tr><td>0.50</td><td>0.20～1.00</td><td></td></tr>
<tr><td>0.65</td><td>0.30～1.30</td><td></td></tr>
<tr><td>0.75</td><td>0.35～1.50</td><td></td></tr>
<tr><td>0.90</td><td>0.40～1.70(自动人行道)</td><td></td></tr>
<tr><td colspan="3">若额定速度在上述数值之间，制停距离用插入法计算；制停距离应从电气制动装置动作时开始测量</td></tr>
<tr><td>5</td><td colspan="3">各联结件、紧固件无松动、无异常响声，运行平稳；所有梯级、踏板或胶带应顺利通过梳齿板，与围裙板无刮碰现象；相邻梯级踏板与踢板的啮合过程无摩擦</td></tr>
<tr><td rowspan="2">6</td><td colspan="3">空载情况下，连续上下运行 2h，电动机、减速器温升≯60K，油温≯80℃，各部件运行正常，不得有任何故障发生</td></tr>
<tr><td colspan="3">手动或自动加油装置应油量适中，工作正常</td></tr>
<tr><td>7</td><td colspan="3">功能试验应根据制造厂提供的功能表进行，应齐全可靠</td></tr>
<tr><td>8</td><td colspan="3">扶手带材质应耐腐蚀，外表面应光滑平整，无刮痕，无尖锐物外露</td></tr>
<tr><td>9</td><td colspan="3">对梯级、踏板或胶带、梳齿板、扶手带、护壁板、围裙板、内外盖板、前沿板及活动盖板等部位的外表面应清理</td></tr>
</table>

4.6.5 接地、绝缘电阻测试记录

电梯安装完毕，应进行电梯“电气接地电阻测试”，具体测试要求和记录内容见 4.4.3 之(1)。电梯“电气绝缘电阻测试，具体测试要求和记录内容见 4.4.3 之(2)。

4.6.6 负荷试验、安全装置检查记录

(1) 负荷试验

1) 电梯调试时，由安装单位对电梯的运行负荷和试验曲线、平衡系统进行检查试验，并记录。具体应记录电梯编号、层站、电

机功率(kW)、电流(A)、额定荷载(kg)、额定速度(m/s)、实测速度(m/s)、额定转速(v/min)、仪表型号(电流表、电压表、转速表)、工况荷重(%、kg)、运行方向(上、下)、电压(V)、电流(A)、电机转速(v/min)和轿厢速度(m/s)。

2）当轿内的载重量为额定载重量的50%下行至全行程中部时的速度不得大于额定速度的105%，且不得小于额定速度的92%。

注：仅测量电流，用于交流电动机；测量电流并同时测量电压，用于直流电动机。

3）电梯负荷运行试验曲线

应记录额定载荷(kg)、平衡系数(%)和平衡载荷(kg)以及负荷运行试验曲线图。

(2) 安全装置检查记录

1）电梯层门安全装置检查，见表4.6.7。

电梯层门安全装置检验 **表4.6.7**

<table>
<tr><td colspan="3">层、站、门</td><td colspan="3"></td><td>开门方式</td><td colspan="2">中分□
旁开□</td><td colspan="2">开门宽度(*B*)mm</td><td></td><td>门扇数</td><td></td></tr>
<tr><td colspan="6">门锁装置铭牌制造厂名称</td><td colspan="5" rowspan="2"></td><td rowspan="2">有效期至</td><td colspan="2" rowspan="2"></td></tr>
<tr><td colspan="6">型式试验标志及试验单位</td></tr>
<tr><td rowspan="2">层站</td><td rowspan="2">开门时间</td><td rowspan="2">关门时间</td><td colspan="4">联锁安全触点</td><td colspan="2">啮合长度</td><td colspan="2">自闭功能</td><td rowspan="2">关门阻止力</td><td rowspan="2">紧急开锁装置</td><td rowspan="2">层门地坎护脚板</td></tr>
<tr><td>左1</td><td>左2</td><td>右1</td><td>右2</td><td>左</td><td>右</td><td>左</td><td>右</td></tr>
<tr><td></td><td></td><td></td><td></td><td></td><td></td><td></td><td></td><td></td><td></td><td></td><td></td><td></td><td></td></tr>
<tr><td></td><td></td><td></td><td></td><td></td><td></td><td></td><td></td><td></td><td></td><td></td><td></td><td></td><td></td></tr>
<tr><td></td><td></td><td></td><td></td><td></td><td></td><td></td><td></td><td></td><td></td><td></td><td></td><td></td><td></td></tr>
<tr><td></td><td></td><td></td><td></td><td></td><td></td><td></td><td></td><td></td><td></td><td></td><td></td><td></td><td></td></tr>
<tr><td></td><td></td><td></td><td></td><td></td><td></td><td></td><td></td><td></td><td></td><td></td><td></td><td></td><td></td></tr>
<tr><td></td><td></td><td></td><td></td><td></td><td></td><td></td><td></td><td></td><td></td><td></td><td></td><td></td><td></td></tr>
<tr><td>标准</td><td colspan="2">≯s</td><td colspan="4">每扇门齐全可靠</td><td colspan="2">≮7mm</td><td colspan="2">灵活可靠</td><td>≯150N</td><td>安全可靠</td><td>平整光滑</td></tr>
<tr><td colspan="3">开门宽度 mm</td><td colspan="4">*B*≤800</td><td colspan="4">800<*B*≤1000</td><td colspan="2">1000<*B*≤1100</td><td>1100<*B*≤1300</td></tr>
<tr><td>中分</td><td colspan="2" rowspan="2">开关门时间≯</td><td colspan="4">3.2s</td><td colspan="4">4.0s</td><td colspan="2">4.3s</td><td>4.9s</td></tr>
<tr><td>旁开</td><td colspan="4">3.7s</td><td colspan="4">4.3s</td><td colspan="2">4.9s</td><td>5.9s</td></tr>
</table>

2）电梯电气安全装置检查

调试运行时，应由安装单位对电梯电气安全装置进行检查确认，检查项目、内容和要求见表4.6.8。

电梯电气安全装置检验项目和要求　　表4.6.8

序号	项　目	检验内容及要求
1	电源主开关	位置合理、容量适中、标志易识别
2	断相、错相保护装置	断任一相电或错相，电梯停止、不能启动
3	上、下限位开关	轿厢越程＞50mm时起作用
4	上、下极限开关	轿厢或对重撞缓冲器之前起作用
5	上、下强迫缓速装置	位置符合产品设计要求，动作可靠
6	停止装置（安全、急停开关）	机房、底坑、轿顶进入位置≯1m，红色、停止
7	检修运行开关	轿顶优先、易接近、双稳态、防误操作
8	紧急电动运行开关（机房内）	防误操作按钮、标明方向、直观主机位置
9	开、关门和运行方向接触器	机械或电气联锁动作可靠
10	限速器电气安全装置	动作速度之前、同时（额定速度115%时）
11	安全钳电气安全装置	在安全钳动作以前或同时，使电动机停转
12	限速绳断裂、松弛保护装置	张紧轮下落大于50mm时
13	轿厢位置传递装置的张紧度	钢带（钢绳、链条）断裂或松弛时
14	耗能型缓冲器复位保护	缓冲器被压缩时，安全触点强迫断开
15	轿厢安全窗安全门锁闭状况	如锁紧失效，应使电梯停止
16	轿厢自动门撞击保护装置	安全触板、光电保护、阻止关门力≯150N
17	轿门的锁闭状况及关闭位置	安全触点、位置正确，无论是正常、检修或紧急电动操作均不能造成开门运行
18	层门的锁闭状况及关闭位置	
19	补偿绳的张紧度及防跳装置	安全触点检查，动作时电梯停止运行
20	检修门，井道安全门	不得朝井道内开启，关闭时，电梯才可能运行
21	消防专用开关	返基站、开门、解除应答、运行、动作可靠

3）自动扶梯、自动人行道安全装置检查

自动扶梯、自动人行道安全装置检查项目、内容和要求见表4.6.9。

自动扶梯、自动人行道安全装置检验项目和要求　　表4.6.9

序号	检验项目	检验内容及要求
1	一般要求	各种安全装置应固定可靠，但不得焊接固定，不得因正常运行的振动使开关产生位移、损坏或误动作
		安全装置应直接作用在控制驱动主机供电的设备上，应能防止驱动主机启动或立即使其停止运行，工作制动器应制动
		安全装置断开的动作必须通过安全触点或安全电路来完成
2	断、错相保护	当电源断任一相电或错相、或三相电不平衡严重时
3	电机短路过载保护	手动复位的自动开关能切断正常使用的最大电流；当过载检测绕组温升，断路器可在绕组冷却后自动闭合
4	超速保护	当超过额定速度120%时，检查有无该装置及出厂调整数值；如驱动装置不是摩擦的，且转差率不超过10%，则可不用该保护
5	非操纵逆转保护	正常运行未经任何操作，梯级、踏板或胶带自行改变规定运行方向时
6	停止开关	设在出入口附近，明显易接近，应为红色，标有"停止"字样。应为手动的断开、闭合型式，具有清晰、永久的转换位置标记
		当驱动和转向站内配备符合国家电梯产品标准(GB 16899)中13.4规定的主开关时，则可不在驱动和转向站内设停止开关
7	附加急停装置的设置	当自动扶梯提升高度＞12m时，其开关间距应≯15m
		当自动人行道运行长度＞40m时，其开关间距应≯40m
8	扶手带保护	当手指或异物带入扶手带入口护罩时
9	梳齿板保护	当梯级、踏板或胶带进入梳齿板处有异物夹住时
10	驱动装置断裂保护	当驱动元件(如链条或齿条)的断裂或过分伸长时；驱动装置与转向装置之间的距离无意性缩短时
11	梯级、踏板下陷保护	保护开关设在梳齿相交线之间，大于该梯的最大制停距离，以保证下陷的梯级或踏板不能到达梳齿相交线

续表

序号	检验项目	检验内容及要求
12	围裙板保护	当异物夹入梯级或踏板与围裙板间，阻力超允许值时
13	扶手带破断保护	当扶手带破断或拉长超允许值时。仅用于公共交通型，且没有扶手带破断强度≥25kN试验证明时
14	主驱动链断裂保护	设防护罩，当驱动链条断裂或拉长时
15	三角皮带松断保护	至少用三条，并设防护罩，当任一皮带断裂或拉长时
16	附加制动器	当超过额定速度140%，或改变规定运行方向时
17	工作制动器	制动系统在动作过程中应无故意的延迟现象。在制动时应有匀减速过程，直到保持停止状态
		制动器的供电应有两套独立且串联的电气装置来实现，如停车后，其中任一套电气装置未能断开，则重新启动是不可能的
		机-电式制动器应是持续通电来保持正常释放，在动力电源或控制电路断开后，制动器应立即制动
		能用手打开的制动器应用手的持续力使其保持松开状态
18	梯级轮保护	当梯级轮任一只破损时，在到达梳齿前应停止
19	弯曲部导轨安全装置	当异物在上部或下部夹入两梯级间阻力超允许时
20	检修控制装置	在驱动、转向站和桁架内均应设检修控制插座，并应能使检修控制装置达到自动扶梯或自动人行道的任何位置
		检修装置的连接软电缆应≮3m，并设有双稳态停止开关，只有持续按压操作元件时，才能运转。各开关应有明显的识别标记
		当使用检修装置时，其他所有启动开关都应不起作用，安全回路和安全开关应仍起有效作用
		当一个以上检修装置连接时，或都不起作用，或需同时都启动才能起作用

续表

序号	检验项目	检验内容及要求
21	自控装置	运行方向应预先确定，应有明显清晰的标志。在使用者走到梳齿相交线之前启动运行
		如使用者从与预定运行方向相反的方向进入时，当走到梳齿相交线之前，仍应按预定方向启动，运行时间应≮10s
		自动停止运行至少为预期乘客输送时间再加上10s以后
		在两端梳齿交叉线再加0.3m的附加距离之间，应对梯级、踏板或胶带进行监控，当这个区域内没有人和物时，自动再启动的重复使用才是有效的
		在自动控制装置使用过程中，各电气安全装置仍可靠有效

4.7 智能建筑工程质量控制资料

4.7.1 材料、设备出厂合格证及技术文件和进场检（试）验报告

（1）各种类型材料

1）各种信号线、数据线、桥架、电管、线槽、电盒、面板开关、插头、插座等。

2）各种类型传感器，如温度传感器、湿度传感器、变送器、水位（油位）传感器、感烟探测器、感温探测器、红外报警探测器、振动报警探测器等。

3）各种类型的执行器，如风阀驱动器、水阀（油阀）驱动器、电源切换器、广播喇叭、摄像机、录音机、录像机、电动防火门、防火卷帘、电动门等。

4）各种设备，如水泵、油泵、风机、空调机组、锅炉、冷却塔、各种专用电子设备等。

（2）合格证、技术文件及复验

1）产品质量检查应包括列入《中华人民共和国实施强制性产品认证的产品目录》或实施生产许可证和上网许可证管理的产品，

未列入强制性认证产品目录或未实施生产许可证和上网许可证管理的产品应按规定程序通过产品检测。

2）产品功能、性能等项目的检测应符合相应的现行国家产品标准规定；供需双方有特殊要求的产品可按合同规定或设计要求进行签证。

3）对不具备现场检测条件的产品，可进行工厂检测并出具检测报告。

4）硬件设备及材料的安全性、可靠性及电磁兼容性等项目，可靠性检测可参考生产厂家出具的可靠性检测报告。

5）软件产品

① 商业化软件，如操作系统、数据库管理系统、应用系统软件、信息安全软件和网络软件等应有使用许可证及使用范围的证明。

② 由系统承包商编制的用户应用软件、用户组态软件及接口软件等应用软件，除有功能测试和系统测试证明外，还应根据需要有容量、可靠性、安全性、可恢复性、兼容性、自诊断等多项功能测试证明，并保证软件的可维护性。

③ 所有自编软件均应提供完整的文档（包括软件资料、程序结构说明、安装调试说明、使用和维护说明等）。

6）系统接口

① 系统承包商应提交在合同签定时由合同签定机构负责审定的接口规范。

② 系统承包商应提供根据接口规范制定接口测试方案，且有经检测机构批准证明。系统接口测试应保证接口性能符合设计要求，实现接口规范中规定的各项功能，不发生兼容性及通信瓶颈问题，并保证系统接口制造和安装质量。

4.7.2 隐蔽工程验收表

智能建筑工程隐蔽检查项目如下：

（1）埋在结构内的各种电线导管：检查导管的品种、规格、位置、弯扁度、弯曲半径、连接、跨接地线、防腐、需焊接部位的焊接质量、管盒固定、管口处理、敷设情况、保护层等。

(2) 不能进人吊顶内的电线导管：检查导管的品种、规格、位置、弯扁度、弯曲半径、连接、跨接地线、防腐、需焊接部位的焊接质量、管盒固定、管口处理、固定方法、固定间距等。

(3) 不能进人吊顶内的线槽：检查其品种、规格、位置、连接、接地、防腐、固定方法、固定间距等。

(4) 直埋电缆：检查电缆的品种、规格、埋设方法、埋深、弯曲半径、标桩埋设情况等。

(5) 不进人的电缆沟敷设电缆：检查电缆的品种、规格、弯曲半径、固定方法、固定间距、标识情况等。

4.7.3　系统功能测定及设备调试记录

(1) 各系统功能测定和设备调试项目、内容和技术要点可参阅 3.3.2 节施工质量验收技术要点有关内容。系统功能测定和设备调试重点应记录：

1) 系统功能是否满足设计要求和有关标准规范规定。

2) 系统的可行性、可操作性。

3) 系统的兼容性、可扩展性和可维护性。

4) 系统的软件、硬件应相互匹配，操作界面应方便、直观、友好。

5) 系统集成应在设备集成的基础上，达到功能集成（信息的采集与综合、信息分析与处理、信息交换与共享）、界面集成（主机的操作界面应包容各子系统的主要界面，达到实时监控）、服务集成（具有高于子系统的优先处理能力）。

6) 主要技术参数，如电压、电流、频率、磁场强度、接地电阻、绝缘电阻、衰减率、信噪比、设备动作正确率等，测量测试结果，并对数据进行详细记录。

(2)【举例 1】建筑设备监控系统（BAS）功能测定要求

BAS 的检测分为 3 个层次，即中央控制室、现场分站和现场设备的功能测定调试。

1) 中央控制室设备检测要点：

① 输出控制信号，检查执行机构是否响应及响应时间。

② 人为在现场分站通讯端口制造一个故障，检查中央控制站是否有记录及响应时间。

③ 检测中央控制站是否有设备组自诊断功能。

④ 检测中央站参数、现场检测的参数是否与设计精度相符，两者相差是否超过5%。

⑤ 人为使中央控制站失电再通电，观察其是否能自动恢复监控功能。

2）现场分站检测要点：

① 人为使中央控制站失电，观察分站是否能正常工作。

② 人为使分站失电再通电，观察其是否能自动恢复监控功能。

③ 人为使中央控制站与分站中断，观察现场设备能否正常工作及中央站是否有分站离线故障记录。

3）现场设备检测要点

① 执行机构的运作及运作顺序是否与设计的工艺一致。

② 使检测仪表参数超过规定范围，检查分站与中央站是否产生报警信号。

③ 在分站与中央站控制下，执行机构动作是否正常。

(3)【举例2】安全防范系统功能检测

安全防范系统可分为视频安防监控系统、入侵报警系统、出入口控制（门禁）系统、巡更管理系统、停车场（库）管理系统。

1）视频安防监控系统的功能检测

① 摄像机：通电试验、图像质量、光圈调节功能、调焦功能、变倍功能、云台转动、防护罩功能和防拆、防破坏功能。

② 监视器：通电试验和显示清晰度。

③ 控制器：通电试验、控制功能和动作实时性。

④ 图像质量检测：图像的清晰度、电源干扰和单频干扰、脉冲干扰。

⑤ 系统功能检测：现场设备的接入完好率、监控范围、图像切

换功能、字符及时间标识、系统联动响应、记录功能、记录速度、检索及回放功能、死机情况、接口功能和联网功能。

注：摄像机总数在 3 台以下时 100％检测。

2）入侵报警系统控制功能及通信功能检测

① 前端设备

各类探测器：通电试验、探测器灵敏度调整、防拆、防破坏功能和环境对探测器工作有无干扰的情况。

② 报警管理

A 控制器：通电试验、控制功能和动作实时性。

B 报警管理：设防、撤防、防拆报警功能，系统自检及巡检功能，报警信息查询，手动/自动触发报警功能，报警打印和报警储存。

C 信息处理：声、光报警显示，报警区域号显示，电子地图显示，接警响应时间，报警接通率，声音复核，对讲功能和统计功能，报表打印。

注：每类探测器总数在 3 台以下时，100％检测。

3）出入口控制（门禁）系统功能检测

① 前端设备

A 读卡器：通电试验、读卡器灵敏度、防拆及防破坏功能、读卡功能和环境对读卡器工作有无干扰情况。

B 控制器：通电试验、防拆及防破坏功能、控制功能和动作实时性。

C 后备电源：电源品质、电源自动切换情况和断电情况下电池工作状况。

D 电锁：通电试验和开关性能、灵活性。

② 管理功能

现场设备接入的完好率、非法入侵时的报警功能、读卡器信息存储功能、电子地图功能、紧急状态下的开/关功能和联动功能。

注：前端设备总数在 3 台以下时 100％检测。

4）巡更管理系统功能检测

① 前端设备:设置位置、安装质量及外观、防拆报警功能、环境对探测器工作有无干扰的情况和接入率或完好率。

② 管理功能:设防、撤防、巡更路线及时间的设置与修改,巡更记录显示、储存、查询,报警显示,电子地图功能和统计功能,报表打印。

注:前端设备总数在3台以下100%检测。

5）停车场(库)管理系统功能检测

① 前端设备

A 读卡器:通电试验、读卡器灵敏度、防拆及防破坏功能、读卡功能、发卡功能和环境对读卡器工作有无干扰情况。

B 控制器:通电试验、防拆及防破坏功能、控制功能和动作实时性。

C 车辆探测器:探测器功能和抗干扰性能。

D 满位显示器:显示功能正确性。

E 自动栅栏(栏杆):通电试验、栏杆升降功能和防砸车测试。

F 摄像机:通电试验、防拆及防破坏功能、云台动作、镜头情况及视野范围和图像质量。

② 管理中心

A 系统功能:对无效卡的识别功能、临时卡记录的正确性、计费功能、显示功能、收费功能、统计及信息储存功能、软件功能和图像资料调用准确性。

B 监视器:通电试验和显示清晰度。

注:仅对临时停车收费的停车场(库)管理系统。

(4)【举例3】火灾自动报警及消防联动系统调试

1）调试内容

调整试验主要内容包括:线路测试、单体功能试验、系统接地测试和整个系统的开通调试。

2）线路测试

① 对所有的接线进行检查、校对,对错线、开路、虚焊和短路等应进行处理。

② 对各回路进行测试，绝缘电阻值不小于 20MΩ。

3）单体调试

① 火灾探测器要求动作准确无误，误报率、漏报率在误差允许范围内。

② 报警控制器主要做如下功能检查：火灾报警自检功能，消音及复位功能，故障报警功能，火灾优先功能，报警记忆功能，电源自动转换及备用电源的自动充电功能，备用电源的欠压和过压报警功能。

4）联动系统的调试开通

① 对消防对讲系统，主要检查话音质量。

② 对应急广播系统，主要检查与背景音乐的强切试验，以及模拟火灾发生时，对应的楼层广播动作是否正常。

③ 对防火门、防排烟阀、正压送风、自动喷水、气体灭火、消火栓系统的联动，主要检查动作是否可靠，返回信号是否及时准确。

5）调试数量要求，见表 4.7.1。

火灾自动报警系统及消防联动系统调试数量　　表 4.7.1

序号	项　目　名　称	抽样比例及数量
1	布　　线	每层抽查一次
2	火灾探测器	抽查 10%，但不少于 10 只（不同类型分别按比例抽查）
3	手动报警按钮	抽查 10%，但不少于 10 只
4	区域报警控制器	抽查 50%，但不少于 5 只
5	区域报警显示器	抽查 50%，但不少于 5 只
6	报 警 阀	抽查 50%，但不少于 5 只
7	喷　　头	抽查 10%，但不少于 10 只
8	水流指示器、末端试水装置	抽查 50%，但不少于 5 只
9	室内消火栓箱	抽查 20%，但不少于 10 只
10	消火栓按钮	抽查 20%，但不少于 10 只
11	灭火器储存容器	抽查 20%，但不少于 10 只

续表

序号	项 目 名 称	抽样比例及数量
12	防火卷帘、防火门	抽查50%,但不少于5只
13	送风口	每防火分区抽查一处
14	排烟口	每防火分区抽查一处
15	防排烟风机	抽查20%,但不少于5只
16	防火阀	抽查20%,但不少于5只
17	火灾事故广播	每层抽查一处
18	电话插孔	抽查10%,但不少于10只
19	火灾报警装置	抽查20%,但不少于5只
20	非消防电源的切断	抽查50%,但不少于5只
21	应急照明、疏散指示	抽查20%,但不少于5只

4.7.4 系统技术、操作和维护手册以及系统管理、操作人员培训记录

系统技术、操作和维护手册由安装单位负责提供。系统管理、操作人员培训由合同双方共同按有关规定进行。

4.7.5 系统检测报告

系统检测报告系指智能建筑各系统(子分部工程)、子系统(分项工程)(具体见表2.4.1)按验收规范要求进行检测的记录及汇总。具体检测内容和要点可参照3.3.2智能建筑质量验收要点实施。子系统检测一般应记录系统名称、检测部位、系统检测内容、规范规定、检测评定、检测结果等。系统检测一般应记录系统名称、子系统名称、验收部位、检测项目及数量、检测记录、检测意见等。

5 建筑工程安全和功能检验资料核查及主要功能抽查

建筑工程安全和功能检验资料核查及主要功能抽查在分部（子分部）工程和单位（子单位）工程验收时，重点应注意 4 个方面的要求，两个方面的内容。

总体要求

(1) 检查各施工质量验收规范中规定的检测项目是否都进行了验收，不能进行检测的项目应该说明原因。

(2) 检查各项检测记录（报告）的内容、数据是否符合要求，包括检测项目的内容，所遵循的检测方法标准，检测结果的数据是否达到规定的要求。

(3) 核查资料的检测程序、有关取样人、检测人、审核人、试验负责人，以及单位加盖公章，有关人员签字是否齐全等。

(4) 到单位（子单位）工程验收时，对各分部、子分部工程应该进行检测的项目核查，检测资料内容、数量、数据及使用的检测方法、标准、程序等进行核查和抽查。

检查内容

(1) 工程安全和功能检验资料核查，主要是验收组对施工单位已检查过的内容进行资料核查。

(2) 主要功能抽查，主要是验收组在进行验收时随机对主要功能进行抽查。

5.1 建筑与结构工程

5.1.1 屋面淋水试验记录

(1) 屋面工程完工后,应对细部构造包括屋面天沟、檐沟、檐口、泛水、压顶、水落口、变形缝、伸出屋面管道,以及接缝处的女儿墙、管道、排气道(孔)和保护层等进行雨期观察或淋水、蓄水检查。

(2) 淋水试验持续时间不得少于2h。

(3) 做蓄水检查的屋面,蓄水时间不得少于24h。

(4) 宏观应检查各部位的防水效果,既要查验自检记录,又要实地查看工程实体有无渗漏现象,具体查看是否有湿渍、渗水、水珠、滴漏或线漏等。

(5) 屋面淋(蓄)水试验应记录工程名称、检查部位、检查日期、检查方法(淋水、蓄水)、蓄水深度、淋(蓄)水时间、检查结果(有无渗漏)等。

5.1.2 地下室防水效果检查记录

地下室验收时,应对地下室有无渗漏现象进行检查,填写"地下室防水效果检查记录",检查内容应包括裂缝、渗漏部位、渗漏面积大小、渗漏情况、处理意见等。发现渗漏现象应制作"背水内表面结构工程展开图"。

检查时应记录工程名称、检查部位、检查时间、检查方法和内容,以及检查结果等。

5.1.3 有防水要求的地面蓄水试验记录

凡有防水要求的房间应有防水层完工后及装修后的蓄水检查记录。

(1) 有防水要求的地面必须100%进行蓄水试验。

(2) 蓄水试验程序及结果。

1) 蓄水前,应将地漏和下水管口堵塞严密。

2) 蓄水深度一般为30～100mm,不得超过设计活荷载,并不得超过立管套管的高度。

3）蓄水时间应不少于24h，无渗漏为合格。

4）蓄水试验中发现渗漏是否及时查找原因，采取相应措施后，重新进行试验，直至合格。

（3）蓄水试验应记录检查方式（蓄水时间、深度）、检查结果以及复查意见等。

5.1.4 建筑物垂直度、标高、全高测量记录

垂直度、标高、全高测量记录主要包括：

（1）建筑物结构工程完成和工程竣工时，对建筑物垂直度和全高进行实测并记录，填写《建筑物垂直度、标高、全高测量记录》，要有"实测部位"、"实测偏差"、测量结果说明，并有"观测示意图"。

（2）楼层及全高标高测量，填写《建筑物标高测量记录》有"实测部位"和"实测值"。

（3）超过允许偏差且影响结构性能的部位，应由施工单位提出技术处理方案，并经建设（监理）单位认可，必要时，经原设计单位认可后进行处理并记录。

5.1.5 抽气（风）道检查记录

通风道、烟道应全数做通风、抽风和漏风以及串风试验，检查畅通情况，并做记录。

检查时重点应记录主烟道、风道、副烟道、风道的检查结果等，并填写"通风（烟）道检查记录"。

5.1.6 幕墙及外窗气密性、水密性、耐风压检测报告

（1）幕墙：

幕墙应检测抗风压性能、空气渗透性能、雨水渗漏性能及平面变形性能等。

（2）外墙金属窗和塑料窗等的抗风压性能、空气渗透性能和雨水渗漏性能。

（3）检测报告应包括幕墙（外窗）种类、检测日期、检测部位、检测项目及内容、检测方法、检测结果以及复查结论等。

5.1.7 建筑物沉降观测测量记录

建筑物变形测量亦是影响安全和功能的必测项目，主要包括：

沉降观测、倾斜观测、位移观测及裂缝观测等。

(1) 根据设计要求和规范规定，进行沉降观测时，应由建设单位委托有资质的测量单位进行施工过程中及竣工后的沉降观测工作。

(2) 测量单位应按设计要求和规范规定，或监理单位批准的观测方案，设置沉降观测点，绘制沉降观测点布置图，定期进行沉降观测记录，并应附沉降观测点的沉降量与时间、荷载关系曲线图和沉降观测技术报告。

5.1.8 节能、保温测试记录

建筑工程应按照建筑节能标准，对建筑物所使用的材料、构配件、设备、采暖、通风空调、照明等涉及节能、保温的项目进行检测。

节能、保温测试应委托有相应资质的检测单位检测，并由其出具检测报告。

5.1.9 室内环境检测报告

(1) 建筑工程及室内装饰装修工程应按照现行国家规范要求，在工程完工至少7天以后和工程交付使用前对室内环境进行质量验收。

(2) 室内环境检测应由建设单位委托经考核认可的检测机构进行，并出具室内环境污染物浓度检测报告。

(3) 检测报告中应包括检测部位、检测项目(氡、甲醛、氨、苯、TVOC等)、取样位置、取样数量、取样方法、测试结果、检测日期等。具体检测要求见本书2.7节室内环境质量验收。

5.2 给排水与采暖工程

5.2.1 给水管道通水试验记录

室内外给水(冷、热)、中水及游泳池水系统、卫生洁具、地漏及地面清扫口及室内外排水系统应分系统(区、段)进行通水试验，并做记录。

(1) 给水管道通水试验时，按设计要求同时开放最大数量的配水点，检查是否达到额定流量。

（2）给水管道通水试验应分区、段或系统进行，不同区、段或系统的试验，要填写不同的“通水试验记录”。

（3）通水试验应记录有试验部位、通水压力（MPa）、通水流量、试验系统简述、试验记录和结论等。

5.2.2 供暖管道、散热器压力试验记录

供暖管道、散热器压力试验应记录试验系统（部位）、试验项目、试验内容、工作压力、试验压力、试验要求、试验结果等。

（1）供暖管道（含热水供应系统）压力试验项目和内容见表5.2.1。

（2）散热器压力试验项目和内容见表5.2.1。

供暖管道、散热器压力试验内容　　表5.2.1

<table>
<tr><th>序号</th><th colspan="3">试验内容</th><th>工作压力 P(MPa)</th><th>试验压力(MPa)</th><th>试验要求</th></tr>
<tr><td rowspan="5">1</td><td rowspan="5">供暖管道</td><td rowspan="2">①</td><td rowspan="2">蒸汽采暖</td><td>$P \leqslant 0.07$（P 为系统顶点的工作压力）</td><td>$2P$ 且系统低点不得小于 0.25</td><td rowspan="5">5min 内试验压力降不大于 0.02 MPa 为合格（如系统低点散热器所能承受的最大压力小于试验压力，则应分层试验）</td></tr>
<tr><td>$P > 0.07$（P 为系统顶点的工作压力）</td><td rowspan="2">$P+0.1$ 且系统顶点不得小于 0.3</td></tr>
<tr><td>②</td><td>热水采暖</td><td>P</td></tr>
<tr><td rowspan="2">③</td><td rowspan="2">高温热水采暖（温度 110～150℃）</td><td>$P < 0.43$</td><td>$P+0.2$</td></tr>
<tr><td>$0.43 \leqslant P \leqslant 0.71$</td><td>$1.3P+0.3$</td></tr>
<tr><td rowspan="7">2</td><td rowspan="7">散热器</td><td rowspan="2">①</td><td rowspan="2">60型、M132型、M150型、柱型、圆翼型</td><td>$P \leqslant 0.25$</td><td>0.4</td><td rowspan="7">试验时间为 2～3min，压力不降且不渗不漏为合格</td></tr>
<tr><td>$P > 0.25$</td><td>0.6</td></tr>
<tr><td rowspan="2">②</td><td rowspan="2">扁管型</td><td>$P \leqslant 0.25$</td><td>0.6</td></tr>
<tr><td>$P > 0.25$</td><td>0.8</td></tr>
<tr><td>③</td><td>板　型</td><td>P</td><td>0.75</td></tr>
<tr><td rowspan="2">④</td><td rowspan="2">串　片</td><td>$P \leqslant 0.25$</td><td>0.4</td></tr>
<tr><td>$P > 0.25$</td><td>1.4</td></tr>
</table>

5.2.3　卫生器具满水试验记录

卫生器具满水试验应记录试验部位、试验项目、器具名称及规格、试验要求、试验记录和试验结论等。一般应满水 10 分钟，然后再灌满，延续 5 分钟，液面不下降为合格。

5.2.4　消防管道压力试验记录

(1) 试验压力

1) 工作压力≤1.0MPa 时，试验压力为 1.5 倍工作压力，且不低于 1.4MPa。

2) 工作压力＞1.0MPa 时，试验压力为工作压力＋0.4MPa。

(2) 试验要求

在施加压力 30 分钟内无渗漏，无变形，压力降不大于 0.05MPa。

(3) 压力试验应记录试验项目、工作压力、施加压力、稳压时间、试验结果等。

5.2.5　排水干管通球试验记录

排水水平干管、主立管应按规定进行通球试验。具体试验方法、要求和记录见 4.3.4 之(4)。

5.3　建筑电气工程

5.3.1　照明全负荷试验记录

(1) 电气照明全负荷试验应以电源进户线为系统进行通电试运行。试验时，系统内所有照明灯具均应开启，且每 2 小时记录 1 次运行状态，连续运行时间内无故障。

(2) 公用建筑照明系统通电连续试运行时间为 24 小时，民用住宅为 8 小时。

(3) 照明全负荷试验应以末端照明配电箱(住宅以户)为单位填写“建筑物照明全负荷试验记录”。

(4) 照明全负荷试验应记录工程名称、试验日期、试验系统(部位)、运行负荷记录，并包括每次记录时间、系统电压(V)、电流

(A)以及运行结论等。

5.3.2 大型灯具牢固性试验记录

(1) 大型灯具(设计要求做承载试验的)在预埋螺栓、吊钩、吊杆或吊顶上嵌入式安装专用骨架等物件上安装时,应全数按 2 倍于灯具的重量做承载(牢固性)试验,并填写“大型灯具牢固性试验记录”。

(2) 大型照明灯具牢固性试验应记录灯具名称、楼层安装部位和数量、灯具自重(kg)、试验载重(kg)和试验情况、检查结论等。

5.3.3 避雷接地电阻测试记录

(1) 避雷接地电阻测试主要包括系统、设备的防雷接地电阻测试,检测仪器应在检定有效期内,并应填写“避雷接地电阻测试记录”或者填写统一的“电气接地电阻测试记录”,同时应附“电气防雷接地装置隐检与平面示意图”及说明。

(2) 避雷接地电阻测试应记录测试仪表型号、天气情况、气温、设计要求(电阻值 Ω)、测试结果等。

(3) 电气防雷接地装置隐检与平面示意图应包括、图号、接地类型、接地组数、设计要求(电阻值 Ω)、接地装置平面示意图、接地装置敷设情况检查、土质情况、接地极规格、打进深度、接地体规格、焊接情况、防腐处理、接地电阻(取最大值)、检查结论等。

5.3.4 线路、插座、开关接地检验记录

(1) 线路、插座、开关接地检验应记录工程名称、检验日期、检验相序、检验部位、检验方法、检验结论等。

(2) 检验项目应符合以下规定:

1) 配线的线色必须符合标准的规定。

2) 保护线(PE)、保护装置应可靠。

① 单相两孔插座,面对插座的右孔或上孔与相线相接,左孔或下孔与零线相接;单相三孔插座,面对插座的右孔与相线相接,左孔与零线相接。

② 单相三孔、三相四孔及三相五孔插座的接地线或接零线均

应接在上孔，插座的接地端子不应与零线端子直接连接。

3）相线应经开关控制。

5.4 通风与空调工程

5.4.1 通风空调系统试运行记录

通风与空调系统安装完毕，投入使用前，必须进行试运行和调试。

（1）通风空调系统试运行见4.5.5。运行控制和记录内容：

1）通风机的风量、风压及转速测定。

2）通风与空调设备及系统的风量、余压与风机转速的测定。

3）系统与风口的风量测定与调整。

4）通风机、空调机组噪声的测定。

5）防排烟系统正压送风前室静压的检测。

6）高效过滤器的检漏和室内洁净度级别的测定。

7）空调系统带冷热源的正常联合试运转时间。

（2）运转控制要点

1）空调系统总风量调试结果与设计风量的偏差不应大于10%。

2）系统经过平衡调整，各风口或吸风罩的风量与设计风量的允许偏差不应大于15%。

3）空调冷热水、冷却水总流量测试结果与设计流量的偏差不应大于10%。

4）有压差要求的房间、厅堂与其他相邻房间之间的压差，舒适性空调正压为0～25Pa；工艺性的空调应符合设计规定。

5）通风与空调工程的控制和监测设备应能正确显示系统的状态参数；设备连锁，自动调节，自动保护应能正确动作。

各种自动计量检测元件和执行机构的工作应正常，满足建筑设备自动化(BA,FA等)系统对被测定参数进行检测和控制的要求。

6）舒适空调的温度、相对湿度应符合设计要求，恒温恒湿房间室内空气温度、相对湿度及波动范围应符合设计规定。

7）防排烟系统联合试运转与调试结果（风量及正压），必须符合设计与消防的规定。

8）通风工程

① 系统联合试运转中，设备及主要部件的联动必须符合设计要求，动作协调、正确，无异常现象。

② 各风口或吸风罩的风量与设计风量的允许偏差不应大于15％。

9）空调工程

① 水系统应冲洗干净、不含杂物，并排除管道系统中空气，系统连续运行应达到正常、平稳，水泵的压力和水泵电机的电流不应出现大幅波动，系统调整平衡后，各空调机组水流量应符合设计要求，允许偏差为20％。

② 各种自动计量检测元件和执行机构的工作应正常，满足建筑设备自动化（BA、FA等）系统对被测定参数进行检测和控制的要求。

③ 多台冷却塔并联运行时，各冷却塔的进、出水量应达到均衡一致。

④ 空调室内噪声应符合设计规定要求。

⑤ 有环境噪声要求的场所，制冷、空调机组应按现行国家标准进行测定。

10）通风与空调工程的控制和监测设备，应能与系统的检测元件和执行机构正常沟通，系统的状态参数应能正确显示，设备连锁、自动调节、自动保护应正确动作。

11）空调系统带冷热源的正常联合试运转不应少于8h，通风、除尘系统的连续试运转不应少于2h。

5.4.2 风量、温度测试记录

（1）通风与空调工程无生产负荷联合试运转时，应分系统、按同一系统的各房间内风量、室内房间温度进行测量调整，并填写“各房间室内风量温度测量记录”。

（2）风量、温度测试应记录系统名称、系统位置、房间（测点）

编号、测量项目包括风量(m^3/h),风量尚应填写设计风量(Q设)、实际风量(Q实)、相对差以及所在房间的室内温度。

5.4.3 洁净室洁净度测试记录

(1) 净化空调系统无生产负荷试运转时,应对洁净室洁净度进行测试并做记录。

(2) 洁净测试应记录洁净室级别、仪器型号、仪器编号、测试内容、测试结论等。

(3) 测试结果包括在全部采样点坐标图上注明所测的粒子浓度(或沉降菌、浮游菌的菌落数)。若有异常情况、应对异常测试值进行说明及数据处理。

(4) 洁净室洁净度的检测,应在空态或静态下进行或按合约规定。室内洁净度检测时,人员不宜多于3人,均必须穿与洁净室洁净度等级相适应的洁净工作服。

(5) 净化空调系统的检测和调整,应在系统进行全面清扫,且已运行24h及以上达到稳定后进行。

(6) 单向流洁净室系统的系统总风量调试结果与设计风量的允许偏差为0~20%,室内各风口风量与设计风量的允许偏差为15%,新风量与设计新风量的允许偏差为10%。

(7) 单向流洁净室系统的室内截面平均风速的允许偏差为0~20%,且截面风速不均匀度不应大于0.25。

(8) 相邻不同级别洁净室之间和洁净室与非洁净室之间的静压差不应小于5Pa,洁净室与室外静压差不应小于10Pa。

(9) 室内空气洁净度等级必须符合设计规定的等级或在商定验收状态下的等级要求。

高于等于5级的单向流洁净室,在门开启的状态下,测定距离门0.6m室内侧工作高度处空气的含尘浓度,亦不应超过室内洁净度等级上限的规定。

5.4.4 制冷机组试运行调试记录

(1) 试运转前应首先启动冷却水泵和冷冻水泵。

(2) 活塞式制冷机最高排气温度见4.5.4(3)之7)。

(3) 离心式制冷机试运转时应首先启动油箱电加热器，将油温加热至 50～55℃，按要求供给冷却水和制冷剂，再启动油泵，调节润滑系统，按照设备技术文件要求启动抽气回收装置，排除系统中的空气。启动压缩机应逐步开启导向叶片，快速通过喘振区，油箱的油温应为 50～65℃，油冷却器出口的油温应为 35～55℃，滤油器和油箱内的油压差 R11 机组应大于 0.1MPa，R12 机组应大于 0.2MPa。

(4) 螺杆式压缩机启动前应先加热润滑油，油温不得低于 25℃，油压应高于排气压力 0.15～0.3MPa，精滤油器前后压差不得大于 0.1MPa，冷却水入口温度不应高于 32℃，机组吸气压力不得低于 0.05MPa(表压)，排气压力不得高于 1.6MPa。

(5) 系统带制冷剂正常运转不应少于 8h。

(6) 试运转正常后，必须先关闭制冷机、油泵(离心式、螺杆式制冷机待主机停车后尚需继续供油 2min，方可关闭油泵)，再关冷冻水泵和冷却水泵。

(7) 溴化锂吸收式制冷机系统试运转应在机组清洗、试压及水、电、汽(或燃油)系统正常后进行。启动冷水泵、冷却泵，再启动发生器泵、吸收器泵，使机组溶液循环，逐步通过预热期后，做机组一次运行并记录(各点温度、水量、耗气量)。

5.5 电梯工程

5.5.1 电梯运行记录

(1) 电梯运行记录

1) 无故障运行

① 分别以空载、50%额定荷载和额定荷载 3 种情况运行，电梯应运行平稳，制动可靠，连续运行无故障；

② 制动器线圈温升和减速器油温升及电动机温升不超过规定，电动机、风机工作正常；

③ 电引机(蜗杆轴除外)各处不得渗漏油。

2）超载运行

电梯在110%额定载荷情况下，电梯能可靠地启动、运行和停止（平层不计），电引机工作正常。

（2）自动扶梯、自动人行道运行记录

1）在额定频率和额定电压下，梯级踏板或胶带的空载运行速度与额定速度之间的允许偏差（为±5%）。

2）扶手带的运行速度相对于梯级、踏板或胶带的速度允许偏差（为0～+2%）。

3）空载运行，梯级、踏板或胶带及出入口盖板上1m处所测的噪音值（应≯68dB）。

4）空载和有载下行的制停距离符合规定。

5）各连接件、紧固件无松动，无异常响声，运行平稳；所有梯级、踏板或胶带应顺利通过梳齿板，与围裙板无刮碰现象；相邻梯级踏板与踢板的啮合过程无摩擦。

6）空载情况下，连续上下运行2h，电动机、减速器温升≯60K，油温≯85℃，各部件运行正常，不得有任何故障发生。手动或自动加油装置应油量适中，工作正常。

7）功能试验应根据制造厂提供的功能表进行，应齐全可靠。

8）扶手带材质应耐腐蚀，外表面应光滑平整，无刮痕，无尖锐物外露。

9）对梯级（踏板或胶带）、梳齿板、扶手带、护壁板、围裙板、内外盖板、前沿板及活动盖板等部位的外表面应清理。

5.5.2 电梯安全装置检测报告

检验项目和内容及要求

（1）电梯安全装置检验项目和要求见表5.5.1。

电梯安全装置检验项目和要求　　表5.5.1

序号	检验项目	检验内容及要求
1	电源主开关	位置合理、容量适中、标志易识别
2	断相、错相保护装置	断任一相电或错相，电梯停止，不能启动

续表

序号	检 验 项 目	检 验 内 容 及 要 求
3	上、下限位开关	轿厢越程>50mm 时起作用
4	上、下极限开关	轿厢或对重撞缓冲器之前起作用
5	上、下强迫缓速装置	位置符合产品设计要求，动作可靠
6	停止装置（安全、急停开关）	机房、底坑、轿顶进入位置≯1m，红色，停止
7	检修运行开关	轿顶优先、易接近、双稳态、防误操作
8	紧急电动运行开关（机房内）	防误操作按钮、标明方向、直观主机位置
9	开、关门和运行方向接触器	机械或电气联锁动作可靠
10	限速器电气安全装置	动作速度之间、同时（额定速度 115%时）
11	安全钳电气安全装置	在安全钳动作以前或同时，使电动机停转
12	限速绳断裂、松弛保护装置	张紧轮下落大于 50mm 时
13	轿厢位置传递装置的张紧度	钢带（钢绳、链条）断裂或松弛时
14	耗能型缓冲器复位保护	缓冲器被压缩时，安全触点强迫断开
15	轿厢安全窗安全门锁闭状况	如锁紧失败，应使电梯停止
16	轿厢自动门撞击保护装置	安全触板、光电保护、阻止关门力≯150N
17	轿门的锁闭状况及关闭位置	安全触点，位置正确，无论是正常、检修或紧急电动操作均不能造成开门运行
18	层门的锁闭状况及关闭位置	
19	补偿绳的张紧度及防跳装置	安全触点检查，动作时电梯停止运行
20	检修门、井道安全门	不得朝井道内开启，关闭时，电梯才可能运行
21	消防专用开关	返基站、开门、解除应答、运行、动作可靠

（2）自动扶梯、自动人行道安全装置检验项目和要求

自动扶梯、自动人行道安全装置检验项目和要求见表 5.5.2。

自动扶梯、自动人行道安全装置检验项目和要求　　表 5.5.2

序号	检验项目	检验内容及其规范标准要求
1	一般要求	各种安全装置应固定可靠，但不得焊接固定，不得因正常运行的振动使开关产生位移、损坏或误动作
		安全装置应直接作用在控制驱动主机供电的设备上，应能防止驱动主机启动或立即使其停止运行，工作制动器应制动
		安全装置断开的动作必须通过安全触点或安全电路来完成

续表

序号	检验项目	检验内容及其规范标准要求
2	断、错相保护	当电源断开任一相电或错相，或三相电不平衡严重时
3	电机短路过载保护	手动复位的自动开关能切断正常使用的最大电流；当过载检测绕组温升，断路器可以绕组冷却后自动闭合
4	超速保护	当超过额定速度120%时，检查有无该装置及出厂调整数值；如驱动装置不是摩擦的，且转差率不超过10%，则可不用该保护
5	非操纵逆转保护	正常运行未经任何操作，梯级、踏板或胶带自行改变规定运行方向时
6	停止开关	设在出入口附近，明显易接近，应为红色，标有“停止”字样。应为手动的断开、闭合型式，具有清晰、永久的转换位置标记
		当驱动和转向站内配备符合GB 16899中13.4规定的主开关时，则可不在驱动和转向站内设停止开关
7	附加急停装置的设备	当自动扶梯提升高度＞12m时，其开关间距应≯15m
		当自动人行道运行长度＞40m时，其开关间距应≯40m
8	扶手带保护	当手指或异物带入扶手带入口护罩时
9	梳齿板保护	当梯级、踏板或胶带进入梳齿板处有异物夹住时
10	驱动装置断裂保护	当驱动元件(如链条或齿条)的断裂或过分伸长时；驱动装置与转向装置之间的距离无故意缩短时
11	梯级、踏板下陷保护	保护开关设在梳齿相交线之间，大于该梯的最大制停距离，以保证下陷的梯级或踏板不能到达梳齿相交线
12	围裙板保护	当异物不夹入梯级或踏板与围裙板间，阻力超允许值时
13	扶手带破断保护	当扶手带破断或拉长超允许值时，仅用于公共交通型，且没有扶手带破断强度≥25kN试验证明时
14	主驱动链断裂保护	设防护罩，当驱动链条断裂或拉长时
15	三角皮带松断保护	至少用三条，并设防护罩，当任一皮带断裂或拉长时
16	附加制动器	当超过额定速度140%，或改变规定运行方向时

续表

序号	检验项目	检验内容及其规范标准要求
17	工作制动器	制动系统在动作过程中应无故意的延迟现象。在制动时应有匀减速过程,直到保持停止状态
		制动器的供电应有两套独立且串联的电气装置来实现,如停车后,其中任一套电气装置未能断开,则重新启动是不可能的
		机-电式制动器应是持续通电来保持正常释放,在动力电源或控制电路断开后,制动器应立即制动
		能用手打开的制动器应用手的持续力使其保持松开状态
18	梯级轮保护	当梯级轮任一只破损时,在到达梳齿前应停止
19	弯曲部导轨安全装置	当异物在上部或下部夹入两梯级间阻力超允许时
20	检修控制装置	在驱动、转向站和桁架内均应设检修控制插座,并应能使检修控制装置达到自动扶梯或自动人行道的任何位置
		检修装置的连接软电缆应≮3m,并设有双稳态停止开关,只有持续按压操作元件时,才能运转。各开关应有明显的识别标记
		当使用检修装置时,其他所有启动开关都应不起作用,安全回路和安全开关应仍起有效作用
		当一个以上检修装置连接时,或都不起作用,或需同时都启动才能起作用
21	自控装置	运行方向应预先确定,应有明显清晰的标志,在使用者走到梳齿相交线之前启动运行
		如使用者从与预定运行方向相反的方向进入时,当走到梳齿相交线之前,仍应按预定方向启动,运行时间应≮10s
		自动停止运行至少为预期乘客输送时间再加上 10s 以后
		在两端梳齿交叉线再加 0.3m 的附加距离之间,应对梯级、踏板或胶带进行监控,当这个区域内没有人和物时,自动再启动的重复使用才是有效的
		在自动控制装置使用过程中,各电气安全装置仍可靠有效

5.6 智能建筑工程

5.6.1 系统试运行记录

智能建筑的各系统，包括通信网络系统、信息网络系统、建筑设备监控系统、火灾自动报警及消防联动系统、安全防范系统、综合布线系统、智能化系统集成、电源与接地、环境和住宅(小区)智能化系统应安装完成后进行试运行。试运行应记录工程名称、系统名称、设计施工单位、运行日期、运行项目和内容、运行时间、试运行的可靠性、保护控制灵敏度、系统运行状态显示、设备监控情况以及报警、系统试运行情况等。

系统试运行应填写《系统试运行记录表》，应注明系统试运行是否正常，每班至少填写一次。如遇有不正常时则应在备注栏里扼要说明情况以及修复情况和日期。

5.6.2 系统电源及接地检测报告

(1) 电源系统检测：

包括稳压、稳流和不间断电源装置检测、应急发电机组检测、蓄电池组及充电设备检测、主机房集中供电专用电源设备和线路及各楼层电源箱安装质量检测等。

(2) 防雷及接地系统检测：

各智能系统防雷电入侵装置、引接接地装置、单独接地装置、防过流和过压元件接地装置、防电磁干扰屏蔽接地装置、防静电接地装置、等电位联结检测。

6 建筑工程观感质量检查

2001 年以来，颁布实施的“建筑工程施工质量验收标准和规范”规定了对分部、子分部工程和单位、子单位工程分别进行观感质量检查。评价结论分为“好”、“一般”、“差”3 个等级。具体标准是检验批的主控项目和一般项目，且多数在一般项目内，进行评价时检查人员可宏观掌握。

好：如果某些部位质量较好，符合标准，就可评为好。

一般：如果没有较明显达不到要求的，可评为一般。

差：如果有的部位达不到要求，或有明显的缺陷，但不影响安全或使用功能的，则评为差。评为差的项目应进行返修。

需要说明的是，有影响安全或重要使用功能的缺陷，不能进行观感质量评价，应处理后再评价。

评价时，施工单位应先自行检查合格后，由建设单位或监理单位来验收。参加评价的人员应有相应的资格，由建设单位负责人或项目负责人组织，也可由总监理工程师组织，建设单位中相关专业质量的负责人参加，监理单位和设计单位以及施工单位有关人员参加，验收组在听取其他参加人员的意见后，共同做出评价。评价时，可分项评价，也可分大的方面综合评价，最后对分部（子分部）和单位（子单位）工程分别做出观感的质量评价。

下面仅介绍“统一标准”规定检查内容“好”、“一般”的检查评价要求。若不能满足“好”及“一般”要求，则应评为“差”。被评价为“差”的项目应进行处理，若确实不能处理，则应由参加验收各方共同恰商解决，并做记录。

6.1 建筑与结构工程观感质量检查

6.1.1 室外墙面

(1) 墙面

一般：必须粘结牢固，无脱层、裂缝、爆灰、露底，无空鼓，表面平整，无明显污染和接槎痕迹，颜色基本一致，其中，水刷石石粒紧密，无掉粒；干粘石(砂)分布均匀。涂料无掉粉、漏刷、透底、起皮、轻微咬色、流坠、疙瘩。天然板、人造板、釉面砖、陶瓷锦砖，接缝填嵌密实、平直、均匀，套割基本吻合，墙裙等突出墙面的厚度基本一致。

好：在一般基础上，颜色一致。无空鼓、污染和接槎痕迹。其中，水刷石石粒清晰无掉粒，干粘石(砂)无漏粘，阳角无黑边。天然板、人造板、釉面砖、陶瓷锦砖，套割吻合，流水坡向正确，无变色、起碱和光泽受损处。

(2) 大角

一般：方正、顺直。

好：在一般基础上，整齐、美观。

(3) 横竖线角(包括阳台、花台、外窗、腰线、格条等)

一般：无明显缺楞掉角，窗台坡度适宜。

好：在一般基础上，无缺楞掉角。

(4) 散水、台阶、明沟

一般：表面光滑，坡度适宜，线角顺直，无明显脱皮、起砂、轻微龟裂和麻面。其中，散水坡不倒泛水，有伸缩缝，填缝符合要求。外台阶齿角基本整齐。明沟截面符合设计要求，坡向适宜。

好：在一般基础上，无裂纹、空鼓、麻面。外台阶齿角整齐，明沟坡度、坡向符合设计要求。

(5) 滴水线(槽)

一般：滴水线(槽)基本顺直，槽的深度和宽度满足要求。

好：在一般基础上，流水坡向正确，线(槽)整齐一致，有断水。

6.1.2　变形缝

一般：缝宽、位置、隔断、封闭伸缩片、附加层、填嵌材料、面层覆盖形式基本符合设计要求和规范规定。

好：在一般基础上，封闭严密，功能性好，洁净、顺直。

6.1.3　水落管、屋面

(1) 水落管

一般：水落斗、跌水、卡具、弯头符合规定。安装牢固，顺水承插深≮40mm，距地≮200mm，距墙≮20mm，正侧顺直。

好：在一般基础上，管箍间距相等且≯1.2m，弯头的结合角度成纯角。

(2) 屋面

1) 屋面坡向

一般：排水方向，坡度符合设计要求，无明显积水。

好：在一般基础上，无积水和杂物。

2) 屋面防水层（瓦、铁、细石混凝土屋面应按相应标准执行）

一般：表面涂刷均匀，铺贴顺序、方向、长短边搭接符合规范规定。粘结牢固，无滑移、翘边、起泡、皱折等缺陷。

好：在一般基础上，表面平整，高低跨或集中排水处有保护措施。

3) 屋面细部

① 墙(管)根

一般：卷材附加层、立面收头及泛水做法基本符合规范规定，收头高≮250mm，转角处应作成半径为100～150mm圆弧钝角。

好：在一般基础上，根部附加层、立面收头、泛水及转角处做法符合规范规定，有压顶或突出腰线的泛水沿有滴水，管头有伞罩。

② 水落口、天沟

一般：水落口防腐并伸入卷材，安装牢固，盖以箅子或罩，天沟卷材顺水接槎，边角为钝角并顺直。

好：在一般基础上，交接合理，无翘边，流水通畅。

③ 变形缝

一般：功能性好，伸缩片、附加层、填嵌材料、面层覆盖符合设计要求，防锈涂料涂刷均匀。

好：在一般基础上，封闭严密不漏水，洁净，线角顺直。

4）屋面保护层

① 绿豆砂

一般：粒径宜3～5mm，筛选干净，干燥，撒铺均匀，粘结牢固。

好：在一般基础上，砂色浅，颗粒均匀，表面洁净，未粘结的砂清扫干净。

② 板块

一般：表面平整，色泽基本一致，缝格平直，填嵌密实，无裂缝、缺楞掉角，坡向符合设计要求，无明显积水，不渗漏。

好：在一般基础上，平整洁净，图案清晰，色泽一致，接缝均匀，无积水。

6.1.4 室内墙面

一般：必须粘结牢固，无脱皮、掉灰、空鼓、裂纹（风裂除外）、爆灰，墙面接槎平整，孔洞、槽、盒边缘整齐，管道背面平顺，墙表面基本光滑、洁净，颜色均匀，线角顺直。其中面层刮白、涂料和刷喷浆无掉粉、起皮、透底和漏刷，少量轻微反碱、咬色不多于5处，门窗、灯具基本洁净；壁纸、墙布无翘折，无明显斑污、胶痕，拼缝横平竖直，与贴脸、踢脚等交接处严密。

好：在一般基础上，阴阳角方正。其中刮白、涂料和刷喷浆，颜色一致，有光度；壁纸、墙布无斑污、胶痕，斜视不见拼缝，图案和花纹吻合，交接处无缝隙。门窗、灯具洁净，表面美观。

6.1.5 室内顶棚

（1）罩面板

一般：安装牢固，无翘曲、折裂、缺棱掉角，表面平整、洁净。无明显变色、污染、反锈、麻点和锤印，接缝宽窄均匀，压条顺直，无翘曲。

好：在一般基础上，颜色一致，无污染、反锈、麻点、锤印，接缝压条宽窄一致、整齐、平直、严密。

(2) 中级抹灰

一般：表面光滑，接槎平整，线角顺直。

好：在一般基础上，表面光滑，洁净，颜色均匀，线角顺直。

6.1.6 室内地面

一般：必须粘结牢固，无空鼓，表面密实压光、平整、无明显裂纹、脱皮、麻面、起砂现象，分格条牢固、显露、基本顺直，踢脚线光滑平直、高度基本一致，水泥砂浆，细石混凝土等局部无明显细小收缩裂纹和轻微麻面；整体水磨石表面光滑，无明显裂纹和砂眼，石粒密实；理石、磨石、陶瓷锦砖等板块面层，颜色调配均匀，无明显裂纹和缺棱掉角，安装牢固，接缝填嵌密实、平直、均匀；木地板表面平整光滑，无戗茬、毛刺，板面缝隙基本严密。

好：在一般基础上，颜色均匀一致，线格方正顺直，踢脚线高度一致，出墙均匀，水泥砂浆和细石混凝土无砂眼、抹纹；整体水磨石表面光滑，石粒显露均匀，格条顺直清晰；理石、磨石、陶瓷绵砖等板块，无缺楞掉角、无污痕，非整砖使用部位适宜；长地板缝隙严密。

6.1.7 楼梯、踏步、护栏

(1) 楼梯、踏步

一般：必须粘结牢固，无空鼓，无明显裂纹、起砂、脱皮，高宽度基本一致，相邻两步高差符合要求。

好：在一般基础上，无裂纹、脱皮、麻面，高宽度一致，防滑条顺直。

(2) 护栏

一般：镶钉牢固，位置基本正确，表面光滑，线角顺直，接缝严密，割角整齐，木护栏无明显戗槎和刨痕。

好：在一般基础上，位置正确，出墙一致，棱角方正，不露钉帽，木护栏无戗槎和刨痕。

附：厕浴间，阳台泛水、抽气(风)孔道、细木护栏

(1) 厕浴间

一般：地面坡度、坡向合理，无倒坡，孔洞、槽、盒、管道背面抹压整齐、方正，无渗漏。

好：在一般基础上，浴盆、厕台高度适宜。

(2) 阳台泛水

一般：无明显倒坡，泄水管长度、坡度适宜，无积水。

好：在一般基础上，泄水管长度、位置一致。

(3) 抽气(风)孔道

一般：尺寸、位置、配件符合要求，无积渣，有抽气功能。

好：在一般基础上，安装牢固、方正，墙缝严密，抽气良好。

(4) 细木护栏

一般：镶钉牢固，位置基本正确，表面光滑，线角顺直，接缝严密，割角整齐，无明显戗槎、刨痕。

好：在一般基础上，位置正确，出墙一致，棱角方正，不露钉帽，无戗槎、刨痕。

6.1.8 门窗

外门窗应进行抗风压、气密性、水密性以及开关试验。

(1) 木门窗

一般：框与墙体间空隙基本嵌填饱满，开关灵活，小五金齐全，刨面平整光滑、木螺丝拧牢，缝隙基本符合要求。

好：在一般基础上，扇不回弹，缝隙均匀符合要求，小五金型号、规格符合要求，刻槽深度一致、边缘整齐、位置正确。框与墙体间空隙嵌填饱满，扇面无裂纹。

(2) 钢门窗、涂色镀锌钢板门窗

一般：安装牢固，关闭严密，无倒翘，开关灵活，附件齐全，方便适用，与墙体间空隙嵌填饱满，基本无锈蚀。

好：在一般基础上，开启无阻滞、回弹，附件位置正确、牢固，无锈蚀。

(3) 铝合金门窗

一般：安装牢固，关闭严密，开关灵活，间隙基本均匀，附件齐全、牢固、灵活，与墙体间空隙嵌填材料，与非不锈钢紧固件接触面作防腐处理，表面洁净，无明显划痕、碰伤，排水孔位置正确、畅通。

好：在一般基础上：间隙均匀，附件位置正确，表面美观、光滑、无划痕、碰伤、锈蚀。

(4) 塑料门窗

一般：安装牢固，固定点距窗角、中横框、中竖框 150～200mm，固定点间距不大于 600mm；关闭严密，开启灵活，与墙体间隙填嵌材料密实，密封条不脱槽，且接缝基本严密、不卷边，排水孔位置正确畅通，表面洁净，平整光滑，大面无明显划痕、碰伤。

好：在一般基础上，密封条平整、大面无划痕、碰伤。

(5) 特种门窗

一般：安装位置正确，安装牢固，开关或旋转方向正确且灵活，自动门的感应时间符合限值要求；表面基本洁净，无明显划痕和碰伤。

好：在一般基础上，表面洁净、无划痕和碰伤。

(6) 玻璃

一般：裁割尺寸正确，安装平整稳固，表面无斑污，座底灰油灰平满，粘结牢固，钉子或钢卡数量符合要求。

好：在一般基础上，表面洁净，无油污，油灰与裁口齐平、光滑。

附：涂料

(1) 木质面涂料

一般：大面无透底、流坠、皱皮，有光亮，且光滑均匀，分色线平直，颜色一致，刷纹通顺，不污染五金、玻璃，无异味。

好：在一般基础上，小面明显处无锈底、流坠、皱皮，无明显刷纹，有光泽。

(2) 金属面涂料

一般：同木质面涂料，其中有底涂料的不得有反锈现象。

好：在一般基础上，同木质面涂料且无反锈。

（3）墙面涂料

一般：无脱皮、漏刷、反锈、透底、反碱和混色，无异味。

好：在一般基础上，有光亮，颜色一致，无明显刷纹，线条平直。

6.2 安装工程观感质量检查

6.2.1 建筑给排水与采暖工程

（1）管道接口、坡度、支架

1）接口

① 螺纹连接

一般：连接牢固，管螺纹根部有外露 2～3 扣螺纹，管径≤100mm的镀锌钢管无焊接接口，管径≥100mm 与法兰焊接处已进行二次镀锌。

好：在一般基础上，镀锌表层无损伤破坏，使用相应管件，螺纹防腐良好，无外露油麻。

② 焊接

一般：焊口表面及焊缝加强面符合要求，无烧穿、裂纹和明显结瘤、夹渣、气孔。

好：在一般基础上，焊波均匀一致，焊缝表面无结瘤、夹渣、气孔。

③ 承插连接

一般：填料符合规定，灰口饱满密实，粘接牢固无裂纹，胶圈平正紧密，无渗漏。

好：在一般基础上，环型间隙均匀，灰口平整光滑，养护良好，胶圈和塑料接口严密。

④ 法兰连接

一般：对接平行紧密，与管中心线垂直，螺杆露出螺母，衬垫材质符合规定，且无双层或偏移。

好：在一般基础上，螺母在同一侧，螺杆露出不大于直径的1/2。

2）坡度、垂直度

一般：管道不倒坡，横平竖直，距墙符合规定。

好：在一般基础上，管道坡度正确，距墙一致。

3）支架

一般：支、吊、托架构造及位置正确，埋设平正牢固，间距符合规定。

好：在一般基础上，排列整齐，与管接触紧密。

（2）卫生器具、支架、阀门

1）卫生器具

一般：位置、标高符合规定，接口严密，安装平正牢固，器具、配件齐全、完好，无渗漏。

好：在一般基础上，成品保护良好，器具洁净，无外露填料及油污。

2）支架

一般：支架位置和标高正确，埋设牢固，间距符合要求。

好；在一般基础上，排列整齐，与器具配件接触紧密。

3）阀门、配件

一般：阀门、水龙头的位置和方向正确，接口严密，启闭灵活，配件、镀铬件无损伤。

好：在一般基础上，表面洁净，无外露油麻。

（3）检查口、清扫口、地漏（含排水栓）

一般：标高符合规定，平正牢固，清扫口、地漏、排水栓低于地面，无渗漏、不积水。

好：在一般基础上，地漏箅子低于地面5mm，清扫口与地面相平，排水栓低于盆、槽底表面2mm。

（4）散热器、支架

一般：安装牢固，位置正确，托钩、支架数量及构造符合规定，标高基本一致，散热器轻微掉翼不超过2处，通过楼板套管高出地面20mm，穿墙套管两端与饰面平。

好：在一般基础上，标高一致，表面洁净，成品保护良好，无掉翼，套管管口齐平，环隙均匀，无松动。

附：水表、消火栓和伸缩器，膨胀水箱和燃气等。

(1) 水表、消火栓(包括自动消防装置)

一般：标高基本一致，位置合理，水表外壳距墙 10～30mm，进水口距地面标高，偏差±20mm。消火栓口朝外，双出口均以45°角朝外；栓口中心距地面 1.1m，偏差±20mm，箱体平正牢固，内外洁净。

好：在一般基础上，水表安装平正，进水口中心距地面标高偏差小于 10mm，整洁无损伤。消火栓与水龙带接头绑扎紧密，附件齐全，水龙带挂放且规整。

(2) 伸缩器、弯管、膨胀水箱

一般：制作安装符合规定，平整、稳固、无渗漏。

好：在一般基础上，弯曲半径符合规定，膨胀水箱试压无渗漏，与管道连接符合设计规定，安装牢固。

(3) 涂料、防腐、绝热

一般：涂料种类及涂刷遍数符合设计和规范规定，表面无污垢、锈斑，无脱皮、漏涂，保温材料符合规定，厚度均匀，保护层光滑整齐，包裹绑扎牢固。

好：在一般基础上，涂料厚度均匀，色泽一致，无流淌污染，保温层厚度一致，面层整洁。

(4) 室内燃气

1) 管道坡度、管道支架接口：同室内给水标准；套管同室内采暖标准。

2) 燃气管与其他管线距离

一般：燃气管与其他管线净距、弯管弯曲半径符合规定，弯曲部位无明显凸凹，安装就位正确，镀锌管无火烤、火煨。

好：在一般基础上，弯曲部位平整。

3）燃气表、阀门、火嘴

一般：型号、规格、试压结果符合规定，位置、方向正确，连接牢固、严密，燃气表安装基本平正。

好：在一般基础上，朝向合理、表面洁净。阀门、火嘴启闭灵活，燃气表中心线、垂直度及倾斜度偏差不大于1mm。

6.2.2 建筑电气工程

(1) 配电箱、盘、板、接线盒

1）箱(板)

一般：基础架安装牢固，位置合理，暗箱面板周边紧贴墙面，二层底能开90°，外门能开180°，箱开孔合适，切口整齐，管箱连接正确，有锁紧螺母，涂料完好。

好：在一般基础上，内外清洁光亮，箱体无变形，门盖开闭灵活，接地(零)牢靠。

2）盘(板)面布置

一般：盘(板)配置合理，导线连接正确牢固，负荷匹配正确，设专用接地(零)螺栓，保护接地和工作接地不混用。

好：在一般基础上，盘面清洁，涂料完好，木盘面无明显裂缝，导线排列整齐，回路编号正确。

3）接线盒

一般：安装牢固，与墙面、地面平齐，凸凹位置适中，不应有凹皱，紧固件齐全，接地完好，安装位置正确。

好：在一般基础上，清洁整齐，无涂料脱落、无锈斑。

(2) 设备器具、开关、插座

1）设备器具

一般：设备器具使用场所正确，配件齐全，无损伤、变形，涂料无脱落，灯罩无破裂等，重型灯预埋件吊钩安装可靠，接线正确，接地完好。

好：在一般基础上，灯具无污染，内外洁净，木台无污染。

2）吊扇

一般：吊钩、预埋件牢固，吊杆(扇)及锁钉的防松防震装置齐全可靠，高度符合要求，接线正确，运转时扇叶无明显颤动。

好：在一般基础上，表面清洁，吊杆垂直，控制方便，吊扇与其他灯具安装位置合理。

3）开关

一般：安装位置、高度符合要求，暗开关盖板贴墙面，开关操作灵活，接触可靠，接线正确，板把、跷板开关切断位置正确，一般开关切断相线。

好：在一般基础上，内外清洁，导线留有余量，无绝缘部分长度适当。

4）插座

一般：安装位置、高度符合要求，盖板贴墙面，接线正确牢固。

好：在一般基础上，同开关安装。

(3) 防雷、接地

一般：避雷针（带、网）引下线材质、高度、附件安装符合要求，安装牢固、位置正确，防腐涂料不漏刷，穿过变形缝有补偿装置，各部分连接可靠，测试点方便正确。

好：在一般基础上，针体垂直，支持间距均匀，焊接无缺陷，螺栓连接有防松装置，涂料均匀无污染。

附：线路敷设

(1) 配管或导线敷设

一般：敷设场所、材质、线路与各种规定距离、弯曲半径、管与管（箱、设备）连接、暗配管保护层等均符合要求，并横平竖直。

好：在一般基础上，无造成砌体通缝和建筑面层裂纹，管进箱（设备）位置正确，管固定间距均匀，防腐处理完好。

(2) 保护管补偿装置

一般：线路过梁（墙、楼板）与跨越线路及其他管道设保护管适宜，过变形缝补偿处理合理，穿过建筑物或设备有保护管。

好：在一般基础上，保护管设置合理，补偿装置齐全，管口光滑，管连接可靠，补偿装置两端导线有余量。

(3) 管内穿线

一般：绝缘导线大于500V，导线总截面积不大于管内径的40%，进入箱、盒内导线有适当余量，不进入箱、盒的垂直管的上口要密封，过变形缝两端导线要固定且留有余量。

好：在一般基础上，导线整齐不受损，护帽齐全。

(4) 导线连接

一般：连接方法正确，不破坏绝缘，在箱、盒、器具内留有余量。

好：在一般基础上，连接正确牢固，包扎严密，不伤芯线，保持导线原有绝缘强度。

(5) 涂料、防腐、接地

一般：非带电金属部分要接地或接零，接地线连接紧密牢固，截面选用合理，涂料无漏刷。

好：在一般基础上，接地(零)线走向合理，色标标准，涂料均匀，不污染设备或建筑物。

6.2.3 通风与空调工程

(1) 风管、支架

1) 风管

一般：金属风管的规格、尺寸符合设计要求，咬缝紧密，宽度均匀，无孔洞、半咬口和胀裂缺陷，直管纵向咬缝错开；焊缝不得有烧穿、漏焊和裂缝等缺陷，纵向焊缝错开。风管折角平直，圆弧均匀，两端面平行，无明显翘角，表面无明显凹凸；风管与法兰连接牢固，翻边基本平整，紧贴法兰；有凝结水、湿空气的底部接缝风管要有坡度和密封处理。其他材料的风管连接和软性接管位置符合设计和相应标准要求。

好：在一般基础上，无翘角，表面无凹凸，翻边平整，螺孔具备互换性；风管安装牢固可靠、整齐、间距适宜、均匀、对称。

2) 支架

一般：支、吊、托架的形式、规格、埋设位置符合设计要求，埋设牢固，与管道间的补垫合理，涂料颜色符合设计要求，无漏涂。

好：在一般基础上，支架与管道接触紧密，吊杆垂直，横杆水平，涂料颜色一致，不污染管道、设备及支撑面。

(2) 风口、风阀

1) 风口

一般：风口尺寸、规格符合设计要求，格、孔、片、圈距一致，框和叶片平直整齐，安装正确，风口可调节部件，能正常动作。

好：在一般基础上，外形光滑美观，颜色一致，外露部分平整，风口在同一房间标高一致，排列整齐。

2) 风阀

一般：风阀规格、尺寸、材质符合设计要求；叶片与外壳无碰擦，壳体严密，插板可靠，有启闭标记，操作方便，启闭灵活，动作可靠。

好：在一般基础上，阀板与手板方向一致，启闭方向及标记明确，多叶阀轴距偏差符合要求。

3) 罩

一般：罩的规格、涂料品种和标记符合设计要求，安装位置正确、牢固，活动件灵活可靠，罩口尺寸偏差符合要求。

好：在一般基础上，无尖锐边缘，安装排列整齐；涂料颜色一致，光亮美观。

(3) 风机、空调设备

1) 风机

一般：风机叶轮与壳体等无碰擦，地脚螺栓有防松装置，垫铁位置、接触紧密，每组不超过 3 块，叶轮旋转方向正确。

好：在一般基础上，保护良好、无损伤，排列整齐美观。

2) 空调设备

① 空调机组

一般：机组组装顺序正确，接缝严密，机组下部冷凝水排放管有水封，与管线连接正确；各功能段连接严密，水路畅通，喷水室外表无渗漏。

好：在一般基础上，机组清理干净，箱体内无杂物，检查门开关灵活，基础高出机房平面并放置平整。

② 单元式空调机组

一般：分体式和风冷式整体机组安装位置正确，分体室外机与整体机的周边空间满足冷却风循环要求，符合环境保护要求，制冷剂管道连接严密无渗漏，管道穿墙孔密封。

好：在一般基础上，安装位置规范、整齐，冷凝水排放畅通，机组洁净、无杂物。

③ 风机盘管机组

一般：风机盘管安装牢固，位置正确，便于拆卸和维修。

好：在一般基础上，排水坡度正确，冷凝水排放畅通。

④ 除尘器、积尘室

一般：除尘器、积尘室位置正确，牢固平稳，接口严密。进出口方向符合设计要求，各种阀门开关灵活，关闭严密；传动机构灵活，人孔盖检查门压紧不漏气，布袋除尘器、电除尘器的壳体、辅助设备接地可靠。

好：在一般基础上，外表端正、顺直，袋式除尘器布袋接口与滤袋接触短管、袋帽无毛刺、手感光滑。

⑤ 洁净设备安装

一般：安装设备的地面平整，环境清洁，符合设备技术文件及设计要求；净化空调设备与洁净室，围护结构相连的接缝密封。

好：在一般基础上，风机过滤器单元无变形、无锈蚀，涂料膜无脱落，拼接板无破损。

⑥ 空气过滤器

一般：过滤器与框架之间安装平整、牢固、方向正确，便于检修和更换滤料；过滤器四周及接口严密不漏，无变形、无脱落、无断裂、无破损。

好：在一般基础上，高效过滤器采用机械密封时，密封垫料均匀；采用液槽密封时，槽架水平，槽内无污物和水分。

⑦ 消声器

一般：消声器的位置、方向正确，与风管接口严密，消声器及弯管应设独立支架，符合要求。两组同类消声器不直接串联。

好：在一般基础上，当有两个或两个以上消声元件组成消声组件时，连接处表面过渡应圆滑顺气流。

⑧ 其他设备

一般：安装位置正确、牢固、部件灵活、可靠、运转平稳，与管道连接严密。

好：在一般基础上，表面元器件无损伤，安装美观，垂直度、水平度符合要求。

(4) 阀门、支架

1) 阀门

一般：阀门位置、方向正确，接口严密，启闭灵活，配件、镀层等无损伤、防腐处理完好，关闭严密、动作可靠。

好：在一般基础上，表面洁净，无外露油麻。

2) 支架

一般：支、吊、托架下料正确，构造及位置正确、埋设平正、牢固，间距符合规定。

好：在一般基础上，排列整齐，与管接触紧密。

(5) 水泵、冷却塔

1) 水泵

一般：地脚螺栓垂直、拧紧，与设备底座接触紧密。垫铁位置正确、平稳，每组不超过三块。减震器与水泵及水泵基础连接牢固、平稳，接触紧密。

好：在一般基础上，水泵的平面位置和标高准确，安装美观。

2) 冷却塔

一般：

① 冷却塔的型号、规格、符合设计要求。

② 安装平稳，地脚螺栓固定牢固，各连接部件采用热镀锌或不锈钢螺栓。

③ 出水管口的喷嘴方向和位置正确，布水均匀。

④ 有防水要求的冷却塔符合消防安全的规定。

⑤ 带转动布水器的冷却塔，转动部分灵活，喷水出口方向一致。

好：在一般基础上，冷却塔安装顺直美观，同一冷却水系统的多台冷却塔安装，各台冷却塔的水面高度一致。

(6) 绝热

1) 风管

① 胶泥结构保温

一般：绝热层的材质、厚度应符合设计要求；无断裂和脱落；室外防潮层或保护壳应顺水搭接、无渗漏。

好：在一般基础上，表面平整、厚度均匀，外表美观。

② 绑扎结构保温

一般：保温材料绑扎牢固，紧贴设备及管道，接缝处严密。

好：在一般基础上，表面平整、光滑。

③ 自锁垫圈结构保温

一般：保温材料紧贴设备及管道表面，自锁垫圈压牢，接缝严密。

好：在一般基础上，表面平整、光滑。

2) 外保护层

① 涂抹式保护层

一般：涂料颜色与标志符合设计要求，与保温层附着牢固，无空鼓，转角接头平整、无皱褶。

好：在一般基础上，表面光滑，厚度均匀，无漏涂。

② 金属板保护层

一般：符合设计要求，搭接严密，无空鼓，平整。

好：在一般基础上，表面光滑，无翘角、无扭曲。

③ 布、毡等保护层

一般：符合设计要求、与保温层接触紧密、无空鼓，转角、接头平整。

好：在一般基础上，表面光滑、无松散、无翘曲、无皱折。

附：净化空调、空气处理室

(1) 净化空调系统

一般：

1) 空调机组、风机、净化空调机组、风机过滤器单元和空气吹淋室等的安装位置应正确、固定牢固、连接严密。其偏差应符合有关条文的规定。

2) 高效过滤器与风管、风管与设备的连接处应有可靠密封。

3) 净化器空调机组、静压箱、风管及送回风口清洁无积尘。

4) 装配式洁净室的内墙面、吊顶和地面应光滑、平整、色泽均匀、不起灰尘，地板静电值应低于设计规定。

5) 送回风口、各类末端装置以及各类管道等与洁净室内表面的连接处密封处理应可靠、严密。

好：在一般基础上顺直、美观。

(2) 空气处理室

一般：密闭门外形方正、牢固、无渗漏，开关灵活，喷嘴排列整齐，各种设备安装平稳牢固。

好：在一般基础上，密闭门密封条紧密，空气过滤器缝隙封闭，并便于拆装，热交换器周围无缝隙。

6.2.4 电梯工程

(1) 运行、平层、开关门

1) 运行

一般：

① 启动、运行、停止时轿厢无较大震动和冲击，制动器动作灵活可靠。

② 轿门带动层门开、关运行，门扇与门扇、门扇与门套、门扇与门楣、门扇与门口处轿壁、门扇下端与地坎应无刮碰现象。

③ 门扇与门扇、门扇与门套、门扇与门楣、门扇与门口处轿壁、门扇下端与地坎之间各自的间隙在整个长度上应基本一致。

好：在一般基础上，基本无震动和冲击，启停车平稳。

2）平层

一般：电梯平层基本准确，偏差在允许范围内。

好：在一般基础上，平层准确不超差。

3）开关门

一般：门扇平整，启闭无摆动、撞击和阻滞现象，中分式门关闭时上下同时合拢。

好：在一般基础上，门扇平整洁净无损伤，启闭轻快平稳，门缝一致。

(2) 层门、信号系统

1）层门

一般：开关门基本无摆动、卡阻和冲击。

好：在一般基础上，开关门平稳灵活，关闭时上下部同时合拢。

2）信号系统

一般：位置正确，面板与墙面贴实，平直端正。

好：在一般基础上，清洁美观，排列整齐，指标准确。

(3) 机房

1）配电屏(柜)安装

一般：布局合理，安装牢固，平直端正。

好：在一般基础上，整齐美观，清洁明亮，操作方便灵活，安全可靠。

2）盘(柜)设备配线

一般：连接牢固，接触良好，包扎紧密，绝缘可靠，标志清晰，绑扎基本整齐。

好：在一般基础上，整齐美观，清洁明亮，安全可靠。

3）机械设备安装

一般：安装牢固，二次灌浆符合要求，设备无磕碰，涂料完好，运转无卡阻和不正常音响，不渗漏油，升降钢丝绳无断丝和死弯。

好：在一般基础上，运转无震动，不发热，润滑良好，各种垫圈齐全，螺杆露出螺帽长度一致。

4）电气管线敷设

一般：管线材质合格，管进设备箱（盒）、曲率半径、防腐等符合要求，导线总截面积不超过管内径的40%，接地完好。

好：在一般基础上，管进设备、箱（盒）位置正确，管口光滑，固定牢固，涂刷均匀，箱（盒）内外无杂物，导线排列整齐。

6.2.5 智能建筑工程

（1）机房设备安装及布局

一般：机柜及机架安装位置符合设计要求，垂直偏差不大于3mm，安装应牢固，不应有零件脱落或碰坏，涂料面完好，标志清晰、完整，接地（零）牢靠。

好：在一般基础上，机房内外清洁光亮，门开闭灵活。

（2）现场设备安装

一般：设备安装牢固，垂直偏差不大于3mm，各部位完整，安装螺栓紧固，模块与通用插座固定在接线盒内，具有防水、防尘、抗压能力，各种保持在一个平面上且标识清晰，接地（零）可靠。

好：在一般基础上，设备、接线盒内清洁、有序，接线合与地面平齐，颜色、图形、文字表示所接终端设备类型。

附：烟感、温感探头，火灾喷淋装置等

一般：安装位置正确，紧贴吊顶表面，周围无裂缝、破损，安装牢固。

好：在一般基础上，纵横排列顺直、美观。

7. 竣工验收备案管理

为加强房屋建筑工程和市政基础设施工程质量管理，建设部于2000年4月7日以第78号令发布《房屋建筑工程和市政基础设施工程竣工验收备案管理暂行办法》。建设部又以建办建[2000]18号文印发了《房屋建筑工程和市政基础设施工程竣工验收备案表》。没有进行竣工验收备案的工程不许投入使用。

实施竣工验收备案后，建设部负责全国房屋建筑工程和市政基础设施工程的竣工验收备案管理。县级以上建设行政主管部门负责本行政区域内工程的竣工验收备案管理。

7.1 竣工验收备案管理机构

7.1.1 竣工验收备案管理机构设置

建设行政主管部门设置的竣工验收备案机构，各地不完全一样，一般有3种形式。

(1) 主管部门直接管理

在建设行政主管部门内专门设置一个备案管理部门，或在主管部门的某一处(室)内设置一个备案部门，直接管理工程竣工验收备案以及处理竣工验收备案的有关工作。

(2) 设置工程竣工验收备案管理机构

建设行政主管部门成立一个竣工验收备案管理机构，负责对本区域内的竣工验收备案工作的管理。

(3) 政府主管部门委托某一机构负责

由建设行政主管部门委托依法成立并经其认定的建设工程质

量监督机构具体实施建设工程竣工验收备案工作，接受委托备案的质量监督机构应单独设置备案部门。备案部门工作人员不直接从事工程质量监督工作。也就是说，负责备案管理人员不直接监督工程，直接监督工程的人员不允许负责备案管理。

7.1.2 备案管理机构审查的主要文件资料

(1) 建设单位报送的竣工验收备案文件资料(见7.4.1)。

(2) 工程质量监督机构提交的“工程质量监督报告”。

建设部78号令规定：工程质量监督机构应当在工程竣工验收之日起5日内，向备案机关提交“工程质量监督报告”。监督报告内容包括：

1) 工程名称、工程地址、工程类别、结构类型、建筑面积、参建各单位及负责人、开工时间、竣工验收时间；工程规划许可证号、施工许可证号、监督注册号、监督部门、监督人员、监督起止时间等。

2) 参建各方质量行为的监督检查情况。

3) 有关工程建设质量的法规、规章、强制性标准的执行情况。

4) 地基、基础、主体结构及主要功能项目监督抽查情况，抽样测试情况以及历次监督检查情况。

5) 工程竣工验收技术资料的意见。

6) 工程竣工验收的监督意见。

7) 对工程遗留质量缺陷的处理意见。

8) 监督结论及说明填写是否符合备案条件的结论性意见。

注：监督报告除填表外，最好应附有不少于2000字的文字说明。

工程质量监督报告范例详见7.4.2附件7.4.8。

7.2 竣工验收备案条件

7.2.1 竣工验收备案条件

(1) 建设单位组织已竣工验收，参建单位均确认工程质量合格。

(2) 参加竣工验收的工程质量监督机构已对竣工验收的参加人员资质、组织、程序、执行标准规范情况、工程实体质量等进行审核,评价为符合要求。

(3) 已采用正式的供水、供电或供气系统。

(4) 施工质量控制资料、安全和功能资料等齐全可靠。

(5) 需提交的竣工验收备案文件基本齐全。

(6) 规划、公安消防、环保等部门认可准用。

(7) 法规、规章规定的其他文件资料已具备。

7.2.2 竣工验收备案方式

(1) 群体工程或小区建设工程可按单位工程逐个进行竣工验收备案。

(2) 单位工程若划分为若干个子单位工程可分别进行竣工验收备案。

(3) 建筑工程只有装饰装修工程时可作为单位工程进行竣工验收并备案。

(4) 分阶段申请竣工验收备案必须具备下述条件:

1) 以下部分工程应按设计图纸和合同要求已经完成:

① 屋面工程。

② 外墙装饰工程。

③ 室内公共部位工程。

④ 水、电、通风设备工程。

⑤ 电梯工程。

⑥ 室外总体工程。

2) 分阶段竣工验收备案部位的使用功能应满足设计和使用要求,以下系统应正常开通:

① 供电系统。

② 消防给水系统。

③ 消防排烟系统。

④ 给排水系统。

⑤ 通风空调系统。

⑥ 燃气系统。

⑦ 防雷系统。

⑧ 安全接地系统。

⑨ 应急照明系统。

⑩ 防火隔断系统。

⑪ 设计文件明确的其他系统。

3）已具备 7.2.1 的条件，且符合要求。

4）分阶段竣工验收备案的各种资料应整理齐全，妥善保管，待全部竣工验收备案后统一整理归档。

7.3 竣工验收备案程序

工程竣工验收备案程序主要包括提交备案文件和办理备案手续。

7.3.1 提交竣工验收备案文件

工程竣工验收合格后 15 日内，建设单位向工程竣工验收备案管理部门提交下列竣工验收备案文件：

(1)《竣工验收备案表》(见附件 7.4.1)。建设单位在工程竣工验收合格后应及时到备案管理部门领取“竣工验收备案表”，由建设单位组织填写，准备相关文件，由参建单位签署竣工验收意见并由负责人签字，加盖单位公章。文件规定一式两份，一份由备案管理部门存档，一份由建设单位保存。

(2) 工程竣工验收报告，按附件 7.4.1 的填表说明撰写，见附件 7.4.2。

(3) 工程施工许可证(复印件)。

(4) 施工图设计审查文件。

(5) 单位(子单位)工程质量综合验收文件，包括《建筑工程施工质量验收统一标准》规定的表格填写。单位(子单位)工程质量竣工验收记录表见表 2.6.8、2.6.9、2.6.10 和 2.6.11 以及地基、基础、主体、幕墙工程验收记录表，见附件 7.4.3。

(6) 监理单位出具的质量评估报告。

(7) 勘察、设计单位出具的质量检查报告。

(8) 规划许可证（附件 7.4.7）、公安消防、环保等部门出具的认可文件或者准许使用文件。

(9) 施工单位签署的工程质量保修书（见附件 7.4.4）。

(10) 住宅工程还应当提交《住宅质量保证书》（见附件 7.4.5）和《住宅使用说明书》（见附件 7.4.6）。

(11) 法规、规章规定必须提供的其他文件。

7.3.2 办理竣工验收备案手续

1. 备案管理部门根据工程质量监督机构签署的工程质量监督报告，对建设单位报送的竣工验收备案文件进行审查，符合条件的，给予办理备案手续，填写《工程建设竣工验收备案表》。

2. 不具备备案条件的写清不具备备案条件的原因、处理意见和限期整改时间等。备案表一般可以"原则填写、主管负责、符合备案、签字盖章"。

7.3.3 不符合备案条件的处理

对审查不符合备案条件的，如工程质量不合格、不符合验收程序或者文件不符合备案管理规定的，不予备案，并要责令限期改正，符合要求后重新申请备案。

7.4 工程竣工验收备案文件

7.4.1 建设单位提交的竣工验收备案文件

内容见 7.3.1。

竣工验收备案表及竣工验收报告等见附件。

附件 7.4.1

京海备字[2002]00161 号

工程建设竣工验收备案表

建设单位：　××学院基建处　（章）

中华人民共和国建设部制

年　月　日

工程建设竣工验收备案表

<table>
<tr><td colspan="2">建设单位</td><td colspan="3">××学院院务部</td></tr>
<tr><td colspan="2">备案日期</td><td colspan="3">2002.8.25</td></tr>
<tr><td colspan="2">工程名称</td><td colspan="3">××学院干部住宅 $6^{\#}$、$7^{\#}$、$8^{\#}$楼</td></tr>
<tr><td colspan="2">工程规模</td><td colspan="3">3 栋楼 $9960m^2$</td></tr>
<tr><td colspan="2">工程地点</td><td colspan="3">××市××区××新××路</td></tr>
<tr><td colspan="2">结构类型</td><td colspan="3">砖混、框架</td></tr>
<tr><td colspan="2">工程用途</td><td colspan="3">住宅</td></tr>
<tr><td colspan="2">开工日期</td><td colspan="3">2001.7.10</td></tr>
<tr><td colspan="2">竣工日期</td><td colspan="3">2002.8.15</td></tr>
<tr><td colspan="2">竣工验收日期</td><td colspan="3">2002.8.22</td></tr>
<tr><td colspan="2">施工许可证号</td><td colspan="3">(2001)033 号</td></tr>
<tr><td colspan="2">勘察单位</td><td>××市勘察设计研究院</td><td>资质等级</td><td>甲级</td></tr>
<tr><td colspan="2">设计单位</td><td>××市规划设计研究院</td><td>资质等级</td><td>甲级</td></tr>
<tr><td colspan="2">施工图审查单位</td><td>×××施工图审查组</td><td>资质等级</td><td></td></tr>
<tr><td colspan="2">施工单位</td><td>××建设集团股份有限公司</td><td>资质等级</td><td>一级</td></tr>
<tr><td colspan="2">监理单位</td><td>××工程建设监理部</td><td>资质等级</td><td>一级</td></tr>
<tr><td colspan="2">工程质量监督机构</td><td colspan="3">×××工程质量监督总站</td></tr>
<tr><td rowspan="5">竣工验收意见</td><td>勘察单位</td><td colspan="3">单位(项目)负责人：×××
工程质量好，同意验收。
(公章)
2002 年 8 月 22 日</td></tr>
<tr><td>设计单位</td><td colspan="3">单位(项目)负责人：×××
符合设计要求，同意验收。
(公章)
2002 年 8 月 22 日</td></tr>
<tr><td>施工单位</td><td colspan="3">单位(项目)负责人：×××
按合同约定标准施工，质量符合验收规范要求。
(公章)
2002 年 8 月 22 日</td></tr>
<tr><td>监理单位</td><td colspan="3">单位(项目)负责人：×××
工程实体质量合格，质量控制资料齐全，安全和功能抽查符合要求，观感质量好。同意验收。
(公章)
2002 年 8 月 22 日</td></tr>
<tr><td>建设单位</td><td colspan="3">单位(项目)负责人：×××
按图施工、按工法标准控制、按规范检查评定，经检验质量符合验收规范要求，通过验收。
(公章)
2002 年 8 月 22 日</td></tr>
</table>

续表

<table>
<tr><td>工程竣工验收备案文件目录</td><td colspan="3">1. 工程竣工验收报告(内容见填表说明);
2. 工程施工许可证;
3. 施工图设计文件审查意见;
4. 单位工程质量综合验收文件;
5. 工程质量评估报告;
6. 勘察、设计文件质量检查报告;
7. 规划验收认可文件;
8. 消防验收文件或准许使用文件;
9. 环保验收文件或准许使用文件;
10. 电梯验收准用证及分部验收文件;
11. 燃气工程验收文件;
12. 施工单位签署的工程质量保修书;
13. 商品住宅的《住宅质量保证书》和《住宅使用说明书》;
14. 法规、规章规定必须提供的其他文件</td></tr>
<tr><td>备案意见</td><td colspan="3">该工程的竣工验收备案文件已于2002年8月25日收讫。
同意备案。
(公章)
2002年8月30日</td></tr>
<tr><td>备案部门负责人</td><td>×××</td><td>备案经手人</td><td>×××</td></tr>
<tr><td colspan="4">不符合备案条件的,备案部门处理意见:
(公章)
年 月 日</td></tr>
</table>

填表说明

1. 工程竣工验收备案表由建设单位负责填写申报。

2. 工程竣工验收报告应包括:工程建设程序管理(设计任务书、初步设计批复、施工和规划许可证等),计划管理(主管部门下达计划文件批准的规模和实际建设规模、装修标准等),工程监理(人员数量、专业人员数量、人员到位情况、各种规章制度、创优计划等),工程造价管理(招投标情况、总包与分包情况、合同价情况、结算情况等）；质量管理（办理监督手续、技术交底、材料、构配件和设备质量，有无发生质量事故，基础、主体、屋面、有防水要求房间等质量情况），安全管理，工期管理，竣工验收结论和工程档案管理情况等。

3. 单位工程质量综合验收文件内容包括：单位（子单位）工程质量竣工验收记录、分部（子分部）工程验收记录、单位（子单位）工程质量控制资料核查记录、单位（子单位）工程安全和功能检验资料核查及主要功能抽查记录和单位（子单位）工程观感质量检查记录。

4. 本表竣工验收备案文件清单所列文件应为原件，若为复印件，须加盖报送单位公章。

5. 本表一式 2 份，一份由备案管理部门存档，一份由建设单位存档。

附件 7.4.2

工程竣工验收报告

×××工程质量监督总站：

××学院经济适用住房 6#、7#、8# 楼工程，在各有关部门的大力支持和关心下，通过勘探、设计、施工、质监和建设单位等各方人员的共同努力，经过 14 个月的施工建设，已按设计要求全部完成建设任务。6#、7# 楼已于 2001 年 12 月 31 日通过验收；18# 楼于 2002 年 8 月 22 日通过验收。现就工程有关情况报告如下：

一、工程建设程序

1. 合同委托××市建筑勘察设计研究院进行地质勘探，6#、7# 楼工程编号为：2001 技 079 号，8# 楼工程编号为 2001 技 163 号。合同委托××市规划设计研究院进行设计，工程合同编号为：2000-15 号。

2. 北京市城市规划委员会于 2001 年 7 月 11 日批准该工程设计方案，并下发工程规划许可证，编号为 2001 规建字 0938 号。

3. ×××于 2001 年 7 月 23 日批准开工。

二、工程计划管理

1. 本工程属于小区建设的一部分，整个小区建设经×××××批准，建设规模 50000m²，批建文号为（2000）老建字第 06 号。本次建设的 6# 楼为地上五层地下一层，混凝土小型空心砌块结构，建筑面积 2511m²；7# 楼为地上五层地下一层，混凝土小型空心砌块结构，建筑面积为 2967m²；8# 楼为地上五层，混凝土小型空心砌块结构，建筑面积为 3364m²；6#、7#、8# 楼合计批准建筑面积 8842m²。

2. 6#、7#、8# 楼任务批准文号为：(2000)××字第 443 号。

3. 工程实际规模为 9483m²。其中 6# 楼为 3263m²（含地下室

498m²)，地上五层地下一层；7# 楼为 3235m²(含地下室 498m²)，地上五层地下一层；8# 楼为 2985m²，地上五层。

三、施工组织领导

1. 建设单位成立了以院务部副部长×××为总指挥，×××为副总指挥，选派有关技术人员、财务人员参加的"×××"工程指挥部，在施工现场设工程指挥部，由×××同志主抓现场施工管理。

2. 现场管理人员 9 人，其中高级工程师 1 人，工程师 6 人，助理工程师 1 人，后勤保障人员 1 人，所有管理人员全部到位。

3. 建设单位为保证该工程的顺利进行，本着质量第一、安全第一和厉行节俭的原则，制订了《××学院工程管理规定》，其中包括廉政、质量、安全、资金使用及现场施工管理保证措施。

4. 施工单位实行项目经理和主管工程师负责制，各类人员职责明确，规章制度健全，工地管理严格，工程秩序良好，该工程已获××市安全文明工地称号。

四、监理单位

监理单位能按规定配备相应的专业技术人员，其中总监 1 人(高工)，监理工程师 6 人。能在施工中采取旁站、平行监理方式对质量、工期、造价等进行控制，确保质量。

五、工程造价

1. 本工程实行公开招标，共邀请了 7 家具有国家一级资质的施工企业投标，招投标工作由××市×××工程招标管理办公室组织实施。2001 年 6 月 18 日开标，经评标委员会评审，并经×××批准，由××建设集团有限公司中标，中标价为 1189.6 万元。

2. 本工程只有塑料门窗分包。

3. 本工程合同价 1186 万元，加上设计变更增减账，竣工验收合格后，扣除保修金，由建设单位与施工单位一次结清。目前工程结算工作正在审核、审计之中。

六、质量管理

1. 本工程由×××工程质量监督总站进行全过程质量监督，监督注册号为[2001]036 号。

2. 本工程6#、7#楼于2001年7月24日，8#楼于2002年3月27日召开技术交底会，建设、设计和施工单位的专业技术人员对工程施工中的技术问题统一了认识，并形成了《技术交底纪要》。

3. 工程所用主要建筑材料、各种构配件及设备均有合格证，按规范要求进行各种检测试验，其检测报告结果均合格。其中用于承重结构的水泥、钢材及连接件、外加剂、砂浆试块、混凝土试件和防水材料进行了见证取样检测，检测数量为应检查数量的35%。

4. 本工程未发生任何质量事故和其他事故，基础、主体、屋面施工质量均符合规范及设计要求，有防水要求的厨房间、卫生间等房间均经过两次蓄水试验，无渗漏，工程综合评定质量优良。

七、建设工期

本工程于2001年7月25日开工，计划竣工时间为2002年1月5日，6#、7#楼按期于2001年12月31日通过竣工验收；8#楼由于基础挖槽时发现明代古墓，交由文物部门清理勘查和后来建设单位方案变更，实际开工日期为2002年3月22日，工程于2002年8月22日通过竣工验收。

八、竣工验收结论

6#、7#楼于2001年12月31日进行正式竣工验收，8#楼2002年8月22日进行正式验收，经设计、施工、建设单位及使用管理单位有关人员共同验收，认为该工程建设符合设计及规范要求。以上3楼已通过验收。

九、工程档案

施工过程中，施工单位按《建筑工程资料管理规程》(DBJ 01—51—2003)，设专人专职对施工过程的全部资料进行记录、收集和整理，建设单位密切配合，随工程进展，共同对资料进行检查、核对和确认，施工资料齐全，竣工资料已通过质量监督部门的检查，已办理移交。

专此报告

××学院院务部

2002年9月2日

附件 7.4.3

地基、基础、主体、幕墙工程验收记录

<table>
<tr><td colspan="3">主体工程验收记录</td><td colspan="2">编　号</td><td></td></tr>
<tr><td colspan="2">施工单位</td><td>××建设集团有限公司</td><td colspan="2">验收日期</td><td>01-10-26</td></tr>
<tr><td colspan="2">工程名称</td><td>××学院干部住宅小区 6$^{\#}$ 楼</td><td colspan="2">建筑面积</td><td>2092m^2</td></tr>
<tr><td colspan="2">结构类型</td><td>砖　混</td><td colspan="2">层　数</td><td>五</td></tr>
<tr><td colspan="2">施工日期</td><td colspan="4">01-7-5　至　01-10-26</td></tr>
<tr><td>检查内容</td><td colspan="5">1. 混凝土工程:构造柱、楼梯、圈梁、过梁、顶板等结构尺寸,混凝土浇筑质量,混凝土振捣是否密实,接槎处是否平整,混凝土结构有无孔洞、露筋、缝隙夹渣等。
2. 砌筑工程:190系列小型混凝土空心承重砌块内外墙的砌筑质量,砌体垂直度、表面平整度、水平灰缝平直度、水平灰缝厚度、垂直灰缝宽度、门窗洞口尺寸等。
3. 水电安装专业:预埋线管、顶板预留洞、线盒、灯头盒等。
4. 施工技术资料等</td></tr>
<tr><td rowspan="2">验收意见</td><td colspan="3">实　体　质　量</td><td colspan="2">施　工　资　料</td></tr>
<tr><td colspan="3">混凝土浇筑密实,接槎良好,混凝土表面平整光滑,无孔洞、露筋、缝隙夹渣等质量缺陷。砌块墙体表面平整,灰缝平直,灰缝厚度、宽度、预留门窗洞口尺寸误差等符合规范要求。水电安装专业预埋线管、顶板预留洞、线盒、灯头盒等准确无误</td><td colspan="2">按《建筑工程资料管理规程》(DBJ 01—51—2003)进行编制、整理,资料基本齐全</td></tr>
<tr><td rowspan="2">签字栏</td><td>勘察单位</td><td>设计单位</td><td colspan="2">施工单位</td><td>建设(监理)单位</td></tr>
<tr><td>(略)

(章)

年　月　日</td><td>(略)

(章)

年　月　日</td><td colspan="2">项目负责人:
公司技术部门:
公司质量部门:
(略)

(章)

年　月　日</td><td>(略)

(章)

年　月　日</td></tr>
</table>

本表城建档案馆、建设单位、监理单位、施工单位各保存一份。

附件 7.4.4

工程质量保修书

发包人(全称):××学院院务部

承包人(全称):××建设集团股份有限公司北京分公司

发包人、承包人根据《中华人民共和国建筑法》、《建设工程质量管理条例》和《房屋建筑工程质量保修办法》,经协商一致,对××学院干部住宅小区 6#、7# 楼签订工程质量保修书。

一、工程质量保修范围和内容

承包人在质量保修期内,按照有关法律、法规、规章的管理规定和双方约定,承担本工程质量保修责任。

质量保修范围包括地基基础工程、主体结构工程、屋面防水工程、有防水要求的卫生间、房间和外墙面的防渗漏,供热与供冷系统,电气管线、给排水管道、设备安装和装修工程。经双方约定如下:

1. 土建部分:基础工程、主体结构工程、屋面防水工程及粗装修。

2. 电气部分:照明、配电、动力、插座。

3. 暖卫部分:暖气、给排水、卫生洁具。

二、质量保修期

双方根据《建设工程质量管理条例》及有关规定,约定本工程的质量保修期如下:

1. 地基基础工程和主体结构工程为设计文件规定的该工程合理使用年限;

2. 屋面防水工程以及有防水要求的卫生间、房间和外墙面防渗漏为 5 年;

3. 装修工程为 2 年;

4. 电气管线、给排水管道、设备安装工程为 2 年;

5. 供热与供冷系统为2个采暖期、供冷期；

6. 住宅小区内的给排水设施、道路等配套工程为1年。

质量保修期自工程竣工验收合格之日起计算。

三、质量保修责任

1. 属于保修范围和内容的项目，承包人应当在接到保修通知之日起7天内派人保修。承包人不在约定期限内派人保修的，发包人可以委托他人修理。

2. 发生紧急抢修事故的承包人在接到事故通知后，应立即到达事故现场抢修。

3. 对于涉及结构安全的质量问题，应当按照《房屋建筑工程质量保修办法》的规定，立即向当地建设行政主管部门报告，采取安全防范措施；由原设计单位或者相应具有资质等级的设计单位提出保修方案，承包人应实施保修。

4. 质量保修完成后，由发包人组织验收。

四、保修费用

保修费用由造成质量缺陷的责任方承担。

五、其他

双方约定的其他工程质量保修事项：

外墙装修、室内装饰、人为故障损坏以及甲方供应的卫生洁具、灯具、插座、开关等不在保修范围内。

本工程质量保修书，由施工合同发包人、承包人双方在竣工验收前共同签署，作为施工合同附件，其有效期至保修期满。

发包人（公章）	承包人（公章）
法定代表人：（签字）	法定代表人：（签字）
2001年12月20日	2001年12月20日

附件 7.4.5

住宅质量保证书

建设单位 ××学院院务部 施工单位 ××建设集团股份有限公司

设计单位 ××市规划设计研究院 监理单位

工程名称	××学院干部住宅小区 6#、7#、8# 楼	结构类型	砖混、框架
建筑面积	9960m²	层　数	5　层
坐落地址	海淀区向阳新村东路		
地基基础和主体结构：设计文件规定的合理使用年限			
屋面防水　保证 5 年内不渗漏，负责保修 5 年			
墙面、有防水要求的房间、地下室　同上			
墙面、顶棚楼层　保修 2 年			
地面　保修 2 年			
门窗及五金配件　三性符合要求，保修 2 年			
管道　2 个采暖期			
供水系统（冷、热）　2 年			
卫生洁具：　2 年			
灯具、开关：　2 年			
工程质量验收评价意见：通过验收			
说明：24 小时服务，随叫随到　××××年×月×日			

附件 7.4.6-1

住宅使用说明书

建设单位：×××　施工单位：×××
设计单位：×××　监理单位：×××

工程名称	（略）	结构类型	砖混、框架
建筑面积	（略）	层　数	5
坐落地址	（略）		
装饰、装修：初装修			
给排水、采暖、消防、燃气：见附件			
电气（配电负荷）：见附件			
智能建筑：见附件			
电梯：			
承重墙、保温墙、防水层、阳台等部位： 见附件			
其他需说明的问题： 见附件			
单位： （略） 盖章： ××××年×月×日			

附件 7.4.6-2

住宅使用说明书(详释)

尊敬的住户:

为了您今后在住宅使用过程中更好地发挥房屋的功效,我们按专业分别对其使用功能和装修施工中应注意事项说明如下,希望您遵守所述事宜,使您住的称心,用的满意。

一、土建专业

功能简介

1. 住房的户型为三室一厅,一个厨房,一个卫生间,南北阳台均已封闭。

2. 本住宅为砖混结构,抗震设防烈度为 8 度,墙体为 200mm 厚混凝土承重空心砌块,外附 55mm 厚 ZL 聚苯颗粒保温材料。室内墙体局部内附 60~80mm 厚水泥增强聚苯保温板。所有墙体均为承重墙。

3. 卫生间、厨房的地面和墙面均采用聚氨酯防水材料防水(卫生间墙面防水高度 1.8m,厨房墙面防水高度 1.1m)。

4. 户窗及南北阳台为白色塑钢窗,进户门为钢制装饰型防盗门并配有 6 把钥匙。

5. 依据初装修标准,顶棚、墙面为耐水腻子,所有房间地面为水泥毛地面,预留了 20mm 用户地面做法厚度。

使用、装修注意事项:

1. 卫生间地面及墙面 1.8m 高,厨房地面及墙面 1.1m 高,均有聚氨酯防水层,住户在装修时,严禁破坏防水层,以免向其他住户或房间渗、漏水。除卫生间和厨房地面外,其他房间的地面均未做防水处理,应避免用水冲洗或浸泡,以免水渗入下层或相邻房间。

2. 本工程所有墙体均为承重墙,住户在进行装修时严禁改变墙体的结构位置,不可在墙体和梁板上开洞、开槽,特别是五层住户在装修时禁止在顶板上开洞。

3. 住户在使用过程中，塑料门窗应轻拉轻推，不可生拉硬拽。进户门为防盗门，住户不应擅自拆卸，或更改门的结构。

4. 厨房内设有通风管道，这些风道可用于排气扇或抽油烟机排油烟，通风管道的孔洞已预留好。由于其内部子母通道的特殊性，住户在装修时不得拆改管道或孔洞位置，以免影响自身和其他住户的正常使用。为了您的安全，安装燃气热水器的住户，不得将燃气热水器的排气管接入以上通风管道，而应将此排气管道直接通过玻璃窗引出户外。

5. 户内部分承重墙附有保温板，保温板墙面距承重墙 70～80mm。不可直接在保温板上固定设备。如确需固定设备，应固定在保温板内的承重墙上。

6. 住户应在指定位置安装空调室外机（均已预留），非预留位置不要安装空调室外机，更不要固定在阳台两侧带有外保温材料的墙体上。

7. 房屋东西外墙附有 55mm 厚的外保温材料，严禁在此墙上固定设施或剔凿、开洞，以免雨、雪水浸入室内。

8. 住户在装修过程中，严禁在室内搅拌砂浆和混凝土，及堆放装修材料。

9. 住户在装修过程中，材料搬运应保护楼梯间的地面、墙面、楼梯栏杆、扶手，不要擦碰。

二、水暖卫专业

功能简介

1. 本住宅热源由锅炉房直接提供，采用分户计量的方式供暖（暂时未装计量表），通过每户楼梯间的流量分配箱将采暖热水送入每户。箱内流量分配器将户内分为两个供暖循环回路。流量分配器内有总的供回水阀门，每个循环回路也安装有供回水阀门。

2. 户内采暖管道敷设在地面垫层内，管道为 PB 管（聚丁烯管）。散热器选用辐射对流暖气片。暖气片连接处有三通调节阀，用户可以调节该阀的开度，以满足房间的温度；对暂时没有使用的房间可以将此阀调节到最小或关闭以减少热量损失。暖气系统在您入住前，已完成暖气片、管道系统的耐压实验，并已完成热工调试。

3. 上水系统采用热镀锌钢管丝接，每户安装有 $DN15$ 的水表（卫生间、厨房各一只）。排水系统采用 UPVC 塑料管，一层单独排水。卫生间安装有排水地漏，卫生间和厨房预留了卫生器具的排水口，每层排水立管安装了伸缩节，一、三、五层安装了检查口，以便维修检查，所有下水管道均已畅通，经检验合格，并封堵完好。

使用、装修注意事项

1. 地面内敷设有暖气 PB 管。住户在装修过程中，严禁在地面所示 PB 管标识线（黄线）左右各 200mm 范围内剔凿、打眼。

2. 严禁拆改暖气系统，以免漏水或影响取暖效果。

3. 严禁改动各种已有的上、下水管线设施。用户根据需要，只能在水表后接出自己的上水管线。装修时严禁将水表遮挡，为查表提供方便。

4. 住户在装修施工中应进一步保持下水口的封堵状态，以免杂物或水泥浆堵塞下水管。

5. 住户装修时为了美观，需要封闭排水立管时，必须在排水立管上的检查口处预留不小于 200mm×250mm 的检修操作孔。

6. 制作暖气罩的住户要预留排气阀和三通调节阀的检修操作孔。

三、电气专业

功能简介

1. 在户内门厅里有两个电气箱，其中较低处的电气箱为电视分配器箱，由楼层引进信号，分配到各个房间；较高处的电气箱为电源配电箱，其中左起第一个开关为户内电源总开关，第二个为户内照明开关，带漏电保护的开关分别控制厨房、卫生间插座和各房间的低位插座，其他为各房间的空调插座控制开关（详见配电箱中的标识）。

2. 每户的最大用电容量为 7kW。其中照明开关控制的线路最大使用容量不超过 3kW；漏电保护开关和空调开关控制的每条插座线路，最大使用容量不超过 3kW。

3. 楼梯间电表箱内，安装有供电局的磁卡电表，其购电卡和使用说明书另行发放。将来用电，住户需到工商行购买。

4. 在门厅靠楼道的墙面上已安装对讲话机，以方便用户与楼门口处的来访者联系和开门，请施工中保护好。

使用、装修注意事项：

1. 住户若要更换开关、插座面板，一定要选择功能相同、质量可靠的产品，以免影响使用和造成安全隐患。

2. 所有电源、电视、电话线路，住户不得擅自更改，由于住户更改引起的故障，责任自负。

天然气专业

功能简介

1. 我院新征地干部住宅小区的采暖、食堂和民用住户均采用天然气燃料。您入住的房屋内天然气管道和天然气表已安装完成，同时对户内及户外的整个天然气管网系统作了防泄露压力试验，并已验收合格。

2. 根据天然气使用的安全要求，厨房与其他房间必须相对封闭隔离。天然气公司为确保住户安全使用，通气之前要检查此项规定的落实情况。因此，我们根据要求，在厨房和门厅之间设置了推拉门，以避免在意外情况下，天然气泄露流入其他房间。

使用、装修注意事项：

1. 住户因没有能力对天然气管线作压力试验，因此在装修施工中严禁拆改户内管线、节门和表，以免造成漏气等安全隐患。

2. 住户在装修过程中，不得将天然气计量表、节门、泄气口及管线包封。有此情况，天然气公司不予通气，同时也影响今后的安全检查维修。

3. 住户自行负责燃气器具的安装、维修、保养，但必须由具有相应资质的单位承担。

4. 使用天然气用户必须注意安全，按“使用须知”操作。

四、其他事项

装修管理

1. 希望住户自觉遵守装修管理规定和本文所述要求，加强对各自选择的装修施工企业的管理，既装修好自己的房屋，又维护好公共利益。

2. 住户装修施工一定要选择有资质的施工企业，尤其装修施工中的电气、水暖卫等专业的工人，更要有相应的资质和较好的素质。

预留项目：

1. 电视，在您装修施工完成后将准时开通，届时我们将与小区服务管理处联系确定。

2. 楼宇防盗对讲门，为避免装修施工损坏，目前先安装临时木门，待装修完成后，您入住时，再安装开通。

3. 燃气系统，为避免装修施工造成漏气安全事故，待您完成装修施工后入住时，我们将与天然气公司联系通气。

4. 电话，院务部基建处在您装修施工完成后将会为您协调解决。

附件 7.4.7

北京市规划委员会
建设工程规划许可证附件
建设工程

建设单位：××学院院务部　　2001 规建字 0938 号

建设位置：海淀区××新村　　图幅号：42401、42406

建设单位联系人：×××　　电话：略　　发件日期：2001 年 07 月 11 日

建设项目名称	建筑规模(m²)	层数		高度(m)	栋数	结构类型	总造价(元)	备注
		地上	地下					
2#住宅楼	1196	5	0	15	1	框架、砌体	￥1256000	屋脊高 17.6m
6#住宅楼	2511	5	1	14.6	1	框架、砌体	￥2600000	屋脊高 17.6m
7#住宅楼	2967	5	1	14.6	1	框架、砌体	￥3100000	屋脊高 17.6m
8#住宅楼	3346	5	0	14.6	1	框架、砌体	￥3513000	屋脊高 17.6m
总计	10020	—	—	—	4	—	￥10469000	—

抄送单位:海淀区规划局、承建单位

说明:

1. 本附件与《建设工程规划许可证》具有同等效力。

2. 遵守事项见《建设工程规划许可证》。

注意事项:

1. 本工程放线完毕,请通知北京市勘察院、区规划局验线无误后方可施工。

2. 有关消防、绿化、交通、环保、市政、文物等未尽事宜,应由建设单位负责与有关主管部门联系,妥善解决。

3. 设计责任由设计单位负责。按规定允许非正式设计单位工程,其设计责任由建设单位负责。

4. 本《建筑工程许可证》及附件发出后,因年度建设计划变更或因故未建满两年者,《建设工程许可证》及附件自行失效;需建设时,应向审批机关重新申报,经审核批准后方可施工。

5. 凡属按规定应编制竣工图的工程必须按照国家编制竣工图的有关规定编制竣工图,送城市建设档案馆。

补充注意事项:

1. 规划建筑距东侧用地边界应保证5m以上。

2. 规划建筑被遮挡部分不得作为居住使用。

7.4.2 工程质量监督报告

工程建设质量监督机构应在工程竣工验收合格后五个工作日内向备案管理部门出具工程质量监督报告,详见附件7.4.8。

监督报告主要内容

(1) 质量监督报告表,内容包括:工程名称、工程地址、工程规模、工程类别、结构类型、建筑面积、参建各单位及负责人、开工时间、竣工验收时间;工程规划许可证号、施工许可证号、监督注册号、监督部门、监督人员、监督起止时间等。

(2) 参建各方质量行为的监督检查情况。

(3) 有关工程建设质量的法规、规章、强制性标准的执行情况。

(4) 地基、基础、主体结构及主要功能项目监督抽查情况、抽样测试情况以及历次监督检查情况。

(5) 工程竣工验收技术资料的意见。

(6) 工程竣工验收的监督意见。

(7) 对工程遗留质量缺陷的处理意见。

(8) 监督结论及说明填写是否符合备案条件的结论性意见。

监督报告范例见附件 7.4.8(含工程质量监督综合评价)。

附件 7.4.8

××总字质监[2001]036 号

工程建设质量监督报告

工程名称：××学院干部住宅小区 6#、7#、8# 楼

监督单位：××工程质量监督总站

2002 年 8 月 25 日

工程基本情况

工程名称	××学院干部住宅小区 6#、7#、8# 楼		结构类型	框　架
工程地址	海淀区××新村××路		工程类别	住宅工程
工程规模	9960m^2　1100 万元		监督注册号	2001—31
开工时间	2001 年 7 月 10 日	竣工验收时间	2002 年 8 月 22 日	
规划许可证号	2001 规建字 0938 号	施工许可证号		
建设单位	××学院院务部			
勘察单位	××市勘察设计研究院			
设计单位	××建筑规划设计研究院			
施工图审查单位	×××施工图审查组			
监理单位	×××工程建设监理部			
施工单位	×××××建设集团股份有限公司			

	姓　名	专　业	时　间
项目监督负责人	×××	工 民 建	
监　督　员	×××	建　筑	
监　督　员	×××	结　构	
监　督　员	×××	电　气	
监　督　员	×××	给 排 水	
监　督　员			
实施质量监督起止时间:2001 年 7 月 10 日至 2002 年 8 月 22 日			

监督评价

各责任主体质量行为及责任制度检查情况	能按基建程序办事,能按规范施工、按标准检验工程质量。责任制落实,无违规现象
历次监督抽查质量情况	本工程共查 40 次,其中地基与基础 20 次,主体 16 次,水卫 2 次,电 2 次,基本符合规范要求
结构及功能监督重点部位抽测情况	结构验收时,采用混凝土回弹仪和钢筋间距、混凝土保护层检测仪抽测,未发现达不到规范要求的部位
工程竣工技术资料核查意见	基本齐全,结构用材试验报告技术指标符合有关标准

续表

施工中质量问题整改情况	检查中共提出264条问题,已按要求基本整改
竣工验收情况	验收程度符合有关规定,实体质量符合相关技术标准
对工程遗留质量缺陷的监督意见	无
监督结论及说明	在监督检查过程中,未发现违反"强制性条文"规范现象,工程质量好,可以申请备案
项目监督负责人: ×××	(略) (监督单位公章) 20003年8月30日
监督单位技术负责人: ×××	

注:监督结论及说明栏,若不具备备案条件可加页说明原因。

附:

工程质量监督综合评价

一、各责任主体质量行为及责任制检查情况

1. 建设单位

(1)该工程按基建程序办事,坚持了先勘察,后设计,再施工的顺序,不是"三边"工程。

(2)驻场人员配备共5人,在职3人,回聘2人,具有一定的专业技术知识和组织协调能力,并制定了质量、进度、安全、造价等方面的管理制度。

(3)勘察、设计、监理、施工单位均为招投标而选定,具有相应符合承担该工程的资质等级,并给各方提供了与工程相关的技术资料。

(4)该工程从开工到竣工无肢解发包的现象,没有任意压缩合理工期,按时完成合同所要求的施工项目。

(5)在勘察、设计、施工过程中,没有明示和暗示各方违反工程强制性标准、降低工程质量的现象。

(6) 图纸按规定报施工图审查单位进行了审查，审出的问题进行了整改。

(7) 根据有关规定，采用招标的办法选择了业务技术较高、责任心较强的监理单位对该工程各工序进行了监理。

(8) 在开工前领取了施工许可证，按规定办理了工程质量监督手续。

(9) 在主体至装饰阶段，无明示和暗示施工单位使用不合格的建筑材料、构配件和设备，关键材料选样招标采购，没有指令性的进场材料。

(10) 二次装修中，涉及主体结构变动的装饰项目，在施工前请原设计单位出具设计图纸，在施工过程中无擅自变动主体结构、设备、防水的现象。

(11) 工程竣工前组织了施工、监理、用户、管理部门初验，存在问题返修后又组织勘察、设计、监理、施工单位进行了正式验收，对提出的问题均做了笔记，形成正式文字材料，程序合法，参加验收各方都签署了质量合格文件，施工单位签订了保修书。

(12) 建设单位已督促各参建单位收集、整理技术资料，按时送审和移交，存在的问题要求施工单位限期完成。

2. 勘察单位：

(1) 勘察单位依法取得相应等级的资质证书，并在资质许可的范围内承揽地质勘察，提供的报告有效、真实，无转包和分包勘察任务。

(2) 参加验槽人员认真负责，坚持原则；验槽记录、地基处理方案均有签字。

3. 设计单位：

(1) 该单位依法取得相应等级的资质证书，并在资质许可的范围内承揽设计任务，无转包、分包、挂靠设计单位的现象。

(2) 设计图纸按照现行设计规范和工程建设强制性标准的有关条文进行设计。

(3) 注册建筑师、注册结构工程师均在设计图上签字，并对设计文件负责；同时还注明了工程合理使用年限。

(4) 工程中选用的材料、构配件和设备均注明了依据的规范、型号、性能等技术指标，未注明生产厂家。

(5) 设计文件有详细的图示和文字说明，关键项目到场检查签认。

(6) 对设计造成和施工出现的质量问题，到场制定相应的技术处理方案。

4. 施工单位：

(1) 有相应等级的资质证书，并在资质等级的范围内承揽该工程任务，无挂靠、转包工程的现象，主要工程量由劳务队施工。

(2) 现场管理人员到位齐全，工种较齐全，建立了质量责任制度，对工程质量是负责的。

(3) 总包单位依法将特殊分部或分项工程分包时，对工程质量亦承担连带责任。

(4) 按照设计文件、技术规程、验收标准和强制性条文施工，无擅自修改工程设计、偷工减料情况，在施工过程中发现图纸有误就及时提出了改正意见。

(5) 进场材料有专人验收并签字形成文件，按规范进行检测，同时按规定建立见证取样送检制度，送检单位资质等级符合要求。

(6) 隐蔽工程在隐蔽前均通知有关单位验收，合格后才进行下道工序施工；施工过程中和竣工验收时对检查提出的问题积极返修。

(7) 特殊工程项目的施工人员均持证上岗。

5. 监理单位：

(1) 有相应等级的资质证书，并在资质等级的范围内承揽该工程监理任务，未允许其他单位和个人利用本单位的名义承担该工程的监理业务。被监单位和供货商与监理单位无隶属关系和其他利害关系。

(2) 按照法律、法规、技术标准、设计文件与建设单位签订了监理合同，明确了监理责任，驻场5位监理工程师，持证率60%，技术水平较高，工种配全，分工明确，相对固定。

(3) 建筑材料、构件、配件、设备进场均经监理工程师检验合格签认后才用于工程中。未经监理单位签字，建设单位不向施工单位付工程款。

(4) 按监理规程的要求进行监理，关键项目采取了旁站巡视和平行检验等形式，对工程实施监理。

二、历次监督抽查质量情况

本工程从开工至竣工，由甲方通知或主动到场监督抽查20次，在抽查中发现挖槽、砌砖、钢筋绑扎、混凝土浇筑、屋面防水层、内外墙面抹灰、水磨石地面及顶棚等分项施工质量较好。结构验收和竣工验收时发现地基与基础、主体结构、装修、屋面等分部工程质量能达到优良标准。其他分部能达到合格标准，但有个别分部的细部做法不细。

三、结构及功能监督重点部位抽测情况

结构验收和竣工验收时，对资料核查和混凝土外观全面检查，并用仪器抽查检测符合设计要求，屋面、卫生间、地下室无渗漏现象，设备运转正常，无严重影响使用功能的问题。

四、工程竣工技术资料核查意见

根据《建筑安装工程资料管理规程》要求，对该工程的施工技术资料进行核查，基本齐全。用于结构的材料试验报告提出的技术指标符合有关要求，装订整理较规范，但有个别内容要改进。

五、施工中质量问题整改情况

从2000年3月1日开工至2000年12月1日竣工期间，共到现场抽查20次。其中地基与基础5次，主体结构10次，装修3次，设备安装调试2次，共提整改意见200条。经复查和对反馈的整改报告中查看，已对180条意见提出的问题进行返修，返修率达90%，未返修的问题不影响主体结构安全。

六、竣工验收情况

在施工单位自验合格的基础上，建设单位于11月25日组织施工、监理、使用单位进行竣工预验，12月1日由建设单位组织了勘察、设计、施工、监理单位进行了竣工验收。监督总站去4名监督员对验收全过程进行监督，验收程序正确、合法。在验收中认真、细致、不护短，对提出的问题均有记录，并整理成正式文字材料，限期返修。参验各方在场办理签收手续，对存在问题的整改情况书面送我站备查。

七、对工程遗留质量缺陷的监督意见

1. 二次装修时，不要打破防水层和堵塞下水管道；不要破坏结构；不要更改各种管道设备的安装位置。

2. 竣工验收时有关单位提出关系到安全、环保、使用功能的问题按规范逐条返修。

3. 未调试的项目待条件成熟，按要求调试。

八、是否具备备案条件。

该工程已具备备案条件。

九、审核意见

同意到备案部门办理备案手续。

7.5 工程竣工验收备案中的违规处罚

(1) 违规行为

备案管理部门发现建设单位有下列行为之一的，责令停止使用。

1) 工程竣工合格后15日内未办理工程竣工验收备案的。

2) 采用虚假文件办理工程竣工验收备案的。

3) 未经备案或未通过备案的工程擅自投入使用的。

(2) 处罚

按建设部第78号令《房屋建筑工程和市政基础设施工程竣工验收备案管理暂行规定》的有关规定进行处罚。

1) 工程竣工验收合格后15日内未办理工程竣工验收备案的处20万元以上30万元以下罚款。

2) 采用虚假文件办理工程竣工验收备案的，处20万元以上50万元以下罚款；构成犯罪的，依法追究刑事责任。

3) 未经备案或未通过备案的工程擅自投入使用的，处工程合同价款2%以上4%以下罚款。

4）擅自使用造成使用人损失的，由建设单位依法承担赔偿责任。

5）如果备案文件齐全且符合备案条件，备案机关及其工作人员不予办理备案手续，由工程建设主管部门责令改正，对直接责任人要依照有关规定给予行政处分。

附录A：建设工程文件归档整理

（摘自《建设工程文件归档整理规范》(GB/T 50328—2001)。

A.0.1　基本要求

(1) 建设、勘察、设计、施工、监理等单位应将工程文件的形成和积累，纳入工程建设管理的各个环节和有关人员的职责范围。

(2) 建设单位职责

1) 在工程招标及与勘察、设计、施工、监理等单位签订协议、合同时，应对工程文件的套数、费用、质量、移交时间等提出明确要求。

2) 收集和整理工程准备阶段、竣工验收阶段形成的文件，并应进行立卷归档。

3) 负责组织、监督和检查勘察、设计、施工、监理等单位工程文件的形成、积累和立卷归档工作；也可委托监理单位监督、检查工程文件的形成、积累和立卷归档工作。

4) 收集和汇总勘察、设计、施工、监理等单位立卷归档的工程档案。

5) 在组织工程竣工验收前，应提请当地的城建档案管理机构对工程档案进行预验收；未取得工程档案验收认可文件，不得组织工程竣工验收。

6) 工程档案列入城建档案馆(室)接收范围的工程，工程竣工验收后3个月内，向当地城建档案馆(室)移交一套符合规定的工程档案。

(3) 勘察、设计、施工、监理等单位应将本单位形成的工程文件立卷后向建设单位移交。

(4) 总承包单位与分包单位职责

建设工程项目实行总承包的,总包单位负责收集、汇总——各分包单位形成的工程档案,并应及时向建设单位移交;各分包单位应将本单位形成的工程文件整理、立卷后及时移交总包单位。建设工程项目由几个单位承包的,各承包单位负责将各自承包项目的工程文件收集、整理和立卷,及时向建设单位移交。

(5) 档案管理机构职责

城建档案管理机构应对工程文件的立卷归档工作进行监督、检查、指导。在工程竣工验收前,应对工程档案进行预验收,验收合格后须出具工程档案认可文件。

A.0.2 工程文件归档范围

(1) 与工程建设有关的重要活动、记载工程建设主要过程和现状、具有保存价值的各种载体的文件,均应收集齐全,整理立卷后归档。

(2) 工程文件的具体归档范围应符合附表的要求(见 366 页)。

A.0.3 归档文件质量要求

(1) 归档工程文件应为原件。

(2) 工程文件的内容及深度必须符合国家有关工程勘察、设计、施工、监理等方面的技术规范、标准和规程的规定。

(3) 工程文件的内容必须真实、准确,与工程实际相符合。

(4) 工程文件应采用耐久性强的书写材料,如碳素墨水、蓝黑墨水,不得使用易褪色的书写材料,如:红色墨水、纯蓝墨水、圆珠笔、复写纸、铅笔等。

(5) 工程文件应字迹清楚,图样清晰,图表整洁,签字盖章手续完备。

(6) 工程文件中文字材料幅面尺寸规格宜为 A4 幅面(297mm×210mm)。图纸宜采用国家标准图幅。

(7) 工程文件的纸张应采用能够长期保存的韧性大、耐久性强的纸张。图纸一般采用蓝晒图,竣工图应是新蓝图。计算机出图必须清晰,不得使用计算机出图的复印件。

A.0.4 竣工图要求

(1) 竣工图章

1) 竣工图章的基本内容应包括:"竣工图"字样、施工单位、编制人、审核人、技术负责人、编制日期、监理单位、现场监理、总监。

2) 竣工图章尺寸为:50mm×80mm。

3) 竣工图章应使用不易褪色的红印泥,应盖在图标栏上方空白处。

4) 竣工图章示例见图 A.0.4(1)。

5) 竣工图章位置见图 A.0.4(2)。

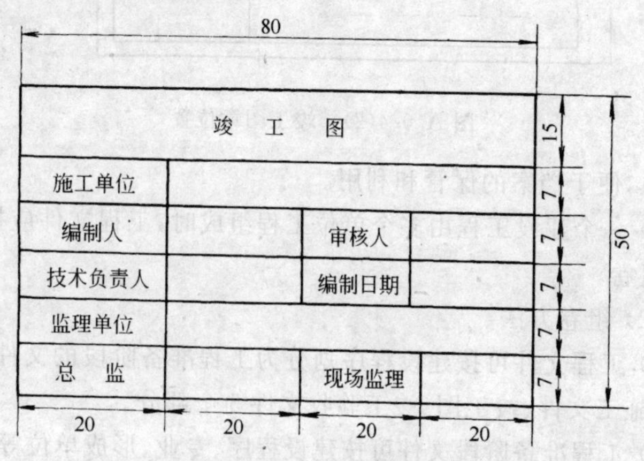

图 A.0.4(1) 竣工图章示例

(2) 利用施工图改绘竣工图,必须标明变更修改依据;凡施工图结构、工艺、平面布置等有重大改变,或变更部分超过图面 1/3 的,应当重新绘制竣工图。

(3) 不同幅面的工程图纸应统一折叠成 A4 幅面(297mm×210mm),并将图标栏外露。

具体绘制要求见附录 B。

A.0.5 工程文件立卷原则和方法

(1) 立卷原则

1) 立卷应遵循工程文件的自然形成规律,保持卷内文件的有

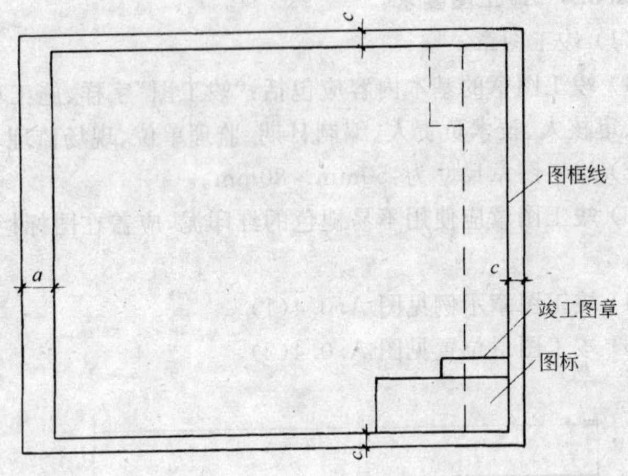

图 A.0.4(2)　竣工图章位置

机联系，便于档案的保管和利用。

2）一个建设工程由多个单位工程组成时，工程文件应按单位工程组卷。

(2) 组卷方法

1）工程文件可按建设程序划分为工程准备阶段的文件、监理文件、施工文件、竣工图、竣工验收文件 5 个部分。

2）工程准备阶段文件可按建设程序、专业、形成单位等组卷。

3）监理文件可按单位工程、分部工程、专业、阶段等组卷。

4）施工文件可按单位工程、分部工程、专业、阶段等组卷。

5）竣工图可按单位工程、专业等组卷。

6）竣工验收文件按单位工程、专业等组卷。

(3) 组卷要求

1）案卷不宜过厚，一般不超过 40mm。

2）案卷内不应有重份文件；不同载体的文件一般应分别组卷。

A.0.6　文件排列顺序

(1) 文字材料按事项、专业顺序排列。同一事项的请示与批复、同一文件的印本与定稿、主件与附件不能分开，并按批复在前、请示在后，印本在前、定稿在后，主件在前、附件在后的顺序排列。

（2）图纸按专业排列，同专业图纸按图号顺序排列。

（3）既有文字材料又有图纸的案卷，文字材料排前，图纸排后。

A.0.7　卷内文件页号

（1）卷内文件均按有书写内容的页面编号。每卷单独编号，页号从“1”开始。

（2）页号编写位置：单面书写的文件在右下角；双面书写的文件，正面在右下角，背面在左下角。折叠后的图纸一律在右下角。

（3）成套图纸或印刷成册的科技文件材料，自成一卷的，原目录可代替卷内目录，不必重新编写页码。

（4）案卷封面、卷内目录、卷内备考表不编写页号。

A.0.8　卷内目录

（1）卷内目录式样见表 A.0.8。

卷内目录格式　　表 A.0.8

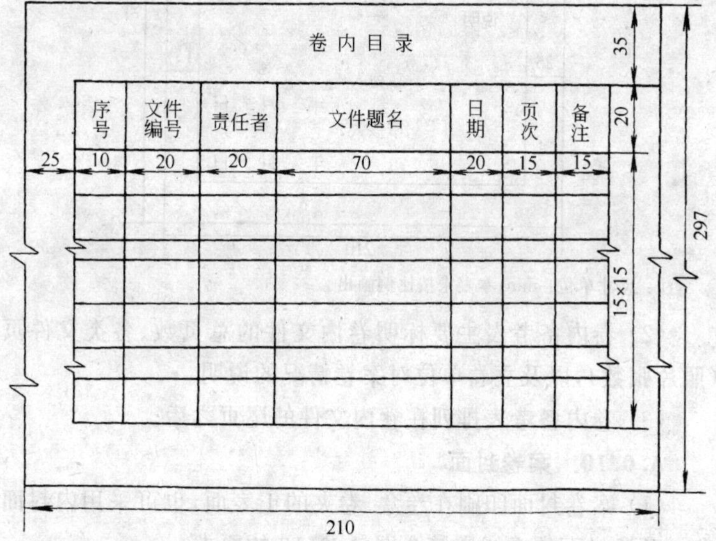

注：尺寸单位：mm 表中格数有省略。

（2）序号：以一份文件为单位，用阿拉伯数字从 1 依次标注。

（3）责任者：填写文件的直接形成单位和个人。有多个责任者时，选择两个主要责任者，其余用“等”代替。

(4) 文件编号：填写工程文件原有的文号或图号。

(5) 文件题名：填写文件标题的全称。

(6) 日期：填写文件形成的日期。

(7) 页次：填写文件在卷内所排的起始页号。最后一份文件填写起止页号。

(8) 卷内目录排列在卷内文件首页之前。

A. 0. 9　卷内备考表

(1) 卷内备考表的式样宜符合表 A. 0. 9 的要求。

卷内备考表格式　　　　表 A. 0. 9

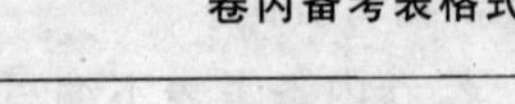

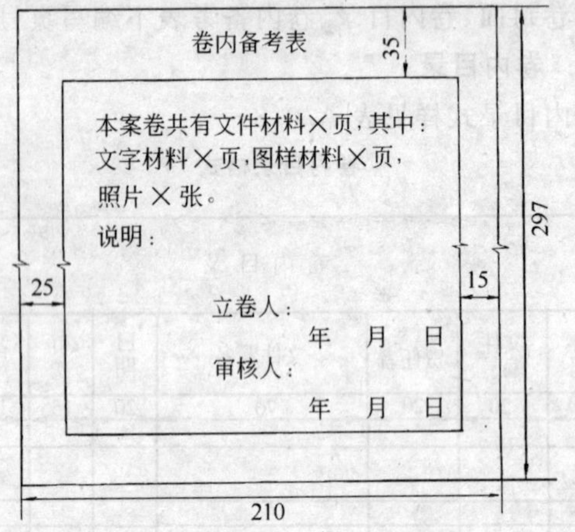

注：尺寸单位：mm；本表未按比例画出。

(2) 卷内备考表主要标明卷内文件的总页数、各类文件页数（照片张数），以及立卷单位对案卷情况的说明。

(3) 卷内备考表排列在卷内文件的尾页之后。

A. 0. 10　案卷封面

(1) 案卷封面印刷在卷盒、卷夹的正表面，也可采用内封面形式。案卷封面的式样宜符合图 A. 0. 10 的要求。

(2) 案卷封面的内容应包括：档号、档案馆代号、案卷题名、编制单位、起止日期、密级、保管期限、共几卷、第几卷。

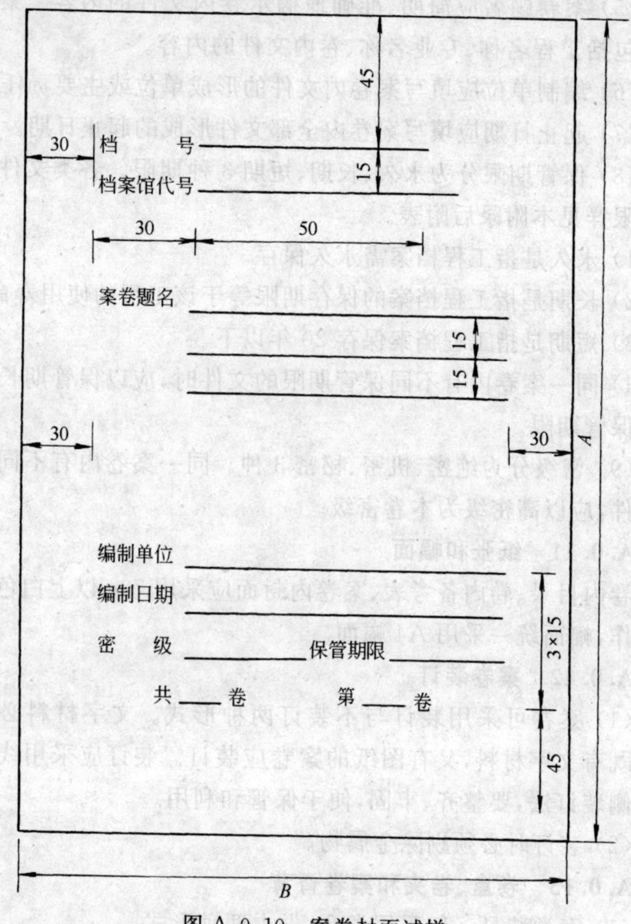

图 A.0.10　案卷封面试样

注：1. 卷盒、卷夹封面 $A\times B=310\times 220$。

2. 案卷封面 $A\times B=297\times 210$。

3. 尺寸单位统一为：mm。

4. 比例 1∶2。

(3) 档号应由分类号、项目号和案卷号组成。档号由档案保管单位填写。

(4) 档案馆代号应填写国家给定的本档案馆的编号。档案馆代号由档案馆填写。

(5) 案卷题名应简明、准确地揭示卷内文件的内容。案卷题名应包括工程名称、专业名称、卷内文件的内容。

(6) 编制单位应填写案卷内文件的形成单位或主要责任者。

(7) 起止日期应填写案卷内全部文件形成的起止日期。

(8) 保管期限分为永久、长期、短期 3 种期限。各类文件的保管期限详见本附录后附表。

1) 永久是指工程档案需永久保存。

2) 长期是指工程档案的保存期限等于该工程的使用寿命。

3) 短期是指工程档案保存 20 年以下。

4) 同一案卷内有不同保管期限的文件时,应以保管期长的为本卷保管期限。

(9) 密级分为绝密、机密、秘密 3 种。同一案卷内有不同密级的文件,应以高密级为本卷密级。

A. 0. 11　纸张和幅面

卷内目录、卷内备考表、案卷内封面应采用 70g 以上白色书写纸制作,幅面统一采用 A4 幅面。

A. 0. 12　案卷装订

(1) 案卷可采用装订与不装订两种形式。文字材料必须装订。既有文字材料,又有图纸的案卷应装订。装订应采用线绳三孔左侧装订法,要整齐、牢固,便于保管和利用。

(2) 装订时必须剔除金属物。

A. 0. 13　卷盒、卷夹和案卷脊背

(1) 案卷装具一般采用卷盒、卷夹两种形式。

1) 卷盒的外表尺寸为 310mm×220mm,厚度 D 分别为 20、30、40、50mm。

2) 卷夹的外表尺寸为 310mm×220mm,厚度 D 一般为20～30mm。

3) 卷盒、卷夹应采用无酸纸制作。

(2) 案卷脊背

案卷脊背的内容包括: 档号、案卷题名。式样宜符合图 A.0.13 的式样。

A. 0. 14 工程文件归档职责

(1) 勘察、设计、施工单位在收齐工程文件并整理立卷后，建设单位、监理单位应根据城建档案管理机构的要求对档案文件完整、准确、系统情况和案卷质量进行审查。审查合格后向建设单位移交。

(2) 工程档案一般不少于两套，一套由建设单位保管，一套(原件)移交当地城建档案馆(室)。

(3) 勘察、设计、施工、监理等单位向建设单位移交档案时，应编制移交清单，双方签字、盖章后方可交接。

(4) 凡设计、施工及监理单位需要向本单位归档的文件，应按国家有关规定和本附录附表的要求单独立卷归档。

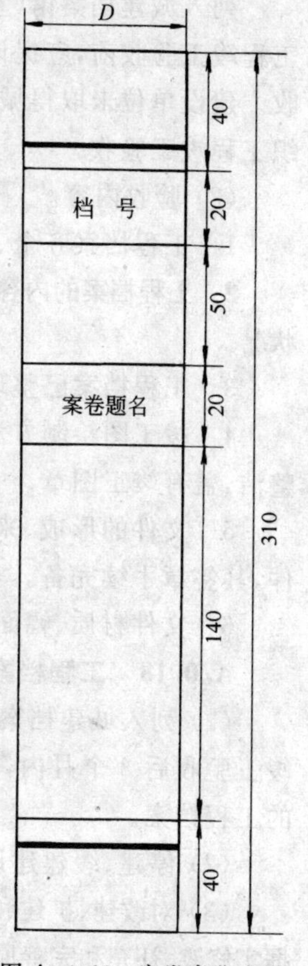

图 A.0.13 案卷脊背式样

注：1. 尺寸单位：mm。

2. 比例为 1∶2。

A. 0. 15 归档时间

(1) 根据建设程序和工程特点，归档可以分阶段、分期进行，也可以在单位或分部工程通过竣工验收后进行。

(2) 勘察、设计单位应当在任务完成时，施工、监理单位应当在工程竣工验收前，将各自形成的有关工程档案向建设单位归档。

A. 0. 16

(1) 归档文件必须完整、准确、系统，能够反映工程建设活动的全过程。文件材料归档范围详见本附录后附表。文件材料的质量符合 A.0.3 的要求。

(2) 归档的文件必须经过分类整理，并应组成符合要求的案卷。

A. 0. 17 工程档案的验收

(1) 验收要求

列入城建档案馆(室)档案接收范围的工程,建设单位在组织工程竣工验收前,应提请城建档案管理机构对工程档案进行预验收。建设单位未取得城建档案管理机构出具的认可文件,不得组织工程竣工验收。

(2) 验收内容

1　工程档案齐全、系统、完整。

2　工程档案的内容真实、准确地反映工程建设活动和工程实际状况。

3　工程档案已整理立卷,立卷符合本规范的规定。

4　竣工图绘制方法、图式及规格等符合专业技术要求,图面整洁,盖有竣工图章。

5　文件的形成、来源,符合实际,要求单位或个人签章的文件,其签章手续完备。

6　文件材质、幅面、书写、绘图、用墨、托裱等符合要求。

A.0.18　工程档案的移交

(1) 列入城建档案馆(室)接收范围的工程,建设单位在工程竣工验收后 3 个月内,必须向城建档案馆(室)移交一套符合规定的工程档案。

(2) 停建、缓建建设工程的档案,暂由建设单位保管。

(3) 对改建、扩建和维修工程,建设单位应当组织设计、施工单位据实修改、补充和完善原工程档案。对改变的部位,应当重新编制工程档案,并在工程竣工验收后 3 个月内向城建档案馆(室)移交。

(4) 建设单位向城建档案馆(室)移交工程档案时,应办理移交手续,填写移交目录,双方签字、盖章后交接。

建设工程文件归档范围和保管期限　　　　**附表**

序号	归档文件	保存单位和保管期限				
		建设单位	施工单位	设计单位	监理单位	城建档案馆
	工程准备阶段文件					
一	立项文件					

续附表

序号	归 档 文 件	保存单位和保管期限				
		建设单位	施工单位	设计单位	监理单位	城建档案馆
1	项目建议书	永久				√
2	项目建议书审批意见及前期工作通知书	永久				√
3	可行性研究报告及附件	永久				√
4	可行性研究报告审批意见	永久				√
5	关于立项有关的会议纪要、领导讲话	永久				√
6	专家建议文件	永久				√
7	调查资料及项目评估研究材料	长期				√
二	建设用地、征地、拆迁文件					
1	选址申请及选址规划意见通知书	永久				√
2	用地申请报告及县级以上人民政府城乡建设用地批准书	永久				√
3	拆迁安置意见、协议、方案等	长期				√
4	建设用地规划许可证及其附件	永久				√
5	划拨建设用地文件	永久				√
6	国有土地使用证	永久				√
三	勘察、测绘、设计文件					
1	工程地质勘察报告	永久		永久		√
2	水文地质勘察报告、自然条件、地震调查	永久		永久		√
3	建设用地钉桩通知单(书)	永久				√
4	地形测量和拨地测量成果报告	永久		永久		√
5	申报的规划设计条件和规划设计条件通知书	永久		长期		√
6	初步设计图纸和说明	长期		长期		
7	技术设计图纸和说明	长期		长期		
8	审定设计方案通知书及审查意见	长期		长期		√
9	有关行政主管部门(人防、环保、消防、交通、园林、市政、文物、通讯、保密、河湖、教育、白蚁防治、卫生等)批准文件或取得的有关协议	永久				√
10	施工图及其说明	长期		长期		

续附表

序号	归 档 文 件	保 存 单 位 和 保 管 期 限				
		建设单位	施工单位	设计单位	监理单位	城建档案馆
11	设计计算书	长期		长期		
12	政府有关部门对施工图设计文件的审批意见	永久		长期		√
四	招投标文件					
1	勘察设计招投标文件	长期				
2	勘察设计承包合同	长期		长期		√
3	施工招投标文件	长期				
4	施工承包合同	长期	长期			√
5	工程监理招投标文件	长期				
6	监理委托合同	长期			长期	√
五	开工审批文件					
1	建设项目列入年度计划的申报文件	永久				√
2	建设项目列入年度计划的批复文件或年度计划项目表	永久				√
3	规划审批申报表及报送的文件和图纸	永久				
4	建设工程规划许可证及其附件	永久				√
5	建设工程开工审查表	永久				
6	建设工程施工许可证	永久				√
7	投资许可证、审计证明、缴纳绿化建设费等证明	长期				√
8	工程质量监督手续	长期				√
六	财务文件					
1	工程投资估算材料	短期				
2	工程设计概算材料	短期				
3	施工图预算材料	短期				
4	施工预算	短期				
七	建设、施工、监理机构及负责人					

续附表

序号	归档文件	保存单位和保管期限				
		建设单位	施工单位	设计单位	监理单位	城建档案馆
1	工程项目管理机构(项目经理部)及负责人名单	长期				√
2	工程项目监理机构(项目监理部)及负责人名单	长期			长期	√
3	工程项目施工管理机构(施工项目经理部)及负责人名单	长期	长期			√
	监理文件					
1	监理规划					
①	监理规划	长期			短期	√
②	监理实施细则	长期			短期	√
③	监理部总控制计划等	长期			短期	
2	监理月报中的有关质量问题	长期			长期	√
3	监理会议纪要中的有关质量问题	长期			长期	√
4	进度控制					
①	工程开工/复工审批表	长期			长期	√
②	工程开工/复工暂停令	长期			长期	√
5	质量控制					
①	不合格项目通知	长期			长期	√
②	质量事故报告及处理意见	长期			长期	√
6	造价控制					
①	预付款报审与支付	短期				
②	月付款报审与支付	短期				
③	设计变更、洽商费用报审与签认	长期				
④	工程竣工决算审核意见书	长期				√
7	分包资质					
①	分包单位资质材料	长期				
②	供货单位资质材料	长期				

续附表

序号	归 档 文 件	保存单位和保管期限				
		建设单位	施工单位	设计单位	监理单位	城建档案馆
③	试验等单位资质材料	长期				
8	监理通知					
①	有关进度控制的监理通知	长期			长期	
②	有关质量控制的监理通知	长期			长期	
③	有关造价控制的监理通知	长期			长期	
9	合同与其他事项管理					
①	工程延期报告及审批	永久			长期	√
②	费用索赔报告及审批	长期			长期	
③	合同争议、违约报告及处理意见	永久			长期	√
④	合同变更材料	长期			长期	√
10	监理工作总结					
①	专题总结	长期			短期	
②	月报总结	长期			短期	
③	工程竣工总结	长期			长期	√
④	质量评价意见报告	长期			长期	√
	施 工 文 件					
一	建筑安装工程					
(一)	土建(建筑与结构)工程					
1	施工技术准备文件					
①	施工组织设计	长期				
②	技术交底	长期	长期			
③	图纸会审记录	长期	长期	长期		√
④	施工预算的编制和审查	短期	短期			
⑤	施工日志	短期	短期			
2	施工现场准备					
①	控制网设置资料	长期	长期			√

续附表

序号	归档文件	保存单位和保管期限				
		建设单位	施工单位	设计单位	监理单位	城建档案馆
②	工程定位测量资料	长期	长期			√
③	基槽开挖线测量资料	长期	长期			√
④	施工安全措施	短期	短期			
⑤	施工环保措施	短期	短期			
3	地基处理记录					
①	地基钎探记录和钎探平面布点图	永久	长期			√
②	验槽记录和地基处理记录	永久	长期			√
③	桩基施工记录	永久	长期			√
④	试桩记录	长期	长期			√
4	工程图纸变更记录					
①	设计会议会审记录	永久	长期	长期		√
②	设计变更记录	永久	长期	长期		√
③	工程洽商记录	永久	长期	长期		√
5	施工材料预制构件质量证明文件及复试试验报告					
①	砂、石、砖、水泥、钢筋、防水材料、隔热保温、防腐材料、轻集料试验汇总表	长期				√
②	砂、石、砖、水泥、钢筋、防水材料、隔热保温、防腐材料、轻集料出厂证明文件	长期				√
③	砂、石、砖、水泥、钢筋、防水材料、轻集料、焊条、沥青复试试验报告	长期				√
④	预制构件(钢、混凝土)出厂合格证、试验记录	长期				√
⑤	工程物质选样送审表	短期				
⑥	进场物质批次汇总表	短期				
⑦	工程物质进场报验表	短期				
6	施工试验记录					
①	土壤(素土、灰土)干密度试验报告	长期				√

续附表

序号	归档文件	保存单位和保管期限				
		建设单位	施工单位	设计单位	监理单位	城建档案馆
②	土壤(素土、灰土)击实试验报告	长期				√
③	砂浆配合比通知单	长期				
④	砂浆(试块)抗压强度试验报告	长期				√
⑤	混凝土配合比通知单	长期				
⑥	混凝土(试块)抗压强度试验报告	长期				√
⑦	混凝土抗渗试验报告	长期				√
⑧	商品混凝土出厂合格证、复试报告	长期				√
⑨	钢筋接头(焊接)试验报告	长期				√
⑩	防水工程试水检查记录	长期				
⑪	楼地面、屋面坡度检查记录	长期				
⑫	土壤、砂浆、混凝土、钢筋连接、混凝土抗渗试验报告汇总表	长期				√
7	隐蔽工程检查记录					
①	基础和主体结构钢筋工程	长期	长期			√
②	钢结构工程	长期	长期			√
③	防水工程	长期	长期			√
④	高程控制	长期	长期			√
8	施工记录					
①	工程定位测量检查记录	永久	长期			√
②	预检工程检查记录	短期				
③	冬施混凝土搅拌测温记录	短期				
④	冬施混凝土养护测温记录	短期				
⑤	烟道、垃圾道检查记录	短期				
⑥	沉降观测记录	长期				√
⑦	结构吊装记录	长期				
⑧	现场施工预应力记录	长期				√

续附表

序号	归档文件	保存单位和保管期限				
		建设单位	施工单位	设计单位	监理单位	城建档案馆
⑨	工程竣工测量	长期	长期			√
⑩	新型建筑材料	长期	长期			√
⑪	施工新技术	长期	长期			√
9	工程质量事故处理记录	永久				√
10	工程质量检验记录					
①	检验批质量验收记录	长期	长期		长期	
②	分项工程质量验收记录	长期	长期		长期	
③	基础、主体工程验收记录	永久	长期		长期	√
④	幕墙工程验收记录	永久	长期		长期	√
⑤	分部(子分部)工程质量验收记录	永久	长期		长期	√
(二)	电气、给排水、消防、采暖、通风、空调、燃气、建筑智能化、电梯工程					
1	一般施工记录					
①	施工组织设计	长期	长期			
②	技术交底	短期				
③	施工日志	短期				
2	图纸变更记录					
①	图纸会审	永久	长期			√
②	设计变更	永久	长期			√
③	工程洽商	永久	长期			√
3	设备、产品质量检查、安装记录					
①	设备、产品质量合格证、质量保证书	长期				√
②	设备装箱单、商检证明和说明书、开箱报告	长期				
③	设备安装记录	长期	长期			√
④	设备试运行记录	长期				√
⑤	设备明细表	长期				√

续附表

序号	归 档 文 件	保存单位和保管期限				
		建设单位	施工单位	设计单位	监理单位	城建档案馆
4	预检记录	短期				
5	隐蔽工程检查记录	长期	长期			√
6	施工试验记录					
①	电气接地电阻、绝缘电阻、综合布线、有线电视末端等测试记录	长期				√
②	楼宇自控、监视、安装、视听、电话等系统调试记录	长期				√
③	变配电设备安装、检查、通电、满负荷测试记录	长期				√
④	给排水、消防、采暖、通风、空调、燃气等管道强度、严密性、灌水、通水、吹洗、漏风、试压、通球、阀门等试验记录	长期				√
⑤	电气照明、动力、给排水、消防、采暖、通风、空调、燃气等系统调试、试运行记录	长期				√
⑥	电梯接地电阻、绝缘电阻测试记录；空载、半载、满载、超载试运行记录；平衡、运速、噪声调整试验报告	长期				√
7	质量事故处理记录	永久	长期			√
8	工程质量检验记录					
①	检验批质量验收记录	长期	长期		长期	
②	分项工程质量验收记录	长期	长期		长期	
③	分部(子分部)工程质量验收记录	永久	长期		长期	√
(三)	室外工程					
1	室外安装(给水、雨水、污水、热力、燃气、电讯、电力、照明、电视、消防等)施工文件	长期				√
2	室外建筑环境(建筑小品、水景、道路园林绿化等)施工文件	长期				√
二	市政基础设施工程					
(一)	施工技术准备					
1	施工组织设计	短期	短期			
2	技术交底	长期	长期			

续附表

序号	归档文件	保存单位和保管期限				
		建设单位	施工单位	设计单位	监理单位	城建档案馆
3	图纸会审记录	长期	长期			√
4	施工预算的编制和审查	短期	短期			
(二)	施工现场准备					
1	工程定位测量资料	长期	长期			√
2	工程定位测量复核记录	长期	长期			√
3	导线点、水准点测量复核记录	长期	长期			√
4	工程轴线、定位桩、高程测量复核记录	长期	长期			√
5	施工安全措施	短期	短期			
6	施工环保措施	短期	短期			
(三)	设计变更、洽商记录					
1	设计变更通知单	长期	长期			√
2	洽商记录	长期	长期			√
(四)	原材料、成品、半成品、构配件、设备出厂质量合格证及试验报告					
1	砂、石、砌块、水泥、钢筋(材)、石灰、沥青、涂料、混凝土外加剂、防水材料、粘接材料、防腐保温材料、焊接材料等试验汇总表	长期				√
2	砂、石、砌块、水泥、钢筋(材)、石灰、沥青、涂料、混凝土外加剂、防水材料、粘接材料、防腐保温材料、焊接材料等质量合格证书和出厂检(试)验报告及现场复试报告	长期				√
3	水泥、石灰、粉煤灰混合料;沥青混合料、商品混凝土等试验汇总表	长期				√
4	水泥、石灰、粉煤灰混合料;沥青混合料、商品混凝土等出厂合格证和试验报告、现场复试报告	长期				√
5	混凝土预制构件、管材、管件、钢结构构件等试验汇总表	长期				√
6	混凝土预制构件、管材、管件、钢结构构件等出厂合格证书和相应的施工技术资料	长期				√

续附表

序号	归档文件	保存单位和保管期限				
		建设单位	施工单位	设计单位	监理单位	城建档案馆
7	厂站工程的成套设备、预应力混凝土张拉设备、各类地下管线井室设施、产品等汇总表	长期				√
8	厂站工程的成套设备、预应力混凝土张拉设备、各类地下管线井室设施、产品等出厂合格证书及安装使用说明	长期				√
9	设备开箱报告	短期				
（五）	施工试验记录					
1	砂浆、混凝土试块强度、钢筋（材）焊连接、填土、路基强度试验等汇总表	长期				√
2	道路压实度、强度试验记录					
①	回填土、路床压实度试验及土质的最大干密度和最佳含水量试验报告	长期				√
②	石灰类、水泥类、无机类混合料基层的标准击实试验报告	长期				√
③	道路基层混合料强度试验记录	长期				√
④	道路面层压实度试验记录	长期				√
3	混凝土试块强度试验记录					
①	混凝土配合比通知单	短期				
②	混凝土试块强度试验报告	长期				√
③	混凝土试块抗渗、抗冻试验报告	长期				√
④	混凝土试块强度统计、评定记录	长期				√
4	砂浆试块强度试验记录					
①	砂浆配合比通知单	短期				
②	砂浆试块强度试验报告	长期				√
③	砂浆试块强度统计评定记录	长期				√
5	钢筋（材）焊、连接试验报告	长期				√
6	钢管、钢结构安装及焊缝处理外观质量检查记录	长期				
7	桩基础试（检）验报告	长期				√

续附表

序号	归档文件	保存单位和保管期限				
		建设单位	施工单位	设计单位	监理单位	城建档案馆
8	工程物质选样送审记录	短期				
9	进场物质批次汇总记录	短期				
10	工程物质进场报验记录	短期				
(六)	施工记录					
1	地基与基槽验收记录					
①	地基钎探记录及钎探位置图	长期	长期			√
②	地基与基槽验收记录	长期	长期			√
③	地基处理记录及示意图	长期	长期			√
2	桩基施工记录					
①	桩基位置平面示意图	长期	长期			√
②	打桩记录	长期	长期			√
③	钻孔桩钻进记录及成孔质量检查记录	长期	长期			√
④	钻孔(挖孔)桩混凝土浇灌记录	长期	长期			√
3	构件设备安装和调试记录					
①	钢筋混凝土大型预制构件、钢结构等吊装记录	长期	长期			
②	厂(场)、站工程大型设备安装调试记录	长期	长期			√
4	预应力张拉记录					
①	预应力张拉记录表	长期				√
②	预应力张拉孔道压浆记录	长期				√
③	孔位示意图	长期				√
5	沉井工程下沉观测记录	长期				√
6	混凝土浇灌记录	长期				
7	管道、箱涵等工程项目推进记录	长期				√
8	构筑物沉降观测记录	长期				√
9	施工测温记录	长期				

续附表

序号	归档文件	保存单位和保管期限				
		建设单位	施工单位	设计单位	监理单位	城建档案馆
10	预制安装水池壁板缠绕钢丝应力测定记录	长期				√
(七)	预检记录					
1	模板预检记录	短期				
2	大型构件和设备安装前预检记录	短期				
3	设备安装位置检查记录	短期				
4	管道安装检查记录	短期				
5	补偿器冷拉及安装情况记录	短期				
6	支(吊)架位置、各部位连接方式等检查记录	短期				
7	供水、供热、供气管道吹(冲)洗记录	短期				
8	保温、防腐、油漆等施工检查记录	短期				
(八)	隐蔽工程检查(验收)记录	长期	长期			√
(九)	工程质量检查评定记录					
1	工序工程质量评定记录	长期	长期			
2	单位工程质量评定记录	长期	长期			
3	分部工程质量评定记录	长期	长期			√
(十)	功能性试验记录					
1	道路工程的弯沉试验记录	长期				√
2	桥梁工程的动、静载试验记录	长期				√
3	无压力管道的严密性试验记录	长期				√
4	压力管道的强度试验、严密性试验、通球试验等记录	长期				√
5	水池满水试验	长期				√
6	消化池气密性试验	长期				√
7	电气绝缘电阻、接地电阻测试记录	长期				√
8	电气照明、动力试运行记录	长期				√
9	供热管网、燃气管网等管网试运行记录	长期				√

续附表

序号	归档文件	保存单位和保管期限				
		建设单位	施工单位	设计单位	监理单位	城建档案馆
10	燃气储罐总体试验记录	长期				√
11	电讯、宽带网等试运行记录	长期				√
(十一)	质量事故及处理记录					
1	工程质量事故报告	永久	长期			√
2	工程质量事故处理记录	永久	长期			√
(十二)	竣工测量资料					
1	建筑物、构筑物竣工测量记录及测量示意图	永久	长期			√
2	地下管线工程竣工测量记录	永久	长期			√

竣　工　图

一	建筑安装工程竣工图					
(一)	综合竣工图					
1	综合图					√
①	总平面布置图(包括建筑、建筑小品、水景、照明、道路、绿化等)	永久	长期			√
②	竖向布置图	永久	长期			√
③	室外给水、排水、热力、燃气等管网综合图	永久	长期			√
④	电气(包括电力、电讯、电视系统等)综合图	永久	长期			√
⑤	设计总说明书	永久	长期			√
2	室外专业图					
①	室外给水	永久	长期			√
②	室外雨水	永久	长期			√
③	室外污水	永久	长期			√
④	室外热力	永久	长期			√
⑤	室外燃气	永久	长期			√
⑥	室外电讯	永久	长期			√
⑦	室外电力	永久	长期			√

续附表

序号	归档文件	保存单位和保管期限				
		建设单位	施工单位	设计单位	监理单位	城建档案馆
⑧	室外电视	永久	长期			√
⑨	室外建筑小品	永久	长期			√
⑩	室外消防	永久	长期			√
⑪	室外照明	永久	长期			√
⑫	室外水景	永久	长期			√
⑬	室外道路	永久	长期			√
⑭	室外绿化	永久	长期			√
（二）	专业竣工图					
1	建筑竣工图	永久	长期			√
2	结构竣工图	永久	长期			√
3	装修（装饰）工程竣工图	永久	长期			√
4	电气工程（智能化工程）竣工图	永久	长期			√
5	给排水工程（消防工程）竣工图	永久	长期			√
6	采暖通风空调工程竣工图	永久	长期			√
7	燃气工程竣工图	永久	长期			√
二	市政基础设施工程竣工图					
1	道路工程	永久	长期			√
2	桥梁工程	永久	长期			√
3	广场工程	永久	长期			√
4	隧道工程	永久	长期			√
5	铁路、公路、航空、水运等交通工程	永久	长期			√
6	地下铁道等轨道交通工程	永久	长期			√
7	地下人防工程	永久	长期			√

续附表

序号	归档文件	保存单位和保管期限				
		建设单位	施工单位	设计单位	监理单位	城建档案馆
8	水利防灾工程	永久	长期			√
9	排水工程	永久	长期			√
10	供水、供热、供气、电力、电讯等地下管线工程	永久	长期			√
11	高压架空输电线工程	永久	长期			√
12	污水处理、垃圾处理处置工程	永久	长期			√
13	场、厂、站工程	永久	长期			√
	竣工验收文件					
一	工程竣工总结					
1	工程概况表	永久				√
2	工程竣工总结	永久				√
二	竣工验收记录					
(一)	建筑安装工程					
1	单位(子单位)工程质量验收记录	永久	长期			√
2	竣工验收证明书	永久	长期			√
3	竣工验收报告	永久	长期			√
4	竣工验收备案表(包括各专项验收认可文件)	永久				√
5	工程质量保修书	永久	长期			√
(二)	市政基础设施工程					
1	单位工程质量评定表及报验单	永久	长期			√
2	竣工验收证明书	永久	长期			√
3	竣工验收报告	永久	长期			√
4	竣工验收备案表(包括各专项验收认可文件)	永久	长期			√

续附表

序号	归 档 文 件	保存单位和保管期限				
		建设单位	施工单位	设计单位	监理单位	城建档案馆
5	工程质量保修书	永久	长期			√
三	财务文件					
1	决算文件	永久				√
2	交付使用财产总表和财产明细表	永久	长期			√
四	声像、缩微、电子档案					
1	声像档案					
①	工程照片	永久				√
②	录音、录像材料	永久				√
2	缩微品	永久				√
3	电子档案					
①	光盘	永久				√
②	磁盘	永久				√

注："√"表示应向城建档案馆移交。

附录B：竣工图内容与要求

B.0.1　竣工图绘制要求

(1) 凡按施工图施工没有变动的，可在施工图图签附近空白处加盖并签署竣工图章。

(2) 凡一般性图纸变更，可根据设计变更依据，在施工图上直接改绘，并加盖及签署竣工图章。

(3) 凡结构形式、工艺、平面布置、项目等重大改变及图面变更超过40％的，应重新绘制竣工图。重新绘制的图纸必须有图名和图号，图号可按原图编号。

(4) 编制竣工图时必须编制各专业竣工图的图纸目录，绘制的竣工图必须准确、清楚、完整、规范，修改必须到位，真实地反映项目竣工验收时的实际情况。

(5) 用于改绘竣工图的图纸必须是新蓝图或绘图仪绘制的白图,不得使用复印的图纸。

(6) 竣工图编制单位应按照国家建筑制图规范要求绘制竣工图;必须使用绘图笔或签字笔及不退色的绘图墨水绘图。

(7) 竣工图应按单位工程,并根据专业、系统进行分类和整理。

B.0.2 竣工图包括内容

(1) 工艺平面布置图等竣工图。

(2) 建筑竣工图、幕墙竣工图。

(3) 结构竣工图。

(4) 建筑给水、排水与采暖竣工图。

(5) 燃气竣工图。

(6) 建筑电气竣工图。

(7) 智能建筑竣工图。

(8) 通风空调竣工图。

(9) 电梯竣工图。

(10) 地上部分的道路、绿化、庭院照明、喷泉、喷灌等竣工图。

(11) 地下部分的各种市政、电力、电信管线等竣工图。

B.0.3 竣工图类型

(1) 利用施工蓝图改绘的竣工图。

(2) 在二底图上修改的竣工图。

(3) 重新绘制的竣工图。

(4) 用 CAD 绘制的竣工图。

B.0.4 利用施工图改绘竣工图

(1) 在施工图上采用杠(划)改、叉改法,局部修改可以圈出更改部位,在原图空白处绘出更改内容,所有变更处都必须引划索引线并注明更改依据。

(2) 在施工图上改绘,不得使用涂改液涂抹、刀刮、补贴等方法修改。

【例】：

1）取消内容

① 尺寸、门窗型号、设备型号、灯具型号、钢筋型号和数量、注解说明等数字、文字、符号的取消，可采用杠改法（不得涂抹掉）。从修改的位置引出带箭头的索引线，在索引线上注明修改依据，即“见×号洽商×条”，或者“见×年×月×日洽商×条”。

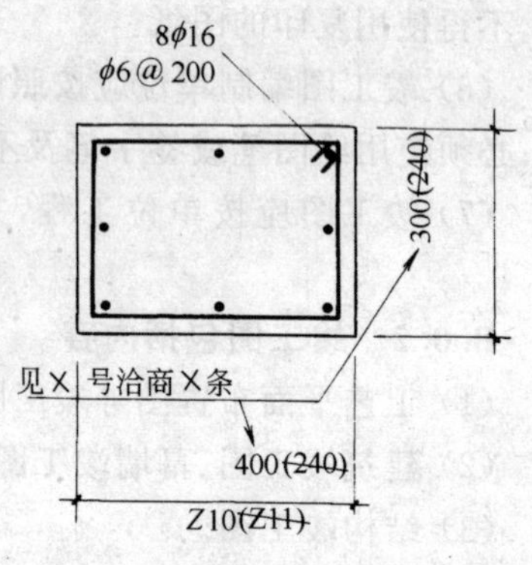

图 B.0.4(1)

图 B.0.4(1)系取消 11 柱（Z11）表示方法。

② 隔墙、门窗、钢筋、灯具、设备等取消，可用叉改法。即在图上将取消的部分打“×”，在图上描绘取消的部分较长时，可视情况打几个“×”，并从图上修改处用箭头索引线引出，注明修改依据。

图 B.0.4(2)为取消“准备间”表示方法。杠掉“准备间”，“×”到隔墙和门。

2）增加内容

① 在建筑物某一部位增加构件、设备、器具等均应在图上的实际位置用规范制图方法绘出，并注明其修改依据。

图 B.0.4(3)系 1—1 剖面中钢筋由 4ϕ18 改为 6ϕ18 的表示方法。

② 如增加的内容在原位置绘不清楚时，应在本图适当位置（空白处）按需要补绘大样图。如本图上无位置可绘时，应另绘制补图附在本专业图纸之后。注意在原修改位置和补绘图纸上均应注明修改依据，补图要有图名和图号。

图 B.0.4(4)系Ⓐ轴与⑪轴交点处方柱改为圆柱表示方法。Z2 改为 Z6。

注：修改涉及的建筑图和结构图均要改绘。

3）内容变更

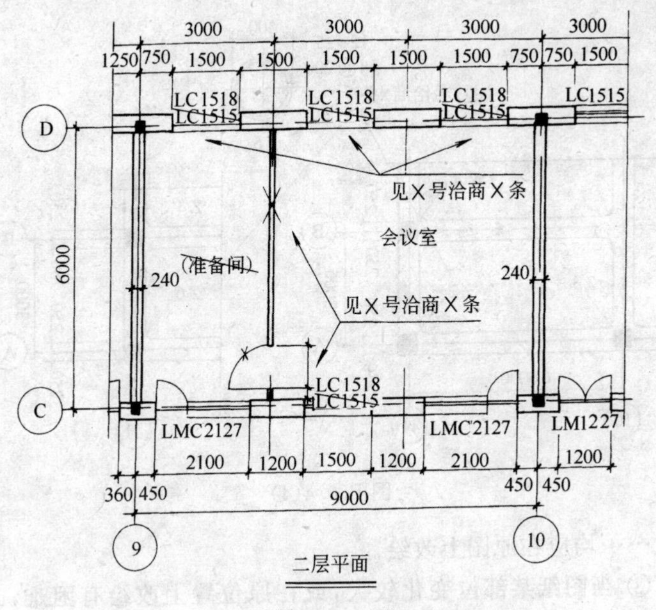

二层平面

图 B.0.4(2)

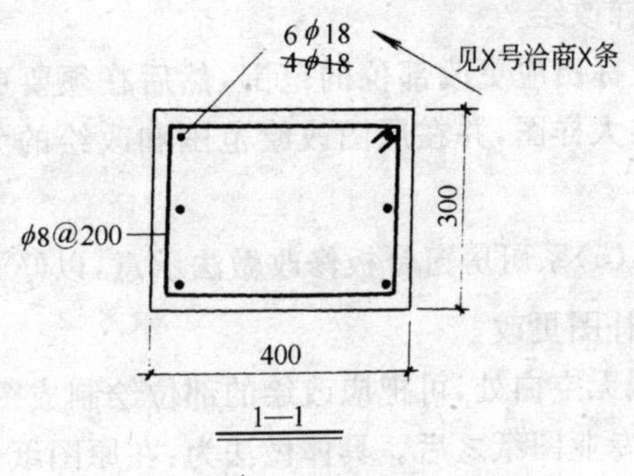

1—1

图 B.0.4(3)

① 数字、符号、文字变更，可用杠改法将取消的内容杠去，在其附近空白处增加更改内容，并注明更改依据。

例如：图 B.0.4(2)中，LC1515 窗改为 LC1518 窗，是按杠改法改绘的。

② 设备配置位置，灯具、开关型号等更改，墙、板、内外装修等

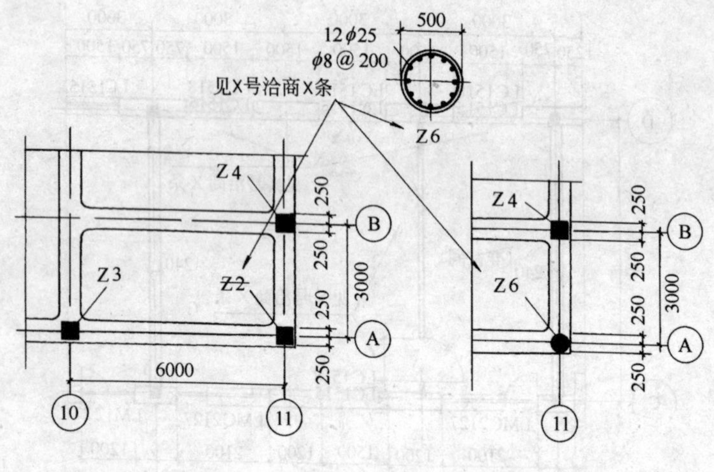

图 B. 0. 4(4)

更改……均应在原图上改绘。

③ 当图纸某部位变化较大，或在原位置上改绘有困难，或改绘后较乱，可采用下述办法改绘。

A. 画大样改绘

在原图上标出应更改部位的范围，然后在须要更改的图纸上绘出更改部位大样图，并在原图改绘范围和改绘的大样图处注明更改依据。

图 B. 0. 4(5)系厨房窗台板修改做法示意，以Ⓐ引出重绘。

B. 另绘补图更改

如原图纸无空白处，可把应改绘的部位绘制成图后，作为竣工图纸，补在本专业图纸之后。具体做法为：在原图纸上画出更改范围，并注明更改依据和见某图（图号）及大样图名；在补图上注明图号和图名，并注明是某图（图号）某部位的补图和更改依据，见图 B. 0. 4(6)。

图 B. 0. 4(6)是一层平面Ⓐ～Ⓑ轴暖气沟更改后重绘的两轴间大样图。注明了更改依据和见建补 1 暖气沟详图。暖气沟详图另绘。

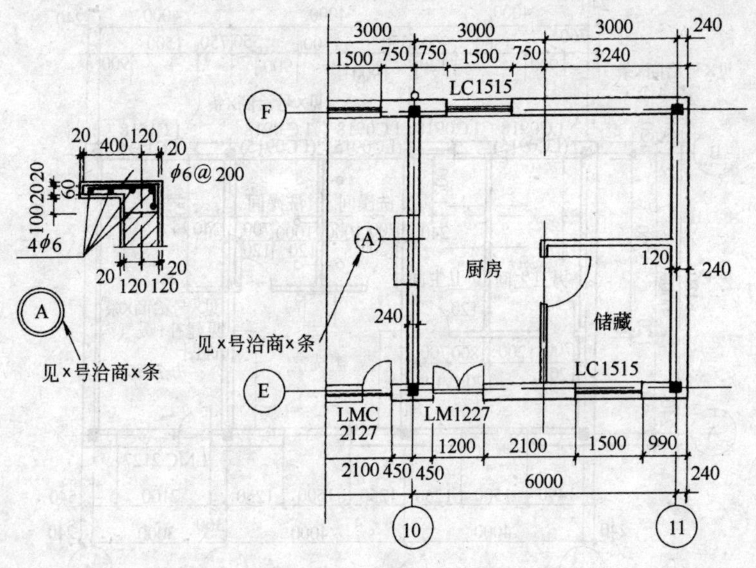

图 B.0.4(5)

C. 个别图需重新绘制竣工图：

如果某张图纸修改不能在原图上修改清楚，应重新绘制整张图作为竣工图。重绘的图纸应按国家制图标准和绘制竣工图的规定制图。

4）加写说明

凡设计变更、洽商的内容应当在竣工图上更改的，均应用绘图方法改绘在图上，不再加写说明。如果更改后的图纸仍然有内容无法表示清楚，可用精炼的语言适当加以说明。

① 图上某一种设备、门窗等型号的改变，涉及到多处更改时，要对所有涉及到的地方全部加以改绘，其更改依据可标注在一个更改处，但需在此处做简单说明。

例如，某部位 4 樘窗由 LC0915 改为 LC0918，LC1515 改为 LC1518。其表示方法见图 B.0.4(6)。

② 钢筋代换，混凝土强度等级改变，墙、板、内外装修材料改

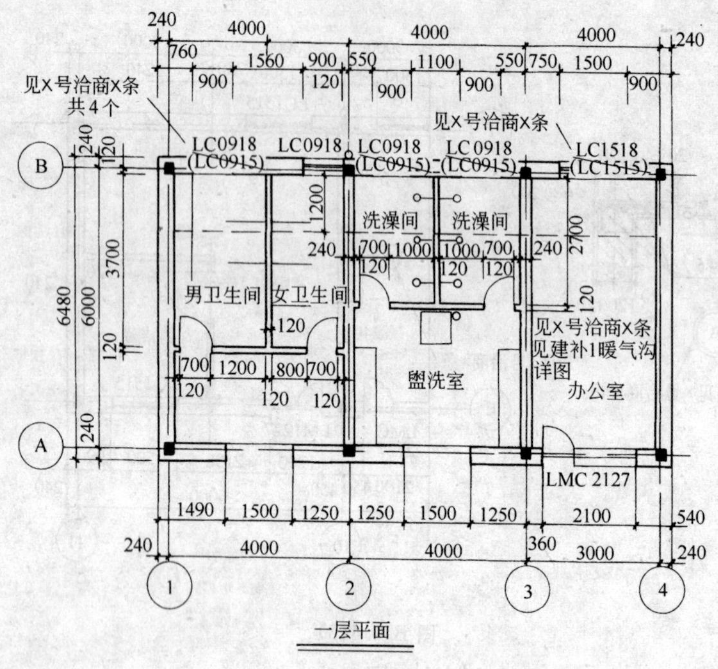

图 B.0.4(6)

变，由建设单位自理部分在图上难以用图示方法表达清楚时，可加注或用索引形式加以说明。

③ 凡涉及到说明类型的洽商，应在相应图纸上以设计规范用语反映洽商内容。

5）注意事项

① 施工图纸目录必须加盖竣工图章，作为竣工图归档。凡有作废、补充、增加和更改的图纸，均应在施工图目录上标注清楚。作废的图纸在目录上杠掉，补充的图纸在目录上列出图名、图号。

② 如某施工图更改量大，设计单位重新绘制更改图，应以更改图代替原图，原图不再归档。

③ 以洽商图作为竣工图时的做法。

A. 如洽商图是按正规设计图纸要求进行绘制的可直接作为

竣工图，但需统一编写图名图号，加盖竣工图章，作为补图，并在说明中注明是哪张图、哪个部位的更改图，还要在原图更改部位标注更改范围，标明见补图的图号。

B. 如洽商图未按正规设计要求绘制，均应按制图规定另行绘制竣工图，其余要求同 *A*。

④ 某一条洽商可能涉及到二张或二张以上图纸，某一局部变化可能引起系统变化……，凡涉及到的图纸和部位均应按规定更改，不能只改其一，不改其二。

⑤ 不允许将洽商的附图原封不动地贴在或附在竣工图上作为更改，也不允许将洽商的内容抄在蓝图上作为更改。凡更改的内容均应改绘在蓝图上或做补图附在图纸之后。

⑥ 根据规定须重新绘制竣工图时，应按绘制竣工图的要求制图。

⑦ 改绘注意事项：

A. 对字、线、墨水的要求

字：采用仿宋字，字体的大小要与原图采用字体的大小相协调，严禁有错、别、草字。

线：一律使用绘图工具，不得徒手绘制。

墨水：用不褪色的绘图墨水、碳素墨水、兰黑墨水。

B. 施工图

图纸反差要明显，以适应缩微等技术要求。凡旧图、反差不好的图纸不得作为改绘用图。

更改的内容和有关说明均不得超过原图框。

B.0.5　在二底图上更改的竣工图

(1) 用设计底图或施工图制成二底（硫酸纸）图，在二底图上依据设计变更、工程洽商内容用刮改法进行绘制，即用刀片将需更改部位刮掉，再用绘图笔绘制更改内容，并在图中空白处作一更改备考表，注明变更、洽商编号（或时间）和更改内容。

(2) 更改的部位用语言描述不清楚时，也可用细实线在图上画出更改范围。

更改备考表　　表 B.0.5

变更、洽商编号(或时间)	内容(简要提示)

(3) 以更改后的二底图或蓝图作为竣工图,要在二底图或蓝图上加盖竣工图章。没有改动的二底图转做竣工图也要加盖竣工图章。

(4) 如果二底图更改次数较多,个别图面可能出现模糊不清等技术问题,必须进行技术处理或重新绘制,以期达到图面整洁、字迹清楚等质量要求。

B.0.6　重新绘制的竣工图

根据工程竣工现状和洽商记录绘制竣工图,重新绘制竣工图要求与原图比例相同,符合制图规范,有标准的图框和内容齐全的图签,图签中应有明确的“竣工图”字样或加盖竣工图章。

B.0.7　用 CAD 绘制的竣工图

在电子版施工图上依据设计变更、工程洽商的内容进行更改,更改后用云图圈出更改部位,并在图中空白处做一更改备考表,表示要求同 B.0.5 之(1) 要求。同时,图签上必须有原设计人员签字。

说明:竣工图章要求见附录 A,A.0.4 之(1)。

参 考 文 献

1. 新版建筑工程施工验收规范汇编. 北京:中国建筑工业出版社. 中国计划出版社. 2002
2. 吴松勤. 建筑工程施工质量验收规范应用讲座. 北京:中国建筑工业出版社. 2002
3. 卫明. 建筑工程施工强制性条文实施指南. 北京:中国建筑工业出版社. 2002
4. 中国建筑业协会工程建设质量监督分会. 建筑工程施工质量验收强制性条文应用技术要点. 北京:中国建筑工业出版社. 2003
5. 北京地方标准. 建筑工程资料管理规程. DBJ 01—51—2003. 北京:北京市建设委员会、规划委员会. 2003
6. 军队工程质量监督总站. 军队工程建设质量监督管理手册. 北京:2002